《自然辩证法通讯》

精选文丛

胡志强 丛书主编

博物学史研究前沿

柯遵科 本册主编

图书在版编目（CIP）数据

博物学史研究前沿 / 胡志强丛书主编；柯遵科本册主编 . -- 北京：商务印书馆，2024. --（《自然辩证法通讯》精选文丛）. -- ISBN 978-7-100-24631-6

Ⅰ. N91

中国国家版本馆 CIP 数据核字第 2024H1F524 号

《自然辩证法通讯》精选文丛

胡志强　丛书主编

博物学史研究前沿

柯遵科　本册主编

商　务　印　书　馆　出　版

（北京王府井大街 36 号　邮政编码 100710）

商　务　印　书　馆　发　行

北京中科印刷有限公司印刷

ISBN 978－7－100－24631－6

2024 年 11 月第 1 版　　开本 710 × 1000　1/16

2024 年 11 月北京第 1 次印刷　　印张 16½

定价：75.00 元

编者序

博物学和它们的历史

柯遵科

在最近的二十多年中，随着中国的城市化进程加速完成，人们开始对博物学迸发出与日俱增的兴趣。日益廉价便捷的交通运输，将钢筋水泥世界里的人群与被维护和保存着原始山野形态的自然环境联结起来；观光客和贴着自然有机标签的地方土特产高速流动循环，刺激着经济有机体的不断生长；影像自媒体的普及泛滥，又进一步加强了自我、异域和他者的相互塑造，把物、图像、生命力和金钱整合到一个不断扩张的全球化贸易体系中。以博物学的各个方面为主题的书籍、杂志和文章大量涌现，深受大众的喜爱。看书、看图和逛博物馆，已经是城市中产阶级和受教育人群的基本素养。亲近热爱大自然，尽可能在人迹罕至处放松身心、格物致知，成为某种高级的生活方式和名利场。

博物学，简单地说就是对自然的观察、描述、整理和探究，大概包括现在的植物学、动物学、矿物岩石学和地质学等诸多领域。在科学没有专业化之前，它和自然哲学是科学的两大主要板块，共同构成了科学的基本内容。博物学是非常多样化并高度保留地方性特质，却又在不断变化重组的人类的经验知识和实践活动。特定的时空是它们的基本场域，网络、移动和变迁赋予了它们生命力。也就是说，没有单一的、大写的博物学。对作为复数存在的博物学，历史是理解它们的重要途径。什么人，在什么时间和地点，以何种方式与自然打交道，是出于什么目的或动机，从中又能得到什么，围绕这些问题，就可以展开各种各样关于博物学的历史叙事，既丰富多彩又引人入胜。

近年来在博物学兴起的同时，国内对博物学的历史研究也方兴未艾。刘华杰主编的《西方博物学文化》是国内首部对西方博物学的历史发展做整体描述的著作，他主编的《中国博物学评论》系列已经出版到第7期，在复兴博物学文化和推动博物学史研究上努力前行。[1]相比之下，国外的博物学史研究目前还是更胜一筹。在过去的30多年中，博物学史研究获得了充分的发展，已经成为科学史研究的一个重要领域。1996年出版的《博物学的文化》（*Cultures of Natural History*）是第一本全面系统总结当时博物学史研究状况的著作，编者试图提升博物学史研究在科学史研究中的地位，进一步推动它的发展，希望从各种不同的"实践活动"切入具体的历史研究，从而"把博物学描绘成被一系列各式各样的实践活动连接起来的人、自然物、机构、收藏和资金的混合物"。[2] 2018年，《博物学的世界》（*Worlds of Natural History*）一书出版。作为《博物学的文化》一书的续篇，编者指出，在经历"人类学转向""语言学转向""文化转向""物质转向""空间转向""全球化转向"和"本体论转向"等一系列令人眼花缭乱的科学史编史学转向的过程中，博物学史在迅速改变并不断扩展自己的研究领域，逐渐从科学史研究的边缘走到了中心。"20多年前开始问的一些关键性问题，现在已经处于核心位置。"而且，"博物学史是目前关于全球化、流通、帝国和交换等一般性历史争论的焦点所在。"[3]

《自然辩证法通讯》一向重视西方科学史研究，致力于推动国内的西方科学史研究的发展，并希望通过引介国外的科学史研究的新视角、方法和路

1 刘华杰主编，西方博物学文化，北京：北京大学出版社，2019；刘华杰主编，中国博物学评论第7期，北京：商务印书馆，2023。

2 N. Jardine, J. A. Secord, E. C. Spary (Eds.) *Cultures of Natural History*, Cambridge University Press, 1996, p. 8.

3 H. A. Curry, N. Jardine, J. A. Secord, E.C. Spary (Eds.) *Worlds of Natural History*, Cambridge University Press, 2018, p. 541.

径，给中国科学史研究注入新的动力。《自然辩证法通讯》对博物学史这一近年来科学史研究中的新兴领域非常关注，组织过“地图、钟表与冠冕：文明史中的科学与艺术”（2022年第10期）、“阿卡迪亚博物学”（2022年第8期）、“森林、生态和资源的张力、转换与流动”（2021年第5期）、“图像与博物学”（2020年第10期）和“帝国主义与博物学”（2019年第11期）等多个专题，发表了数十篇博物学史研究的文章。《自然辩证法通讯》杂志社还与博物学文化专业委员会联合主办“博物学文化论坛”，推动博物学的二阶学术研究和一阶博物实践，在学术界和公众中都产生了较大的影响。[1]本文集精选了近十年来《自然辩证法通讯》发表的博物学史研究文章，旨在反映博物学史研究在国内的发展，着重体现帝国主义、全球贸易、女性主义、图像传播、科学实践等视角和方法在博物学史研究中发挥的作用。编者认为把全球化的知识流动和地方性的科学实践结合起来，将会促进中国的博物学史研究的深入发展，与国外同行建立更平等、有效的交流与合作。

本文集共分为四个板块。专题一“帝国、贸易与女性”着重探讨17世纪以来欧洲的博物学与海外贸易、殖民扩张的紧密联系，描绘出资源掠夺、知识侵略和文化重整的勾连共生。国家机构、学术组织、贸易公司、种植园、博物学家、殖民地官员与传教士等共同构建和维系着帝国博物学的复杂网络，处于底层的本地居民和边缘化的女性也被卷入帝国博物学的网络之中，并发挥着不可替代的重要作用。徐保军的文章重点讨论在“理性帝国”背景之下，林奈体系如何凭借其实用、简洁、标准化的特性完成了帝国博物学理论的建构，并在理论与实践两个层面被广泛接受和采纳。李猛的文章考察了约翰·赫歇尔的南非科学之旅，通过对赫歇尔的博物学实践以及天文观测的探讨，阐明了博物学活动与英帝国扩张之间相互促进的共生关系。吴羚靖讲述了18世纪末英国控制印度迈索尔檀香木入华贸易的故事，深入分析了近代英国殖民扩张中全球与地方资源博弈的这一重要案例，进而呈现出檀香木贸易

1　刘星、王钊，以博物展万物——第六届博物学文化论坛综述，自然辩证法通讯，2023年第11期，125-126。

网络里中国消费者、印度生产者以及英国殖民者的商贸互动。姜虹的文章探讨了女画家诺思的博物探险和绘画，诺思的探险和绘画生涯都受益于英帝国的博物学网络，从她身上可以一窥帝国博物实践中的女性角色以及性别意识形态的影响。

明清之际，随着西方与中国的交流往来日益密切，各种文化与物质在不同的语境中相遇交融，其中博物学图像的流行是一个不可忽视的现象。图像的优势在于它具有一种打破文字障碍、让人们直观理解被描绘事物的功能。晚明的中国正处在博物学图像制作的潮流中，不仅将西方舶来的图像进行改造吸收，还观察和描绘流入本地的新鲜事物。尤其是清中后期以来，更多的士人加入到观察研究生活世界的潮流中，许多文人画家开始将奇异之物纳入自己的创作，在奇趣的引导下探究博物学。专题二“图像与博物学”将展示明清中国的博物学图像的创作与交流。郭亮的文章尝试通过晚明以来中国地图中水纹的形态和火炮类兵书中出现的火器图式，阐明西方知识体系对晚明社会潜移默化的影响。杨妍均和陈芳的文章考察在明代宫廷曾多次获得域外贡犀的情况下，所绘犀牛图像如何失真、为何失真以及谁使得图像失真等问题，进而探讨图像中的“臆想世界”。王钊的文章以中国传统绘画中一幅出现极乐鸟形象的绘画为线索，展开这种异域物产在全球贸易的推动下，其形象及羽毛在中国的传播历史。李屹东的文章对赵之谦《异鱼图》卷中海洋动物图像进行考证，并对画家采用写生和想象交融的创作方式做探究。

博物学是最具有鲜明的地方性知识特征的科学实践，同时又离不开全球范围内的知识流通与互动。专题三“博物学实践”着重展现中国传统下博物学的传承、发展、引进和改良。陈涛的文章指出，自唐代以来牡丹栽培技术不断发展进步，至宋代已形成一套完整体系，体现了古代中国的花卉园艺学的高超水平。杜新豪的文章探讨了明代后期以徐光启为代表的士人综合炼丹术、“粪药说”等古老学说，研制一种新型浓缩肥料“粪丹”，试图缓解当时肥料供应危机的努力，并对它为什么未能成功应用做初步分析。李昕升和王思明的文章考察了民国时期南瓜的加工和利用，详细描述了它在当时的贮藏、食用、药用、饲用及其他利用方式。杜香玉的文章探讨了民国时期橡胶树种植技术的引进和橡胶树这一外来物种的引入对本土生态系统的影响，分析了在橡胶树风害、兽害、病虫害和火灾等灾害的威胁下，人们如何结合本土知识经验寻求解决与应对路径，通过建立防风林、胶园间作等方式对橡胶树种植技术进行本土改良和优化。

《自然辩证法通讯》自1979年创刊以来就设立了科学家人物评传的固定栏目，迄今已刊登了200多篇古今中外的科学家传记，其中包含不少博物学家传记。[1]科学家的传记研究一直是西方科学史研究中的重要主题之一，特别是在对博物学家达尔文的研究中，阿德里安·德斯蒙德和詹姆斯·穆尔的《达尔文》与珍妮·布朗的两卷本达尔文传记《查尔斯·达尔文：旅行》《查尔斯·达尔文：地位的力量》已经成为“达尔文产业”乃至科学史中的经典著作。[2]传记研究可以将科学家的科学思想和活动与他生活中的方方面面联系交织起来，通过政治、经济、社会和文化的不同语境共同呈现出一个真实、复杂而生动的人物。专题四“博物人生”考察了从古希腊到分子生物学时代博物学家的社会角色、自我认同和科学实践的演变。杨舒娅的文章讲述了亚里士多德的大弟子、古希腊哲学家泰奥弗拉斯特的生平故事，他因两部传世的植物著作被誉为“植物学之父”，为西方后来的植物研究奠定了发展基础。杨莎的文章在描述“美国植物学之父”阿萨·格雷的生平和植物学工作的基础上，着重探讨了他与达尔文进化论之间错综复杂的关系。刘星的文章展示了博物学家奥杜邦的多重形象，分析他作为探险者、猎人、艺术家、鸟类研究者、观察者和保护者的不同身份以及其间的互动与纠葛。刘利的文章探讨了在分子生物学时代威尔逊如何做一名成功的博物学家，在继承博物学传统的同时，为当代博物学注入了新的生机与活力。

博物学史研究正在蓬勃发展，研究前沿不断扩展更新。2022年9月至

1 柯遵科编，鸟兽虫鱼自有情：博物学大师，郑州：大象出版社，2022。

2 柯遵科，达尔文研究中的编史学变迁，自然辩证法通讯，2007年第6期，72-77；柯遵科，科学来自于生活——《达尔文》评述，2008年第3期，289-296。

2023年6月,《自然辩证法通讯》杂志社与美国科学史学会前主席、《爱西斯》前主编伯纳德·莱特曼教授共同组织了“英国科学史新进展国际学术研讨会”，邀请了20位海内外的科学史学者，每月一次，分别由一位外国学者和一位中国学者做学术报告。有多篇学术报告的主题是与博物学史相关的研究，其中一些已经修改成文并发表在《自然辩证法通讯》上，例如维拉·凯勒的文章探讨染色茜草移植与17世纪自然哲学猜想之间的关系，张建红描述和分析了18世纪英国植物学与英帝国经济的互动关系，还有一些相关的文章也即将发表。[1]这些文章发表于《博物学史研究前沿》一书定稿之后，因此未能收入书中。有兴趣的读者可以浏览《自然辩证法通讯》杂志的官方网站，上面有“英国科学史新进展国际学术研讨会”每次学术报告的视频回放。从此次会议中博物学史所占的比重和主题的多样性来看，读者也会感受到博物学史研究的多重可能维度和方兴未艾的发展势头。

1 维拉·凯勒，17世纪的自然哲学猜想和植物移植项目：茜草的案例（染色茜草），自然辩证法通讯，2023年第11期，58–69；张建红，18世纪英国植物学和帝国经济，自然辩证法通讯，2023年第11期，70–83。

目　录

专题1：帝国、贸易与女性

帝国博物学背景下林奈与布丰的体系之争

徐保军

18世纪，受益于地理大发现以及随之而来的帝国扩张，博物学获得了极大发展，并带有明显的帝国特征。一个统一的博物学范式无疑有助于为帝国的全球探索和扩张服务，也是当时欧洲学界的客观需求。对学者而言，自然秩序依然是这个时期的核心议题，林奈（Carl Linnaeus，1707—1778）与布丰（Comte de Georges-Louis Leclerc Buffon，1707—1788）无疑是当时最具代表性的学者，两人对自然秩序的理解与探寻对后世均产生了深远影响。正如法伯在《探寻自然秩序》一书中所言："林奈和布丰都寻求理解自然秩序，他们相信它支配了一切，并且受特定的、可识别的法则约束……自然被认为根据自然律运作，并包含了人类可以彻底了解的结构。理解自然的钥匙并非来自于《圣经》、沉思或神秘的洞察力，它在于认真的研究、比较和概括。"[1]但有趣的是，在追求自然秩序的道路上，两人却各自以不同的方式影响了后世。

回顾这段历史，18世纪欧洲的博物学界经历了一场以分类和命名为核心的改革，林奈和布丰同为其中的重要人物。就结果来看，林奈体系在欧洲主要国家取得了全面胜利，即便在法国，如菲利普·斯隆（Phillip R. Sloan）所言，在18世纪的最后20年甚至更早，林奈的分类体系已经在巴黎的植物学圈子取得了全面的胜利；[2]而在英国，林奈体系的地位确立更早，也更彻底，甚至拥有了更深层次的文化、道德意味，班克斯让林奈植物学成为英国科学的核心并在商业探险、帝国探险和科学探险中扮演着重要地位；[3]德国、荷兰、西班牙等地的情况大致相似。

18世纪中后期，林奈体系先后在欧洲各国被广泛接受并被用于帝国活动中，某种意义上这意味着博物学界长期混乱的状态终结，帝国博物学进入了标准化时代。表面来看，布丰在这场体系之争中略逊一筹，但无疑林奈与布丰在对自然秩序的探寻中共同为博物学的发展指明了方向：林奈以他对自然界特有的秩序感对博物学界进行了开创性的改革，形成了简洁、高效、实用的博物学体系；布丰则更强调自然的多样性、连续性。

一、博物学发展的时代背景

18世纪，一方面，博物学的发展涌现出诸多新的推动因素，海量异域物种伴随帝国地理、经济等方面的持续快速推进而出现，客观上需要统一、稳定、有效的博物学体系为之服务；另一方面，尽管存在诸多基于不同性征的博物学体系，却没有一个国际通用的范式在把自然纳入统一秩序的同时满足现实的需求。

1.博物学发展的推动要素

如法拉在《性、植物学与帝国》中所言，“激励科学探索者的不仅是对自然的真正迷恋，还有其他一些动机——权力、金钱、声誉，林奈在瑞典、班克斯在英国的情况说明了科学研究是如何与商业发展及帝国掠夺交织在一起的。”[3], p.19除却传统的医药方面的需要，文化、商业、国家利益等诸多要素均构成这一时期博物学发展的动力。

文化层面上，博物学被视为一种高雅的消遣，甚至开始具有道德属性，在人们的日常生活中扮演着日益重要的角色。收集、阅读相关书籍，绘制图画成为社会地位的表现。比如18世纪后期，林奈体系在英国传播甚广，成为虔敬、健康、理性生活方式的文化象征，卢梭曾盛赞林奈植物学内在的道德品格，并认为它是巨大的快乐源泉，他的《植物学通信》（*Lettres élémentaires sur la botanique*）也被译为英文，在英国广为流传。[4]

商业价值层面上，文化变革同商业利益的挖掘相伴而行。依然以英国为例，园艺师逐渐成为热门的职业，工资相当于高收入的牧师甚至还要高得多。例如，“安妮女王和乔治一世的园艺师亨利·怀斯每年拥有1600英镑的收入。这个数目只有王室才出得起，而在17世纪80年代，柴郡莱姆城堡的园艺师可以获得60英镑的年薪，相当于一个高收入的牧师。”对于罕见植物的兴趣与追求使得植物的商业价值得到充分挖掘，且这种兴趣并不局限于社会的上层和中层，甚至对部分下层民众而言，标准化的知识体系也成为一种需求。[5]

国家利益层面，博物学探索及知识成为帝国扩展利益的链条中重要的环节，其潜在的经济价值吸引着政府越来越多的投入与资助，得到政府和君主的庇护。英国邱园、法国巴黎皇家植物园、西班牙马德里皇家植物园等均成为欧洲帝国挖掘博物学潜在经济价值、开拓新世界的重要场所。18、19世纪，博物学在欧洲各国科学院也占有重要地位，英国皇家学会主席约瑟夫·班克斯是帝国博物学的代表，由林奈任首任主席的瑞典科学院最初成立的宗旨，即寻找有用的科学，发展本国经济。

2.统一的博物学范式成为客观需求

无论是从帝国扩展需求、社会需求，还是博物学体系自身发展出发，均需要统一的博物学范式加强对自然秩序解读的标准性。诸多博物学家分别基于不同性征建立了博物学体系，但整个欧洲并不存在一个稳定、统一、有效的通行体系，博物学体系的驳杂客观上导致了认知交流的困难。

博物学体系驳杂多变是当时的典型特征。以植物分类为例，林奈曾将前林奈时期的分类学家整理归类为正统的（orthodox）和异端的（heterodox）两类。正统的分类学家又包括完全正统的（universal）和部分正统的（partial）两类，前者包括果实分类者（fructisits）、花冠分类者（corollists）、花萼分类者（calycists）和性分类者（sexualists）。[6]异端的分类学者则包括字母顺序分类者（Alphabetarii）、根部分类者（Rhizotomi）、叶部分类者

（Phyllophili）、外形分类者（Physiognomi）、时间分类者（Chronici）、地理分类者（Topophili）、经验分类者（Empirici）、药用贸易分类者（Slplasiarii）等。[7]

分类命名标准不同造成博物学领域的混乱，学者认知交流困难。同物异名、异物同名等现象均根源于此，比如在植物命名问题上，伴随新物种的涌现，植物学家们只好在植物名称之中不断加入更多的信息以便区分。所以同一植物，在不同时期、不同人甚至不同时期的同一个人那里都会有不同的名字。比如，1576年，安特卫普的植物学家克鲁西乌斯（Carolus Clusius，1525—1609）曾将旋花属的一个种命名为：*Convolvulus folio Altheae*；1623年，法国的鲍欣则将其命名为：*Convolvulus argenteus Altheae folio*；林奈则在1738、1753年分别又给出了两个不同的名字。

一个稳定统一且行之有效的博物学范式成为当时的迫切需求，林奈、布丰之争也存在于这样的背景之下。事实上，博物学体系的优劣之争持续存在于整个18世纪，其中，分类标准和命名规则的不一致是这个时期混乱的根源所在，林奈很大程度上奠定了博物学改革的基础，正如斯特恩（William T. Stearn）所言："18世纪，科学孜孜不倦地寻求着对世界的解释，无数发现随之不断涌现；而在对生命世界的描述上，林奈不懈的努力为现代动植物分类和命名成为国际通用的科学体系奠定了基础。"[8]

二、林奈的博物学改革

林奈认为人类知识建立在理性和经验的基础之上，他志在为大自然建立秩序，他的梦想在于任何人运用他的方法，即便不能将一个物种归到正确的属中，也可以归到正确的纲和目中。[9]关于体系之争，林奈有着清醒的认识，一方面他批判与继承兼顾，对先驱和同时代其他博物学家给予了充分肯定；另一方面，在坚持正统的前提下，林奈进行了一系列影响深远的博物学改革。

1. 在体系传承上，批判与继承兼顾，肃清异端

在对传统的继承上，林奈称自己坚持亚里士多德分类传统，根据事物的

本质进行分类。同多数本质论者一样，林奈认为属是具有共同本质的种的总体。属的定义对于物种分类极为重要，林奈在《植物学哲学》(*Philosophia Botanica*) 中将定义植物属的性征分为三类，即人为的、基本的和自然的；林奈认为尽管每个植物学家都追求自然性征，但因要考察的植物性征过多，在具体应用和操作中的困难较大，林奈表面上积极向自然性征定义法靠拢，实际上将基本性征定义法作为当下的最优选择，人为性征定义法作为辅助方法，对基本性征而非自然性征的考察构成林奈属的定义的基础。[6], pp.141—142在实践操作中，林奈在分类遇到困难时也会采取许多变通方法，但原则上，林奈始终打着亚里士多德和本质主义的旗号，力图向18世纪博物学界普遍认同的自然分类法靠拢。这样，林奈的博物学体系一方面迎合了当时博物学界自然的分类传统，避免了很多不必要的麻烦，另一方面它自身的实用性和效率则与18世纪紧迫的分类需求相契合。

对于前人的博物学体系，林奈给予了足够的肯定。在《植物学基本准则》(*Fundamenta Botanica*)、《植物学哲学》等著作中，林奈对18世纪及之前的植物学家进行了整理归类，上榜名单基本涵括欧洲各国小有名气的植物学家，其中16世纪的有38人，17世纪的有62人，18世纪的有53人。林奈进一步将其分为杰出的植物学家、真正的植物学家和业余植物学家三类，其中杰出的植物学家6人，分别为康拉德·格斯纳(Conrad Gesner，1516—1565)、切萨尔皮诺(Andrea Cesalpino，1519—1603)、鲍欣(Caspar Bauhin，1560—1624)、莫里森(Morison)、图内福尔(Joseph Pitton de Tournefort，1656—1708)和瓦扬(Sébastien Vaillant，1669—1722)，林奈将自己划在较低一档，即真正的植物学家。[10]; [6], pp.13—14林奈定义的6个杰出的植物学家均是正统的分类学者，均承认植物结实器官的重要性，只是依据的相关性状有所不同，比如切萨尔皮诺将果实作为第一步分类的依据，图内福尔将花冠作为第一步分类的依据，林奈则将雄蕊作为第一步分类的依据。而在具体分类实践中，林奈时常将前人或同时代学者的研究成果纳入到自己的体系之中，这对于融合不同学派成果、缓和冲突有一定的积极作用。

与此同时，在帝国全球活动日益加速的18世纪，物种的发现、流通以及与之伴随的培育、贸易等需求客观要求一个相对稳定的沟通范式，完成从地方性到普遍性的转换，给出一个全球通用、指称明确的分类、命名体系。从这个意义上来讲，对统一的博物学范式的需求已经超越了博物学自身的学术领域，成为一种时代需求。当我们将目光转向英国斯隆（Hans Sloane）爵士、班克斯（Joseph Banks）爵士及荷兰克利福德（George Clifford）爵士所从事的事业以及他们对收藏整理的爱好时，就不难理解这种需求了。应对这种需求，林奈采取了渐进的策略，通过限定分类原则，首先将分类学中的"异端传统"清除出博物学领域。

解决了这些问题之后，分类、命名问题是林奈博物学改革面临的核心问题，而博物学范式统一的根本在于分类的根据和命名规则的统一，这也构成帝国博物学的认知基础。

2.林奈的分类改革

分类是命名的基础，对分类的改革是林奈的首项工作。

首先，林奈的一大贡献在于创建了性分类体系。对生殖的重视是林奈走向性体系的第一步。分类通常建立在物种相似性的基础之上，而相似性的获得则由分类性状决定。在林奈之前，考察多个性状更符合博物学家通常的做法，17、18世纪的约翰·雷、图内福尔等人即是如此。但在面对未知物种的时候，一个没有经验的人很难将这样的体系应用到实践中来。林奈性分类体系的一大优势在于指称明确，鉴定效率高，很大程度上解决了实践的难题。

林奈1735年版的《自然体系》(*Systema Naturae*）就已经将性体系作为分类基础，《植物学哲学》则更加明确地阐述了这一思想："性分类者（比如我自己）的体系建立在植物性别基础之上"，随后，林奈将植物的性别单列出来讨论，认为植物的花是植物性别的标志，并选择将结实器官作为考察对象，对其数量、形态、相对大小和位置四个方面进行考察，并将雄蕊作为第一步分类的根据。[6], pp.24—103性分类思想并非林奈独创，瓦扬和克劳德·吉尔福利（Claude Geoffroy）都做过类似尝试，但毫无疑问，是林奈将其发扬光大。林奈的性分类体系最初遇到了文化和伦理上的难题，面临“淫秽”“下流”的指责，比如，《不列颠百科全书》(*Encyclopaedia Britannica*，1771年)第一卷的主编威廉·斯梅利（William Smellie）就不赞成“雌雄同体（雌雄同株）”的概念，拒绝将植物性别的类比收入全书，他斥责林奈的类比“远远超出了适宜的界限”，下流程度超过了那些“淫秽的罗曼史作家”。[5], p.175 林奈的主要对手哈勒尔、布丰等人对此也多有非议，但最终非议之声渐消，公众和博物学家渐渐忽略了这些指责，接受了林奈性分类体系。

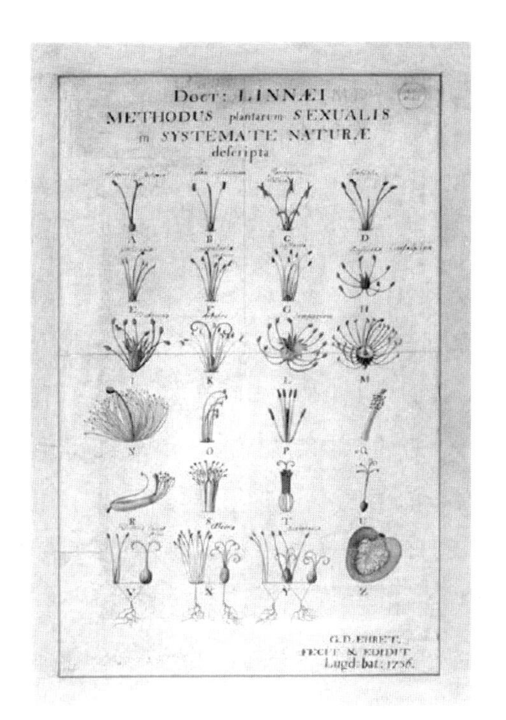

图1　林奈性体系的最初版本（乔治·埃雷特1736年绘制）

事实上，性分类体系带来的便利远超出伦理问题带来的麻烦。客观而言，同其他分类体系相比，林奈体系在逻辑严密性上并无绝对优势，但选择单一性征作为分类的基础，使林奈体系在物种鉴定上较之其他分类体系更方便快捷、简明实用，更具操作性，分类效果和效率也远非其他体系能比，这正暗合当时欧洲的帝国扩张所需，为林奈体系的最终崛起奠定了基础。

其次，林奈很好地处理了分类中的等级、属种、自然性征等问题。以植物学为例，合理分类是植物学中最重要的一项工作，而分类的目的在于鉴别，在于描述植物之间的区别和关系。

林奈认为分类等级对于植物学而言，就像古希腊神话中“阿里阿德涅公主的线球”，是引导植物学走出混乱状态的关键。他借鉴图内福尔的观点，设计了纲、目、属、种、变种五个等级，五个等级分别属于两个层面，即理论层面和实践层面，前者包括纲、目、属，后者包括种和变种。[6], pp.113—115林奈认为上帝创造万物的时候，存在一定的自然秩序，但寻找秩序存在一定的滞后性，人们短期内不可能发现所有的属，因此只能暂时采取一些人为的办法。相较之下，林奈特别重视种和属的界定。

在种、属的界定上，林奈认为植物的结实器官是定义植物种和属的唯一依据，除此之外，任何其他要素的介入都会导致植物的分类走向歧途。林奈将结实器官分为两大部分、七小部分：两大部分指花和果实，而前者又包括花萼、花冠、雄蕊和雌蕊四部分，后者则包括果皮、种子和花托。林奈认为每个分类性征都要源于对以上七部分结实器官的考察，而考察包括四个方面：数量、形态、相对大小和位置。而在具体的操作中，相比于其他结实器官，林奈更重视雄蕊、雌蕊的性征。

在自然性征与属、种定义上，考察基本性征而非自然性征构成林奈定义属的基础。林奈认为全面考察自然性征是定义属、种的一种理想状态，应该是每个学者坚持的方向；学者应该尽可能考察更多的物种、更细致地考察单个物种的性征。林奈散布世界的使徒和通信者为其构建了庞大的标本网络，在实践考察上帮助林奈体系确立了不可动摇的权威。但无论是在逻辑上还是在实践操作层面，物种的考察和分类都是一个宏大的工程，在所有物种被揭示之前，并不存在一个完满的分类方法，完全自然的分类在当时只是植物学家的一个理想，并不现实，林奈认为只需要考察植物基本性征即可。以基本性征来定义属，一方面与“自然分类”的目标保持一致，同时也满足了林奈对分类体系效率、实用性的要求，可谓是林奈实用主义哲学的产物。

3.林奈的命名改革

对林奈而言，命名的重要性仅次于分类。林奈《植物命名规则》（1737年）最初的目的就在于探索命名准则，改变过去的不规范现象。他在给哈勒尔的信中指出："在我看来，植物学家似乎并未触及命名科学的真谛，也没有着手处理植物学领域的这个问题。如果将图内福尔至今提到过的属名（命名）整理一下，至少有一千种以上。名字变化的原因是什么呢？没有一个共同遵守的命名规则，我想，除此之外别无他因。"[11]

从《植物命名规则》到《植物学哲学》再到《植物种志》，从命名原则到命名实践，林奈关于命名的改革逐渐成熟，并逐步被人接受。林奈命名规则的制定与论述主要是围绕属和种进行的。

首先，在属名改革方面，林奈主要从命名者资格、命名原则、属名选用等方面进行了讨论。在命名者资格问题上，林奈认为只有真正的植物学家才有权力给植物命名；在命名原则上，林奈认为应该约束学者在命名上的随意性、属名无限制增多、属名指称不明等现象，尽量避免属名的混乱，比如，同一个属有且只有一个属名，属名必须在给出种名之前预先确立等；在属名的选用上，林奈规定属名必须使用拉丁文书写，他倾向于选择有希腊或拉丁词源的词作为属名——"非源于希腊或拉丁词源的属名应避免使用"。[11], pp.37—38

其次，种名命名原则方面，林奈坚持稳定性、本质主义和简洁实用性。种名（nomen specifucum）是一个种区别于同属其他种的标志，种名的意义在于将这个种同该属的其他植物区分出来，种名的构成为"鉴定短语"（diagnostic phrase）。[8], p.250具体而言，林奈认为命名过程中，种名所描述的性征必须是稳定不变的，植物结实器官各个部分的特征是最可靠的种名来源，对种的描述也应该简洁、实用、精确。

再次，双名法的应用。双名法（binomial nomenclature），严格讲应当叫"双词法"，因为这里面并不存在两个名字（属名和种名）的问题，而是指刻画一个种时先要确认它所在的属（genus），然后再用一个形容词来限定，两者合起来才准确、唯一地界定一个种。双名法最初只是林奈博物学实践的辅

CAROLI LINNÆI
EQUITIS DE STELLA POLARI,
ARCHIATRI REGII, MED. & BOTAN. PROFESS. UPSAL.;
ACAD. UPSAL. HOLMENS. PETROPOL. BEROL. IMPER.
LOND. MONSPEL. TOLOS. FLORENT. SOC.
SYSTEMA
NATURÆ
PER
REGNA TRIA NATURÆ,
SECUNDUM
CLASSES, ORDINES,
GENERA, SPECIES,
CUM
CHARACTERIBUS, DIFFERENTIIS,
SYNONYMIS, LOCIS.
TOMUS I.
EDITIO DECIMA, REFORMATA.
Cum Privilegio S:æ R:æ M:tis Sveciæ.
HOLMIÆ,
IMPENSIS DIRECT. LAURENTII SALVII,
1758.

CAROLI LINNÆI
ARCHIATR. REG. MEDIC. ET BOTAN. PROFESS. UPSAL.
ACAD. IMPERIAL. MONSPEL. BEROL. TOLOS. UPSAL.
STOCKH. SOC. ET PARIS. CORRESP.
PHILOSOPHIA
BOTANICA
IN QUA
EXPLICANTUR
FUNDAMENTA BOTANICA
CUM
DEFINITIONIBUS PARTIUM,
EXEMPLIS TERMINORUM,
OBSERVATIONIBUS RARIORUM,
ADJECTIS
FIGURIS ÆNEIS.

CUM PRIVILEGIO.
STOCKHOLMIÆ,
APUD GODOFR. KIESEWETTER
1751.

图2　林奈的《自然体系》《植物学哲学》[1]

助工具，直到1753 年《植物种志》出版，双名法在林奈著作中的地位才得以确立。双名法的发明解决了旧有命名规则下种名过长的问题，很快得到了博物学界的重视和推广，1758年《自然体系》第十版正式引入双名法，双名法也开始应用到动物命名中。今天，双名法早已成为国际通用的命名规则：根据约定，种名由拉丁化的两部分语词组成，即属名和种加词，均用斜体拉丁字母表示；属名在前，名词，首字母大写；种加词在后，形容词，首字母小写；种加词之后，可加上命名者的姓名或缩写，正体书写。如寒兰的学名为 *Cymbidium kanran* Makino，*Cymbidium* 为属名，*kanran* 为种加词，Makino为命名人。

从历史来看，林奈在属名和种名上的变革直接影响到此后学者对科学命名的认知，许多规定成为其后科学命名法的准则。相比林奈在性体系和植物属种方面的改革，他的双名法更具实用意义，节约纸张、便于记录。

4. 拉丁语——标准分类语言的引入

拉丁语的引入与推广是林奈秩序得以传播的重要原因之一，它很大程度上消灭了语言和文字上的“巴别塔之乱”，使得人们得以形成共识。[12]林奈

1　这两本著作在18世纪后期成为欧洲帝国博物学探索的常备用书。

在植物学拉丁语演变并最终确立为标准分类语言的过程中起到了很大推动作用。

一方面，林奈参与了对植物学拉丁语的改造。林奈继承并拓展了约翰·雷、图内福尔、瓦扬等人的工作，他的贡献包括改革植物学拉丁语和植物描述。林奈运用约定定义的办法精确定义植物学拉丁术语，比如，将“corolla”定义为花冠，表示花中包围着性器官的内层包被。[12], pp.14—38在植物的描述规则上，林奈取消了动词、小品词等，确立了主格用法，确定在鉴定短语中只使用实词和形容词，实词在前，形容词在后。林奈精简了植物种的描述，同时也确立了统一的描述方式，这种描述方式也成为今天植物学拉丁语的准则。

另一方面，林奈确立了拉丁语作为植物命名通用语言的地位。希腊语和拉丁语是植物学历史上使用最频繁、对植物学贡献最大、植物学家也最熟悉的语言，但“对种的命名必须能够解释自身，因此越清楚越好”，林奈认为拉丁语的语法规范更符合这个要求。[11], pp.99—100最终，林奈在《植物学哲学》中规定属名、种加词必须用拉丁语书写。拉丁语作为标准语言的引入不仅有利于林奈博物学体系自身的传播，也有利于整个博物学体系的传承。

本着简练、精确、易于表达和理解的原则，林奈逐步确立了自己的拉丁语准则，并影响深远。18世纪和19 世纪，植物学拉丁语与古典拉丁语渐行渐远，最终形成一套独立的体系。

三、布丰的批判与帝国博物学需求

某种意义上，较之林奈，布丰的博物学更具帝国属性，他是巴黎皇家植物园的掌舵者、法国博物事业的缔造者之一，也是帝国博物探索的参与者，却在更大范围的体系之争中落败。

自1739年起，布丰掌管巴黎皇家植物园近50年，某种意义上，布丰的名字在巴黎的意义几乎等同于博物学。在布丰及其门徒的努力下，巴黎皇家植物园从籍籍无名的药用植物园发展成世界闻名的博物学阵地，同欧洲重要的博物学中心保持着密切联系，在世界范围的博物学探索也保持着竞争力；利用同皇家的关系，布丰获得了更多金钱、体制上的支持，致力于打造自己的博物学事业，对法国博物学的专业化、制度化产生了深远影响，促进了法国博物学事业的进步。[13]

不同于林奈，布丰拥有更驳杂的知识结构，在数学方面也颇有造诣，他并未计划将自己的博物学打造成基于形态学的分类体系；布丰的目标更为宏大，他试图拥抱整个知识王国，发现生命之间的联系，揭示自然运作方式的秩序。布丰《博物志》的目的在于，通过比较生物的生理、习性以及对环境的适应，系统化我们对生命体的知识，认识个体是如何依赖于全体、局部事件是如何受宏观实践的影响，将自然与自然的运动方式相比较，获得确定性的知识。[14]

在布丰看来，林奈的博物学体系更像是一个图表，试图用部分的特点代替自然整体，否认了自然界的连续性，并非自然的真实反映。布丰在《博物志》中一开始就对林奈提出了全面的批评，他的批评包括三个层面：首先，林奈依据生物的基本性征进行纲的划分，过于武断，他只是将人为的抽象强加于造物之上，并未给出自然的真正秩序；其次，林奈把抽象的等级概念应用到现实世界上，但自然物种本质上是连续的，纲、目、属只存在于我们的想象之中，并非真实的存在；再次，林奈犯了认识论层面的错误，自然秩序应该遵循同人类关系的亲疏远近。[2], pp.359—360对于布丰的质疑，林奈根据他的一贯战略，并未给出回应，而布丰对林奈体系唯名论立场的批判，某种意义上也是对当时分类

图3 布丰的《博物志》
（*Histoire Naturelle*）

科学的根本否认，在帝国博物学背景之下，也引起了很多博物学家的不满。

毋庸置疑，布丰的博物学体系有着内在的逻辑统一性，《博物志》的出版在当时的欧洲引起了巨大轰动。布丰博物学涵盖了动植物学、形态学、分类学、古生物学、地理学等内容，涉及演化论诸多议题，布丰也理所当然地被视为演化论的先驱，对博物学的进程起到了积极的推动作用。然而受政治、实用性等客观原因影响，即便在法国，布丰体系在同林奈体系的竞争中也并未取得上风。

回顾这段历史，人们会发现，林奈与布丰以各自不同的方式影响了博物学的进程，共同为博物学指明了未来的方向。但回归帝国语境，我们也可以找到林奈体系较之布丰体系流行欧洲的一些原因。

首先，林奈体系的“普遍性”迎合了帝国博物学的空间需求。伴随帝国扩张和殖民事业的发展，帝国博物学的事业是面向异域的、全球性的，热衷于追求普遍性知识。[15]林奈体系建构的初衷就在于建构自然秩序，林奈性体系的构建、分类命名改革使其有可能成为超越地方性的普遍性理论，而双名法与引入植物学拉丁语等进一步使得林奈体系满足了实用性、简洁性和标准化的实践需求，同时从理论和实践两个层面满足了博物学的空间需求。

其次，林奈自然经济理念契合帝国博物学的利益需求。利益属性是帝国博物学的特征之一，帝国博物学的核心目标之一在于利用世界范围内的自然资源为人服务，它会重点考察、移植、培育异域的价值物种，也会关注物种的贸易价值，为帝国经济服务。这正是林奈“将自然应用于经济”的理念所在，也是沃斯特在谈及博物学“理性帝国”的构建时，将培根和林奈列为理性帝国代表的原因所在。[16]林奈自身也将博物学视为追求经济理想的工具，试图研究自然秩序、挖掘自然潜力为经济服务。

再次，帝国博物学需要被广泛接受的体系。与布丰等其他博物学家相比，林奈的体系是18世纪国际化完成得最彻底的，当时英国、德国、法国、西班牙等实质上都接受了林奈体系。事实上，林奈的信徒遍及欧洲各地，从现存的约6000封林奈往来通信手稿来看，林奈的通信范围覆盖世界各地，尤其是当时欧洲的学术重镇，包括伦敦、巴黎、阿姆斯特丹、莱顿等地，林奈临终前几乎受邀成为欧洲所有重要科学院的名誉会员。体系的流通归根结蒂还是靠人的作用，在林奈体系最终确立的过程中，林奈的学生和通信者以林奈为核心形成一个整体，前期作为林奈体系构建的辅助者和执行者，后期则成为林奈体系的实践者和传播者，最终完成了林奈体系的推广与传承。[17]

参考文献

[1] 保罗·劳伦斯·法伯. 探寻自然秩序[M]. 杨莎译，北京：商务印书馆，2017, 20-21.

[2] Sloan, P. R.'The Buffon-Linnaeus Controversy' [J]. *Isis*,1976, 67(3), 356-375.

[3] 帕特里夏·法拉. 性、植物学与帝国：林奈与班克斯[M].李猛译，北京：商务印书馆，2017, 97.

[4] Ann, S. *Cultivating Women, Cultivating Science* [M].Baltimore and London: The Johns Hopkings University Press, 1996, 19-37.

[5] 波特. 剑桥科学史第四卷：18世纪科学[M]. 方在庆译，郑州：大象出版社，2010, 110-135.

[6] Carl, L. *Pilosophia Botanica*[M]. Oxford: Oxford University Press, 2003.

[7] Carl, L. *Pilosophia Botanica*[M]. Matriti: Ex Typogr. Viduae et Filii Petri Marin, 1792.

[8] 维尔弗里德·布兰特. 林奈传：才华横溢的博物学家[M]. 徐保军译，北京：商务印书馆，2017.

[9] Pratt, M. L. *Imperial Eyes: Travel Writing and Transculturation*[M]. London and NewYork: Routledge, 2007.

[10] Stafleu, F. A. *Linnaeus and the Linnaeans: The Spreading of Their Ideas in Systematic Botany, 1735-1789* [M]. Koninkrijk der: Nederlanden Utrecht, 1971.

[11] Carl, L. *Critica Botanca* [M]. Translated by Arthur Hort, New York: Routledge, 1938.

[12] Stearn, W. T. *Botanical Latin* [M]. Portland, Oregon: Timber Press, 2004.

[13] Spary, E. C. *Utopia's Garden: French Natural History From Old Regime to Revolution* [M]. Chicago and London: The University of Chicago Press, 2000.

[14] 朱昱海. 从数学到博物学[J]. 自然辩证法研究，2015, 31 (1): 81-85.

[15] 李猛. 帝国博物学的空间性及其自然观基础[J]. 自然辩证法研究，2017, 33 (2): 88-92.

[16] 唐纳德·沃斯特. 自然的经济体系：生态思想史[M].侯文蕙译，北京：商务印书馆，2007.

[17] 徐保军. 使徒、通信者与林奈体系的传播[J]. 人民论坛·学术前沿，2015, (11): 92-95.

英帝国扩张与地方资源博弈

——18世纪印度迈索尔檀香木入华贸易始末探析

吴羚靖

檀香木[1]是具有悠久历史的木材和香料，也是具有全球意义的文化商品。18世纪迈索尔檀香木对华贸易的兴起联结了印度迈索尔[2]、中国以及英国的历史，是一个反思近代英国殖民扩张进程中全球与地方多元互动的重要案例。以往国内外学界大多关注帝汶和夏威夷的檀香木贸易，忽视书写迈索尔檀香木贸易故事。

就连印度迈索尔地方史研究也未深入思考迈索尔檀香木贸易兴起的时间、原因和影响，也未追问檀香为什么被称为迈索尔“皇家之树”。研究对象空间分布不平衡使人容易错误地理解历史上全球檀香木贸易网络的形成与运作，更容易消解跨区域贸易网络所反映的全球性与地方特性。

近来新兴的全球史叙事强调打破传统民族国家的空间局限，关注全球范

---

1 本文研究的“迈索尔檀香木”学名为*Santalum album*，主要分布在印度南部。值得注意的是，人们常将檀香与紫檀混淆，但紫檀与檀香实际不同属，紫檀属于紫檀属（*Pterocarpus*），其心材无香气。

2 18—20世纪“迈索尔”指代的行政地理空间颇为不同。现代“迈索尔”隶属于印度卡纳塔克邦（Karnataka），然而，历史上的“迈索尔”领土范围几乎涵盖印度次大陆西南部的大部分地区。因此，本文中“迈索尔”主要是指原先迈索尔王国势力范围。

围内商品流动与人群交往。然而，全球史研究也被诟病“只有全球，没有地方”。[1]其实，全球史并非拒绝地方史，而是将地方放在全球相互连接和互动的新视角下来探讨，既挖掘地方特性，也展现地方如何受全球环境影响。就本文研究的迈索尔檀香木贸易而言，其兴起的过程不仅与古代亚洲檀香文化的形成与传播相关联，还与英帝国殖民进程中同迈索尔地方博弈的历史紧密联系，迈索尔檀香木贸易在四次“英迈战争”中成为双方争夺的焦点。所以，书写18世纪迈索尔檀香木贸易的故事，有助于呈现跨区域檀香木贸易网络里中国消费者、印度生产者以及英国殖民者间的商贸互动，也有利于展现不同地方和群体如何受该贸易网络影响。

本文将利用大英图书馆印度事务部档案（Indian Office Record）未刊手稿、时人考察报告和已有成果展开研究。本文尝试厘清18世纪迈索尔檀香木贸易因何缘起、其与中国檀香文化和英国殖民扩张进程有何联系、跨区域檀香木贸易网络背后到底隐藏着怎样的地方资源博弈与政治斗争。

一、18世纪前亚洲檀香文化的传播及檀香物质流动

檀香木心材色正味香、质地坚实，檀香精油味道独特、芬芳悠久。从香药炼制到工艺品雕刻，从外交贡品到宗教用品，皆可见檀香物质踪影。古印度文明孕育了深厚的檀香物质文化，这种文化也随着宗教交流向东南亚、东亚和阿拉伯地区扩散，为日后迈索尔檀香木贸易兴起奠定重要基础。

1.古印度檀香文化的形成

现代语言里通行的“檀香”（sandalwood）来自梵语的“檀香”（candana）一词，该词起源于南亚的达罗毗荼语系，由cāntu一词演变而来。梵语“candana”起先指代一切有香味的木头，但后来含义逐渐固定，用以指代“研磨的膏状檀香”。[2]檀香一开始以香料、医药、珍贵贡品等形式出现于南亚各类梵语古文献之中。如南亚著名史诗《摩诃婆罗多》和《罗摩衍那》分别记录檀香可用于沐浴或者被制作成涂抹身体和武器的香膏。[3]古印度文献《政事

论》描述檀香“如酥油般清香温润，涂抹皮肤可去燥热，香味宜人且持久”。[4]

尽管描述檀香气味和用途的梵文文献汗牛充栋，但大都未提及檀香木制作的雕像或圣人王座。然而，从现今文献记载和传世实物来看，檀香木雕刻品是檀香物质最为普遍的展示方式。那么，檀香木雕刻品何时出现？近来研究表明，早期佛教将檀香木雕刻品与佛教精神联系起来。佛教文献《本生经》约成书于公元前3世纪，书中曾提到两种使用檀香的方式：向国王喷洒檀香粉和制作檀香木碗。[5]公元4世纪，中国僧人法显在《佛国记》中称其在印度北部舍卫城见过檀香木佛祖造像。[6]另外，古印度佛教寓喻中富楼那佛陀转世的故事更是直接展现檀香木的物质性如何与佛教的教义思想结合。[7]由此得知，早期佛教文献开始将檀香木雕刻与佛祖形象绑定。檀香木被认为是呈现佛祖身形的理想材料。

自此，檀香以香膏、焚香、医药、雕刻品等多元形式出现在印度教、佛教、耆那教等宗教仪式之中。此后南亚的檀香物质文化不仅在全球众多檀香生长地展现得完整丰富，还随着佛教传播、东南亚“印度化”以及阿拉伯商人向东的贸易活动向其他非檀香自然生长地区扩散，全球檀香文化体系日益壮大。

2.檀香文化在中国的落地

在众多非檀香生长地中，受南亚檀香文化影响最深的是中国。中国檀香文化直接起源于东汉时佛教在中国的传播。此后中印互派僧人和经书译介促使古印度的用檀文化快速地在中国生根发芽。檀香木雕和檀香香药精油等成为中国古代佛教寺庙和上层贵族生活中不可或缺的物品，佛家寺院或世俗贵族购买大量由檀香木制成的各类佛教用品。散发着热带芳香气味的檀香木家具也作为异域珍贵木材制品，被古代皇家和大户人家追捧，用以维持奢华生活和彰显身份地位。[8]此外，檀香也是古代中国香药叙事不可或缺的部分。尤其宋以后日益频繁的朝贡贸易与海外交流活动强化了中国与外界的物质交换，大量异域奇香进入中国，檀香制成的熏衣香方和药露香饮涌现，檀香消费群体也从宗教领域进一步向世俗社会扩大。[9]

然而，檀香并非中国的本土作物，还是一种生长缓慢的半寄生植物。这些特殊的自然属性成为人类大规模商业性移植檀香树的阻碍，中国引种栽培檀香的历史也不过近来半个世纪。所以，长久以来中国市场消费的檀香木都从海外进口，中国一度是世界最大的印度檀香木进口市场。古代中国往往从南亚和东南亚王国获得檀香木或檀香制品。宋以前，中国周边的天竺、哥罗、盘盘、堕婆登、扶南等地方王国向中国进贡檀香。宋元时期，海上运输的兴盛和中国对海外商品的需求刺激了东西方贸易往来与物质交换，香药逐渐成为中国接受他国朝贡以及民间海外贸易的“硬通货”。明朝确立更加清晰的朝贡制度，使得朝贡既是外国人在中国贸易的前提条件，也是其维护与中国关系的基本方式，所以作为朝贡品的檀香大量进入中国。[10]虽然此后朝贡体系逐渐衰弱，但民间海上贸易乘势而起。于是，中国东南沿海商人带着中国的瓷器、丝绸以及其他纺织品出海，在马六甲或南中国海其他港口与其他亚洲商人交易檀香木、豆蔻、胡椒等商品，然后返回中国。

在大量檀香开始作为贸易品进入中国市场时，帝汶出产的檀香木渐为中国人所知。宋代赵汝括的《诸蕃志》、元代汪大渊的《岛夷志略》以及明代张燮的《东西洋考》等涉及中国对外贸易的著述都反映，早在欧洲人到来之前帝汶檀香木就已是亚洲贸易重要的流通品，随着葡萄牙和荷兰在东南亚势力的扩大，葡、荷先后加入并扩大了檀香木贸易网络，控制着16—18世纪帝汶檀香木入华贸易。尤其是1557年葡萄牙占领中国澳门后，澳门成为葡萄牙在中国贸易的基地，帝汶檀香木大量输入中国。但是，自18世纪起，帝汶檀香资源锐减，国际檀香木市场格局大变，作为澳门商业贸易支柱的帝汶檀香木失去了往日声望。[11]那么，此后中国市场消费的檀香木究竟来自哪里？檀香木市场产生了何种变化？ 这种变化背后的驱动力从何而来？

二、18世纪中叶英国东印度公司对华檀香木贸易的兴起

事实上，接棒且超越帝汶檀香木的是来自印度迈索尔的檀香木。18世纪起，随着英国亚洲殖民事业猛进，英国东印度公司开始对华输入迈索尔檀香

木，迈索尔檀香木因此成为国际檀香木市场新一轮追捧的优质品种。于是，初涉檀香木贸易的英人开始琢磨如何维持该贸易的长久稳定。

1.英人初试对华檀香木贸易

此前帝汶檀香木在国际市场大量流通时，印度出产的檀香木相对默默无闻。虽然葡、荷早就在印度南部沿岸建立商栈，但很长一段时间内他们认为只有帝汶才能出产檀香木，印度并无檀香树生长。[12]随着18世纪英国在印度次大陆殖民范围的扩大，英国商人发现马拉巴海岸附近内陆地区也出产檀香木。那里地处德干高原西南部，地区热量丰富、干湿季分明，由花岗岩发育而成的红色沙壤土排水和透气性良好，十分适合檀香树生长。英人从过去的贸易中了解到檀香木的高额利润，所以他们很快就抓住机遇，将印度檀香木运往中国销售。迈索尔檀香木在英人的推动下迅速在中国市场崭露头角。

18世纪30年代的英国东印度公司档案已明确记载英船将印度檀香木输入中国。1735年11月3日，一艘英国东印度公司商船“瑞奇蒙号”（Richmond）从伦敦出发，经过几个月航行抵达印度次大陆西海岸。海员们用英国商品在当地换取印度银、棉布、乳香等商品后又沿着马拉巴海岸南下至代利杰里（Tellicherry）购买檀香木，接着驶往本次航程的终点站——广州。货物条目中显示，该船此次约向中国输入750担檀香木。这些檀香木以大约每担12.8两银子的价格卖出，远高于同船胡椒的单价10.5 两和棉花的单价8.5两。[13]这意味着，檀香木不仅已被列入英国对华贸易品名录，还为英国对华贸易创造丰厚的收益。这次商业成功使英人寄希望于檀香木的高额利润来抵消对华贸易的逆差，“瑞奇蒙号”之后英船频繁运输印度檀香木到中国。

然而，英人并不总能如愿，他们运往中国的檀香木并非每次都能卖出理想价格。1756年7月24日，时任东印度公司孟买辖区总督理查德·鲍彻（Richard Bourchier）致信公司广州商馆，告知公司的商船“霍顿号”（Houghton）已于4月30日运载着约400捆棉花、1500担檀香木以及1125担胡椒向广州出发。但广州商馆很快便通知理查德：中方以该批次檀香木品相差、卖不出去为由拒绝购买该批次檀香木，虽然最后经多次交涉后答应购买，但该批次檀香木最终以每担6.5两低价卖出。相比当时原定的价格，东印度公司损失了2776两。[14]同样，1761年6月21日向中国输入檀香木的“海王星号”（Neptune）也遭遇了类似的结局。[15]这些档案记录说明，当时英人输往中国市场的檀香木价格不稳定、波动较大。那么，究竟是什么原因导致“霍顿号”和“海王星号”运来的檀香木售价不理想?

2.英人了解市场与稳定资源

价格波动可能由诸多原因引发，譬如市场销售策略、资源供应过多等。总体看，当时英人从两大方面寻求解决之道：一是尽快了解中国檀香木市场消费喜好，二是稳定印度方面檀香木资源的供应，以期日后还能从檀香木贸易中持续稳定地获取收益。

正如上述广州商馆信件所称，中国市场对于海外输入的檀香木有品质等级要求，而初涉对华檀香木贸易的英商没有完全弄懂中国市场对檀香木品质的要求和规定。檀香木在中国市场不仅有品质等级的划分，而且尚属宗教用品或文化奢侈品，消费群体主要集中于皇家贵族或大户人家，而非普通老百姓。此外，中国人对檀香木的品质要求与印度和阿拉伯地区相当不同。古代中国虽然一开始也是通过佛教仪式接触檀香木雕刻品和檀香香药，但后来这种檀香物质文化超越了宗教，日益世俗化。大量檀香木被用于制作古代皇家玺印、文房用品、高档家具、装饰盒子、扇子等，故而中国市场整体偏好的檀香木料是形状完整且尺寸稍大的种类，而不是像印度和阿拉伯地区那样仅需小块木料。即便是制成香药和精油，中国人也偏好那些心材规整、含油率高的优质木料。因此，中国檀香市场的消费群体构成和消费偏好具有一定特殊性，英国商人还未完全明白中国市场购买檀香木的规则，导致他们在中国市场时常碰壁。

随着东印度公司对华贸易的深入，英人逐渐了解中国市场对品质的偏好，开始从收购与销售环节就将檀香木按中国消费喜好和文化品位划分等级。[15]他们优先将尺寸大、形制完整、品质最优的木料输入中国市场，而尺寸小、卖相一般的木料则留在印度本土出售或销往阿拉伯。这种方法很快奏效，使得印度檀香木在中国名声渐起，进口数量和销售价格一路飙升，售价还超过帝汶檀香木。1768年，中国市场一等印度檀香木每担价格高达22两，次级品类每担也需14—18两，而帝汶檀香木此时每担仅售6.5两，远低于印度檀香木价格。[16]与此同时，帝汶檀香木因葡、荷及当地人之间恶性势力斗争以及砍伐无度而数量大减，渐渐退出中国市场。于是，印度檀香木一跃成为最受国际檀香木市场追捧的品种。[13], pp.237—238

除了理解中国人的"喜好秘密"外，英人还通过摸清印度本土檀香木资源分布情况、与出产檀香木的王国签订贸易协定等方式来维持其对华檀香木贸易的稳定。马拉巴海岸是英国最早向外输出印度檀香木的口岸，从各个渠道而来的檀香木通常会在马拉巴海岸的商贸市场汇合后再被英国商船运往中国。[17]然而，马拉巴海岸市场流通的檀香木并不产自当地，而是来自更内陆的地方王国。倘若英国人想获得当地物产，就要与当地国王商定贸易规则。[18]此时在这些王国中，迈索尔王国出产檀香木数量最多。

迈索尔原先隶属毗奢耶那伽罗王朝（Vijayanagara），但16世纪中叶起，该王朝国势日衰、分崩离析，迈索尔等许多原先依附于王朝的地方势力纷纷独立。迈索尔王国起先由瓦迪亚家族（Wodeyar）掌权，但实际领导权自1761年起被军队穆斯林首领海德阿里（Hyder Ali）控制。海德对内强化军队管理，对外积极扩张，迈索尔成为西南部最强劲的政治势力。鼎盛时期迈索尔疆域范围覆盖了次大陆西南大部分地区，周边王国都要听从迈索尔王国的命令指示。所以，英国此时若想继续获得稳定的檀香木供应，就必须特别注意与迈索尔王国维持友好的商业联系，尽快让海德批准檀香木贸易特权。如此一来，檀香木资源成为贸易能否持续的关键因素，进而成为英人与迈索尔地方政治博弈的工具。

三、18世纪下半叶英国与迈索尔争夺檀香木资源的控制权

作为英国亚洲贸易代理人，18世纪下半叶英国东印度公司在南印度商业

扩张速度加快，与印度地方王国摩擦不断。英人与迈索尔斗争的焦点资源之一便是檀香木，英国夺取迈索尔檀香木资源的诉求贯穿了其与迈索尔的四次“英迈战争”（Anglo-Mysore Wars）。

1.英迈从合作走向对峙

起初，英国东印度公司与迈索尔王国都认为双方在对华檀香木贸易上的合作是“双赢”。对于英国而言，迈索尔境内有丰富的自然物产，尤其是备受中国追捧的高品质檀香木。迈索尔还是英国深入印度次大陆的重要关卡，其境内的斯赫里朗格阿帕特塔纳和班加罗尔等地是印度东西海岸物资流通的重要枢纽。对迈索尔而言，他们需要与英国交换军事装备和士兵，强化自身军事实力，以对抗周边王国、巩固迈索尔在西南部的绝对统治。于是，海德一开始允许英人在其势力范围内建商馆货栈，承诺提供檀香木等商品的贸易特权，英人则为迈索尔提供军事装备支持。[19]据统计，1759—1764 年英国东印度公司一共向中国市场输入3000多担迈索尔檀香木，贸易量增长较大。[20]

然而，这种靠商品交换和军事保护支撑的“友好关系”脆弱不堪。在内外利益的驱动下，英迈关系变质。随着迈索尔继续向马拉巴海岸扩张，海德控制西印度洋领海主权的野心与英国的扩张计划格格不入。而且，不仅迈索尔周边王国随时准备利用英迈关系的恶化谋取利益，英法第二次“百年战争”的战火也从欧洲蔓延至印度。于是，一场牵扯多方利益的“英迈战争”悄悄酝酿。1766年，海德要求东印度公司为其提供军事支持以便迈索尔继续征服马拉巴海岸，但东印度公司不仅拒绝海德的要求，还联合迈索尔周边王国——海得拉巴和马拉塔夹击迈索尔，首轮“英迈战争”就此爆发。双方虽然于1769年握手言和，迈索尔允许英国东印度公司在其境内自由贸易并为其提供檀香木商品贸易特权，然而缔结和约不仅没有从根本上化解英迈双方的利益矛盾，反而使双方关系更加恶化。[21]

为对抗英国及周边王国，迈索尔不仅停止向英人供应檀香木，还带着其境内檀香木和胡椒等资源转而投靠法国。法国因在争夺加拿大时与英国大动干戈，便与迈索尔组成“抗英同盟”。[22] 1779年，英国占据法属印度港口马埃。为维护盟友的利益，海德举兵入侵由英国支持的阿克特，第二次“英迈战争”爆发。迈索尔起先处于上风，但后来却连连失利，海德在此期间去世。其子提普苏丹（Tipu Sultan）继位统率迈索尔军队。为“替父报仇”，提普苏丹开始严厉打击英国东印度公司在马拉巴海岸的商业据点，下令禁止马拉巴沿海地区种植、贸易檀香木。英国东印度公司的檀香木供应渠道被迈索尔官方明令切断，部分当地人铤而走险，通过地下走私等方式为英国东印度公司或自由贸易商人供应檀香木。[23]

2.成为迈索尔“皇家之树”

18世纪最后十年是英迈关系和迈索尔檀香木贸易的重要转折点。此时，檀香木已经与棉花、胡椒、鸦片等商品共同构成英国对华贸易的主要盈利点。广州商馆不断提醒英印政府，倘若不能稳定地供应这些商品，他们将无法购买中国的茶叶、丝绸和瓷器等商品，英人拿下迈索尔檀香木资源控制权势在必行。

1789 年，提普苏丹联合法国进攻与英国结盟的王国——特拉凡哥尔王国。英军也在印度总督查尔斯·康沃利斯（Charles Cornwallis）的指导下联合海得拉巴和马拉塔出兵迈索尔。第三次“英迈战争”就此爆发。1791—1792年，英国东印度公司军队在战争中抢先占领班加罗尔，沉重打击了迈索尔王国的士气。因为班加罗尔不仅是迈索尔的重要战略据点，还是迈索尔檀香木贸易的核心区域，每年大量檀香木从各地农村汇聚班加罗尔之后再销往他地。除了失去班加罗尔，迈索尔还在战后签署的《斯里朗格阿帕特塔纳条约》（*Treaty of Seringapatam*）中失去其他与檀香木贸易相关的领土，包括西海岸的卡纳拉和果达古、东边的巴拉马霍等地。

失去班加罗尔的提普苏丹对英人更加恨之入骨。出于报复，他下令将檀香树封为“皇家之树”（Royal Tree），禁止任何人砍伐境内檀香树，违者将被剁手。他还规定日后檀香木贸易将彻底由皇家控制，也不允许任何檀香木流入班加罗尔市场。提普苏丹在王国境内设立了30个贸易站，对檀香木、烟草、胡椒等其他商品征收高额进出口关税，以此进一步控制檀香木贸易。此外，他还大力提倡在迈索尔种植檀香树。[24]提普苏丹的严控措施确实限制了英国东印度公司檀香木贸易，使公司上下对即将难以为继的贸易供应倍感焦虑。

但是，1798年，正当英国东印度公司发愁如何定期向中国运输充足的檀香木时，新任印度总督理查德·威勒斯利（Richard Colley Wellesley）走马上任。按照威勒斯利的规划，英国需尽快控制迈索尔这样具有扩张倾向、还与法国结盟的王国。

1799年，英国以法国违反协议、私下秘密向迈索尔支援武器为由，进攻迈索尔。英国同盟者海得拉巴和马拉塔也同时从北边入侵迈索尔，第四次“英迈战争”爆发。提普苏丹腹背受敌，在战争中阵亡。战后条约不仅直接使英国获得檀香木贸易主动权，还彻底改变迈索尔地方社会历史进程。作为“皇家之树”的迈索尔檀香木已经彻底沦为英国的殖民商品。英印政府可以肆意砍伐迈索尔檀香木，用来换取英国所需的中国商品。迈索尔王国境内部分与檀香木贸易相关的哥印拜陀、门格洛尔和马拉巴等地被划入英人统治区。最重要的是，此后迈索尔变成受英国间接统治的土邦。迈索尔王权被重新交还瓦迪亚家族，年仅五岁的王子瓦迪亚三世（Mummadi Krishnaraja Wodeyar）就任王公。土邦外部权力由英国行使，内部王权虽由英国政府和土邦王公共享，但英国保留直接统治权。[25]至此，英国在檀香木资源战中大获全胜。这不仅为其稳定对华檀香木贸易的资源供应，还使其控制迈索尔地方政权，夯实其印度殖民事业的基础。

3.战后迈索尔檀香木热潮

成为英国间接统治的土邦后，迈索尔每年需要将三分之一的财政收入交付给英国。英国为年幼的王公指定迪万（Dewan）——普纳亚（Purnaiah）。凭借在提普政府的任职经验，普纳亚清楚迈索尔自然资源的分布情况和贸易价值，而且提普的严控政策使此时迈索尔境内存有大量檀香木。普纳亚协助英国东印度公司将迈索尔檀香木资源变现，以完成英国交付的税收任务。[24], pp.419—420所以，1800年初迈索尔境内立即出现了一波檀香木砍伐潮。

据统计，1799年迈索尔檀香木售出总量仅为100多担，但次年整体贸易总量上万担。“当地苦力被雇佣去采伐檀香木，几乎每个迈索尔人都尽可能多地砍伐其身边的檀香树，无论成熟与否或质量优劣，统统砍伐后囤积到特定地区。”[23], pp.132—135 1800年檀香木总体利润率为72%，此时棉花的利润率仅为27%，檀香木总体利润率远高于其他商品。[13], pp.656—657 此后迈索尔檀香木售价还不断攀升，不到十年便提高了两倍，平均总体利润率升至83%。[26] 与此同时，全球檀香木投机活动开始愈演愈烈。大量太平洋檀香木涌入中国，无序砍伐和恶性竞争导致市场供给远大于需求，迈索尔檀香木在中国的销售也遭受冲击。[27] 受此影响，东印度公司对华迈索尔檀香木贸易日渐萎靡。然而，公司的衰落并未终结迈索尔檀香木的出口，该贸易在一波波国际檀香木浪潮中得以延续。

1831年，英国以“纳加农民起义”为由直接统治迈索尔，迈索尔檀香木贸易进入殖民经济阶段，迈索尔檀香木资源逐渐由英国委员会操控。与此前没有规划地砍伐檀香木资源不同，英印政府创造了一套具有典型殖民特征的檀香木资源管理模式和市场营销模式。此后，檀香消费文化从亚洲拓展至欧美，迈索尔檀香木的自然生命与文化价值被进一步塑造。

结　语

18世纪迈索尔檀香木入华贸易不仅是长时段内全球檀香文化传播和贸易网络的产物，也是英国殖民印度迈索尔地方的结果。古印度佛教文化的传播孕育了中国对檀香文化的迷恋和跨地区檀香木贸易网络。该贸易网络连接了迈索尔生产者、中国消费者和英国销售者，也影响了网络中地方的社会政治和自然资源。迈索尔檀香木逐渐成为中国人欣赏的佳品，对华檀香木贸易也成为英国重要经济来源，迈索尔地方历史也因此被改变。虽然不能武断地将檀香木断定为“英迈战争”爆发的直接原因，但不得不承认，英迈对檀香木资源的博弈贯穿了四次“英迈战争”，也始终影响着英国殖民迈索尔的策略。因此，英国与迈索尔在檀香木资源战中的互动模式颇具地方特性。它既揭示英帝国早期殖民扩张获取资源的手段，也反映当时迈索尔地方统治者通过控制本土自然资源来达到自身目的的政治野心。

另外，对于檀香木本身而言，全球互动也改变了其自然命运与价值符号。在国际市场需求旺盛之际，檀香木成为迈索尔地方与英殖民者斗争的筹码。英国东印度公司利用商贸和军事手段掠夺迈索尔檀香木资源。作为抵抗，迈索尔地方统治者通过封号“皇家之树”和官方垄断贸易等措施强化檀香木的政治符号和经济价值。日后，迈索尔檀香木的自然命运和文化价值更是受到英属印度政府的林业资源管理实践、帝国生态系统改造、迈索尔地方民族主义等因素的影响。

参考文献

[1] Drayton, R. ‘Discussion: The Futures of Global History’ [J]. *Journal of Global History*, 2018, 13 (1) : 1−21.

[2] Southworth, F. C. *Linguistics Archaeology of South Asia* [M]. New York: Routledge, 2005, 76; 239; 274.

[3] McHugh, J. *Sandalwood and Carrion: Smell in Indian Religion and Culture* [M]. New York: Oxford University Press, 2012, 180−186.

[4] Kautalya. *The Kautilīya Arthasāstra* [M]. Vol.2. Bombay:University of Bombay, 1965, 115−117.

[5] Cowell, E. B., Francis, H. T., Chalmers, R., Rouse, W. H. D., Neil, R. A. *The Jataka; or, Stories of the Buddha's Former Births* [M]. Vol.4. Cambridge: Cambridge University Press, 1913, 33; 166.

[6] 法显. 佛国记 [M]. 郭鹏译，吉林：长春出版社，1995, 55.

[7] Rotman, A. ‘Monks, Merchants, and a Moral Economy: Visual Culture and the Practice of Faith in the Divyavadana’ [D]. Chicago: University of Chicago, 2003, 71−117.

[8] 程林盛. 檀香在佛教中的应用刍议 [J]. 法音, 2018, (7) :48−53.

[9] 严小青、惠富平. 宋明以来宫廷和民间制香业的兴衰[J]. 中国农史，2008, 27 (4) : 100−110.

[10] 陈国栋. 东亚海域一千年：历史上的海洋中国与对外贸易[M]. 济南：山东画报出版社，2006, 43.

[11] 施白蒂. 澳门编年史 [M]. 小雨译，澳门：澳门基金会，1995, 109−118.

[12] Pigafetta, A. *Magellan's Voyage: A Narrative Account of the First Circumnavigation* [M]. Vol.2. New Haven: Yale University Press, 1969, 140–141.

[13] 马士. 东印度公司对华贸易编年史[M]. 区宗华译，第1-2 卷，广州：中山大学出版社，1991.

[14] Indian Office Record. *Diary and Consultation Books* [Z].London: British Library Indian Office Record, 1756, R-10-4-1756, 27–56.

[15] Indian Office Record. *Diary and Consultation Books of Resident Supercargoes* [Z]. London: British Library Indian Office Record, 1761, R–10–5–1761, 8; 72.

[16] Indian Office Record. *Diary and Consultation Books of Resident Supercargoes* [Z]. London: British Library Indian Office Record, 1764, R–10–5–1764, 55–78.

[17] Indian Office Record. *Modification of the Arrangement with the Mysore Government Regarding the Supply of Sandalwood* [Z]. London: British Library Indian Office Record, 1808, F–4–276–6162, 47–54.

[18] Logan, W. *A Collection of Treaties, Engagements and Other Papers of Importance Relation to British Affairs in Malabar* [M]. Calicut: A. Manuel, 1879, 45.

[19] Aitchison, C. U. *A Collection of Treaties, Engagements and Sanads Relating to India and Neighboring Countries* [M]. Vol.9. Calcutta: Government of British India, 1909, 194–195.

[20] Indian Office Record. *Diary and Consultation Books of Resident Supercargoes* [Z]. London: British Library Indian Office Record, 1756–1764, R–10–5.

[21] Roy, K. *War, Culture and Society in Early Modern South Asia, 1740–1849* [M]. London: Routledge, 2011, 77.

[22] Lohuizen, J. V. *The Dutch East India Company and Mysore, 1762–1790* [M]. Dordrecht: Springer Netherlands, 1961, 35–43; 90.

[23] Buchanan, F. *A Journey From Madras: Through the Countries of Mysore, Canara, and Malabar* [M]. Vol.2. London: T. Cadell and W. Davies, 1807, 536.

[24] Rice, B. L. *Mysore: A Gazetteer Compiled for Government* [M]. Vol.1. Westminster: Archibald Constable and Company, 1897, 419.

[25] Chancellor, N. H. M. 'Mysore: The Making and Unmaking of a Model State' [J]. *South Asian Studies*, 1997, 1 (13) :109–126.

[26] Indian Office Record. *Provision of Sandalwood in Mysore* [Z]. London: British Library Indian Office Record, 1916, F–4–95–1916.

[27] Indian Office Record, *Despatches to Madras* [Z]. London: British Library Indian Office Record, 1822, E-4-901, 696.

私人科学与帝国野心：1834—1838年赫歇尔在好望角的博物学实作

李　猛

传统科学史主要关注赫歇尔（John Herschel，1792—1871）在天文学、数学领域做出的贡献，同时也关涉他在光学、化学、声学、磁学、地质学等“科学”领域取得的成就，但鲜有科学史家关注赫歇尔的博物学工作。他曾充满激情地研究过植物、动物、矿物、人种，绘制过大量精美的博物画，并因此得到当时许多博物学家的尊重和一些博物学学会的认可。近几十年来，随着科学编史观念的革新，史学家越来越注意到，研究17—19世纪英国乃至整个欧洲的科学史时，那些曾吸引了科学界、政府机构、海贸公司及殖民地官员广泛兴趣并得到大量支持的博物学应当占据重要地位。在这个研究路径下，赫歇尔的博物学工作就成为科学史研究的适当主题。赫歇尔在好望角“大英帝国皇家天文台”工作期间，仰则观象于天以完成科学任务，俯则观法于地以习鸟兽植物之文。两项在科学建制中看似霄壤之别的学科，在赫歇尔的南非之行中，因对观察、描述方法和科学写真的绘画呈现方式的共同强调，变得“统一”起来。对赫歇尔博物学活动的研究，有利于构建他更完整、更真实的科学家形象。

一、赫歇尔的博物学之缘：帝国空间里的私人探险

落选英国皇家学会主席，在某种程度上促成或者加速了赫歇尔的南非之行。此时的赫歇尔有着卓越的科学成就，并已经担任过5年皇家学会秘书，赢得皇家学会主席的职位似乎是自然的事情，结果却以微弱的劣势败给了乔治三世的儿子苏塞克斯公爵，这让赫歇尔对英国科学界产生了失望之情。于是，去南非完成父亲未竟的事业——观察南半球的星空，成了对赫歇尔来说充满希望的事业。赫歇尔想要观测南半球的星空，但他的选择不多。南纬30°的环线上，只有20%是陆地，他只能选择南美、澳大利亚或者南非。[1] 1795年，英国首次打败法国，抢占了好望角；1806年又打败荷兰，巩固了对这个重要军事据点的统治。这个时期的非洲对于大英帝国来说依旧陌生，但是英国的政治家和博物学家都相信，非洲有着丰富的自然资源，因此具有极其重要的商业价值。皇家学会主席班克斯对帝国博物学板块中的这个神秘之地充满了求知欲，并于1788年推动成立了“非洲内陆开发促进会”（Association for Promoting the Discovery of the Interior Parts of Africa）。[2]这反映出当时大英帝国及科学家群体对非洲殖民开发或科学探索的浓厚兴趣。

1820年，国王乔治四世接受皇家学会、经度委员会以及海军部的建议，同意在南非的开普敦修建天文观测台，以便向南非当地人宣扬大英帝国智识和文化的优越性，同时向其他帝国主义列强展示英国强有力的霸权地位。国王相信，“如果操作得当，英国就能够为欧洲范围内的天文学家提供以资比较的数据，这是一件最体现英国荣耀的事情”。[3] 1827年，具有众多功能的好望角观测台建成，为赫歇尔到南非进行天文观测提供了条件。赫歇尔去往非洲前已经是欧洲闻名的数学家和天文学家、英国皇家学会会员，因为卓越的数学工作而获得了皇家学会1821年的科普利奖章；天文学方面，赫歇尔是英国天文学会的创立人之一，1827年当选天文学会主席。仅仅在出发前几个月，赫歇尔还出版了自己的观测成果，包括2306个星云和星团，其中525个

是他自己发现的。另外，赫歇尔在化学、电学及其他一些领域也获得了不小的声名。作为科学界的翘楚，赫歇尔能够去好望角，对大英帝国意义重大。它象征着旧大陆对非洲新殖民地的文明征服，象征着英国正式开启了对非洲大陆的科学探险，并且将进一步加强对这块殖民地的统治。总之，英国王室和政府希望以科学活动的名义，来实现对南非的开发与控制。

但是家境殷实的赫歇尔拒绝了王室和皇家海军提供的资助，他想要自由地安排与规划自己的科学旅行。1833年11月13日，他带着妻子和三个孩子，以及那部20年代建造起来的口径18.25英寸（约46.4厘米）的反射望远镜，登上了埃尔芬斯通（Mountstuart Elphinstone）的私人船只。此时赫歇尔夫妇可以像地产阶层的绅士一样无忧无虑地生活：赫歇尔一家往返英国与南非需要支付500英镑；在菲尔德豪森（Feldhausen）的租金为每年225英镑；家庭每个季度的支出约为300英镑，而这里的上一任大英帝国皇家天文台天文学家麦克利尔（Thomas Maclear）每年年薪也不过600英镑。[1], p.xx随行的还有即将上任好望角总督的迪尔班（Benjamin D'Urban），在两个月旅程中，两人成为熟知的朋友，这种关系为赫歇尔后来的工作提供了许多帮助。但是到此时为止，赫歇尔的生活，至少是学术生涯中，还极少触及博物学。[3], p.52

去往非洲之前，除了1821—1824 年的那三次欧洲教育旅行（grand tour），赫歇尔大部分时间都生活在英国。英国是一个本土动植物种类相对匮乏的地方，加上赫歇尔一直忙于天文观测或其他数理科学研究，至交好友也多是数学和天文学研究者，故而未对博物学研究产生特别的兴趣。

1837年，在给年轻植物学家德勘多尔（Alphonse de Candolle）的信中，赫歇尔回忆了自己到达非洲之前的植物学水平："你将很快了解到，我并不是一位植物学家。我刚来到好望角的时候，对这门能带给人快乐的科学（指植物学）几乎一无所知。"[4]赫歇尔这段话描述了自己的实际情况。到达好望角后，看到如此炫目繁多的新颖植物和稀奇动物，加上诸多博物学好友的影响，赫歇尔夫妇很快对新世界的物种产生了兴趣。与欧洲相比，这里常年气候炎热，常年开着不同的花。正像南半球的浩瀚星空能在无数个夜晚陪伴赫歇尔一样，好望角的植物盛宴让他在白天也一样充实快乐。

正如赫歇尔在给德勘多尔的信中所提到的，在好望角这样一个适宜植物生长的地方，业余植物学爱好者很容易取得进步。通过几年的努力，他在菲尔德豪森所建立的球茎（Bulbous）植物园已初具规模，不仅收集并栽培了大量植物，还进行了一些植物的育种试验。植物学已经成为他与当时许多植物猎人以及研究者交往和探讨的主题。长期的劳作与观察，让赫歇尔这位曾经与植物学相距甚远的数理科学家，成为球茎植物的高水平研究者。同时，从这些观察出发，赫歇尔还思考了物种变化与神创论问题。他的研究成果引起了当时一些著名植物学家的关注。另外，赫歇尔日志中还有大量南非常见鸟类、昆虫、矿物的观察与记录。

在赫歇尔看来，好望角的天文学观测和博物学研究都属于“私人探险”。[3], p.47赫歇尔建立植物园和研究植物学的最大动力，或者说最初目的，不像受帝国机构雇佣的那些植物猎人意在探索和移植有巨大经济价值的经济物种，或者发现更多新物种，以便为欧洲博物学家的命名和分类工作提供标本；也不像欧洲的植物学理论家侧重思考大自然中隐藏的“存在之链”；他发于内心，启于环境，喜欢这项能给自己和家人带来快乐的活动。在日志和书信中，赫歇尔很少提到植物的用途，描述最多的是他如何享受探索知识的乐趣，或一家人在植物园劳动的快乐情境。从这方面来看，赫歇尔的博物学研究，类似于怀特在塞耳彭的活动，既是一种理论旨趣，也是一种休闲方式。但是客观上，它却极大提升了大英帝国的民族自豪感，并切实增进了国家利益。赫歇尔回到英国后立即成了民族英雄，并被授予准男爵爵位。此后，赫歇尔的科学与海军部的殖民活动更多地结合在一起，虽然很多时候只是以“科学”的名义。

二、赫歇尔的植物学研究：从博物生存到对物种不变论的质疑

1834年1月，赫歇尔抵达南非开普敦，4月全家搬往菲尔德豪森，3个月

后，他开始筹建自己的植物园。在赫歇尔的博物学活动中，他将大部分精力用于育植、观察、记载和绘制单子叶植物的四个科：鸢尾科（Iridaceae）、百合科（Liliaceae）、石蒜科（Amaryllidaceae）和兰科（Orchidaceae），尤其是四科之中他所能接触到、并对之饶有兴趣的200—250种球茎植物，因为他没有足够的时间去认识岛上的2600多种植物。[4], pp.71—86为此，赫歇尔放弃了最具好望角特征、也最常见的山龙眼科（Proteaceae）和杜鹃花科（Ericaceae）植物，忽视了当地特有种鳞叶树科（Bruniaceae）和管萼科（Penaeaceae）植物。甚至连菊科（Asteraceae）这些给春天增色最多的植物，也完全没能引起他的注意。[5] 除日志中多次提到四个科的球茎植物外，赫歇尔夫妇的绘画成果也佐证了这一判断。在他们绘制的所有好望角植物中，这四个科的植物占了76%。[5], p.72

南非特色植物尤以球茎花卉和多肉植物而出名，但赫歇尔为什么将研究重点集中于这四个科的球茎植物，确切原因不得而知，至少目前看到的他的书信和日志中并未明确提及过。在那个帝国博物学家痴迷于移植经济作物以增进国家财富的时代，球茎植物只靠美丽的形态并不能取悦大英帝国殖民政府。或许正是这一点成就了赫歇尔的园艺消遣志趣，这与那个时代英国有闲阶级醉心园艺的传统有些相似。有一点可以确定，赫歇尔搬往菲尔德豪森之前，就已经开始关注这类植物了。1834年2月13日，赫歇尔在维恩堡（Wynberg）参加了一次聚会。会上有个人刚从木湾（Hout Bay）回来，携带一束球茎植物，开着最亮丽的花卉；布朗展示的一种他称之为“Grenadier Plant”[1]的球茎植物图片，更是令人惊叹，上面是红色的茎和花，没有叶子。[1], p.46赫歇尔毫不吝啬地使用了最惊艳、精美绝伦等词汇，而且不止一次。从这些慷慨的赞美词中，可以体会出他对这些球茎植物的喜爱。或许，正是这些植物的柔美、精致和芳香，让赫歇尔喜欢上了球茎植物。另外，沃纳猜测，球茎植物还有一个重要特性，使赫歇尔夫妇如此钟情——它们都有

---

1 据开普敦大学植物学系霍尔（Anthony Hall）博士鉴定，该植物可能属于石蒜科网球花属。该属多数植物的花开成刷子的形状，非常美丽。

地下存储器官（球茎、根茎、块茎等），因此便于从草原上移植到花园里，也便于长时间、远距离存储和运输，在花园中生长和繁殖后，可以运回英国育植和研究。[5], p.73

南非丰富多样的植物和精心设计的植物园，激发了赫歇尔潜在的园艺兴趣，观赏球茎植物成为他在白天的主要活动。赫歇尔的夫人玛格丽特（Margaret Herschel）描述了他这种疯狂的爱好："我羞于承认，他（指赫歇尔）将一天之中三分之二的时间都耗费在花园里——美化花园风景，每天种植一千颗左右的种子——英国人还都以为他在努力工作而赞扬他呢——但你可以想象他在这里过着伊甸园般的生活——他非常健康，我从没见过他像现在这样高兴。"[5], p.124四年的日志中，赫歇尔无数次提及自己与夫人在球茎植物园中照料、观赏、研究园中植物的情形，也描写过自己如何与两个可爱的小女儿一起踏上找寻球茎植物之旅。1836年玛格丽特在给姑姑卡洛琳（Carolina Herschel）[1]的信中写道："当他出发去寻找新的球茎植物时，两个小女儿在他身边跑来跑去，总能帮他发现新植物。两个小女孩知道那里几乎所有植物的名称。"[1], p.254赫歇尔所收集的球茎植物，主要来自罗德巴斯（Rondebosch）与维恩堡之间的荒野与低洼地。两个地区相隔不远，前者在后者的北方略偏东一点，今天分别属于开普敦市和约翰内斯堡市，赫歇尔植物园就位于两地之间。

赫歇尔对这些植物的精细观察和记述，让他在植物研究上同样小有所成，并对当时的一些博物学家产生了影响。"贝格尔号"从加拉帕戈斯群岛返航途中，曾经过南非，惴惴不安的年轻博物学家达尔文在这里见到了赫歇尔。1836年7月9日，达尔文致信剑桥大学的植物学教授亨斯洛（John Henslow），提及了会面的场景，以及栽满球茎植物的植物园："在好望角，我和船长有幸见到了赫歇尔爵士……他住在乡下一个非常舒适的房子里，空气清新。无人

1　卡洛琳·赫歇尔（Carolina Herschel，1750—1848），欧洲历史上第一个女天文学家，威廉·赫歇尔（William Herschel）的妹妹，与兄长一起做出许多伟大的天文发现，获得皇家天文学会金质奖章。晚年，常把赫歇尔在南非期间通信中提及的科学观测及成就写成宣传性文章传播给科学界和民众，极大促成了赫歇尔的民族英雄形象和科学英雄形象。

打扰的赫歇尔总是能够将事情安排得井井有条，他向我们展示了一个美丽的花园，里面种满了他收集到的球茎植物。之后我明白过来了，这些都来自他辛苦的劳动。”[6]

在达尔文《物种起源》发表之前，西方主流学术界依然坚持着古老的神创论信条，认为地球上存在的物种是从创世之初就设计好的，之后便没有变化。作为虔诚的基督徒，赫歇尔的确承认上帝设计了自然并对之保持着干预，在1830年关于自然哲学的初步探讨中，他曾建议通过研究自然来增进对自然创造者的了解，但他在多大程度上坚持这个信念却无从考察。南非的生物多样性和物种连续性，让赫歇尔对当时流行的物种起源论和物种不变论产生了怀疑。尤其植物颜色与形状的突变，更加容易被发现。如通常开粉红色花的猩红沃森花（*Watsonia coccinea*），偶尔也会生出白色花来。同属的波旁岛沃森花（*Watsonia borbonica*）也会出现这种情况，只是概率很低。1 [5], pp.177—178 这些性状的突变一直困扰着赫歇尔，他在寄给植物学家哈雷（William Harvey）的书信中，专门询问了这种现象。赫歇尔在信中还提到了新物种的产生，以及某些物种的消亡：“提到物种的毁坏，这里有个恰当的例子，桌山（Table Mountain）上的帝沙兰（Disagrandiflora）正濒临灭绝。它只生长在桌山的山顶，有人告诉我，它只生长在这里，这块殖民地的其他山上，也没有该种帝沙兰的踪迹。”[7]

地质学上的灾变论与渐变论之争，使得地球缓慢进化的思想逐步取得胜利，从而有力冲击了《圣经》的创世说。赖尔（Charles Lyell）《地质学原理》的“均变论”最终启发了赫歇尔，让观察严谨又思想开放的赫歇尔找到了解释这些变化的锁钥，并开始怀疑有关物种的创世说。1836年2月20日，赫歇尔从菲尔德豪森致信赖尔，感谢这位科学新秀赠送的新书。信中，赫歇尔提到：“这是一个美丽的国度，物种非常丰富，可以在此研究植物物种的渐变。我几乎算不上是一位植物学家，但还是有一个现象引起了我的注意，即

1 *Watsonia* 是鸢尾科沃森花属，以英国植物学家William Watson的姓氏命名。猩红沃森花和波旁岛沃森花两种植物名称的翻译得到刘华杰教授帮助。

当你发现一个物种填充了其他两个物种之间的空缺时，它不仅填充了空缺，更增添了一些新的特征，或者说是第三个物种才有，而其他物种没有的一些相似性。”[7]在他看来，正如今日之地球是因火山喷发、河流冲刷以及岩石腐蚀等活动渐变所致，生物界也应当是动态的、变化的，而非从创世之后一成不变。[5], p.180赫歇尔将生物世界看作动态的、变化的，而非静态的，这或许也受到了洪堡的影响。[1]

赫歇尔将自己关于物种变化的想法告知达尔文，达尔文对此做了思考并在1836年致赫歇尔的书信附笔中，表达了对赫歇尔物种变化观点的看法："关于新物种的起源，我很高兴地发现，您认为这很可能是诸多中间因（intermediate causes）作用的结果。我更愿意置之不理而非推测，因为不值得为此冒犯那些认为这是猜想的人。”[6], p.558达尔文在1837年3月7日给休厄尔（William Whewell）的信中更加清楚地表明了观点："关于这最后一件事情，即动植物物种的变化……您是否还记得赫歇尔在信中所说。如果之前我像赫歇尔一样，直率地认为新物种的起源是一个自然过程而非奇迹，那么这将引致对我的大量偏见，因为很不幸，这种观点从头到脚都反对那些试图向公众传播神秘事物的哲学家。”[6], p.558从这些书信往来可以看出，达尔文基本认同赫歇尔关于物种变化的观点。此时人微言轻的达尔文特别谨慎，不想因此得罪那些持物种不变论或者神创论观点的科学家。而赫歇尔也一直没有正式发表过他对该问题的前瞻性看法。

三、赫歇尔的动物观察与博物画

除植物外，赫歇尔的博物学研究还包括对南非动物、物候、矿石等稀有

1 赫歇尔分别在1821年、1822年和1824年进行了三次教育旅行。在第一次旅行中，赫歇尔与数学家、分析机的发明者巴贝奇（Charles Babbage）在巴黎遇到了德国著名博物学家、地理学家洪堡（Alexander von Humboldt），后者所携带的科学器械引起了赫歇尔的浓厚兴趣。第三次旅行再次遇见洪堡。后来，赫歇尔多次阅读了洪堡描述自然的畅销书《大自然的肖像》（*Ansichten der Natur*），洪堡描述的动态的、变化的自然图景，对赫歇尔产生了影响。

物体和稀奇现象的观察与记载。在赫歇尔的日志中，随处可见对当地动物的描述，赫歇尔对此兴趣浓厚。1834年2月24日下午，赫歇尔去胡特湾（Hout's Bay）旅行，在这个被他称为“植物学盛宴”的地方，他发现了非洲树蛇（tree snake），18英寸（约45.8厘米）长，泛黄的棕色，背部有黄色斑纹，腹部银白色。第二天，赫歇尔又记述了另一条被杀害的树蛇，这次则主要讨论了树蛇的毒性。他的仆人宣称树蛇有剧毒，是蛇类中最具致命性的种类之一。赫歇尔将这条蛇拿起来，小心翼翼地检验它的嘴巴，但没有发现毒牙，只在上颌的两侧分别发现了三枚小又尖的牙齿，无接缝，短于1/20英寸（约1.3毫米）。赫歇尔估计仆人将这些牙齿视作毒牙了，但毫无疑问这种蛇是无害的1。[1], p.50

赫歇尔还有打猎的爱好，这样就有了近距离观察鸟类和小型动物的机会。在那个小型远距离观鸟设备还未得到充分发展的年代，狩猎或许是观察鸟类最直接的手段，也是最好的方法。1834年4月8日赫歇尔记载道：“我来到维恩堡户外的野地上，射猎了四只寡妇鸟（Widow Bird），它们通身棕色，云雀大小，喙修长，尾巴更是极长；其中一只鸟的尾巴几乎有身体的两倍长，喙是脖子与头总体长度的三分之一。”[1], p.61但是鸟类专家核查证实这种鸟是南非食蜜鸟（*Promerops capensis*），而非寡妇鸟。[1], p.61

在1834年8月21日的日志中，赫歇尔写道：“这是个潮湿、阴沉又寒冷的早上，我在闲逛的时候竟然发现了唐菖蒲属植物（*Gladiolus*）和假郁金香属植物（*Homerias*）！！我射猎了一些黄色的鸟儿，当地称为金丝雀（Canary），但是从大小、形态和颜色来看，我认为不是……我还追捕了一些猎鹰，其中一只灰色的、大小似鸽子的跑掉了，因为一直没有好的角度射杀它。”[1], p.89每当发现自己喜欢的新物种，赫歇尔总是极其兴奋，在这篇日志中，唐菖蒲属植物和假郁金香属植物就让赫歇尔不吝使用两个感叹号。日志中提到的金丝雀，单纯根据赫歇尔的描述还无法确定其种类。

1 戴（John Day）教授认为，或许是赫歇尔没能看到树蛇嘴巴后面的牙齿，而只观察到贴近前面的小牙，所以做出了错误的判断。实际上这种蛇毒性非常大，仆人的观点是正确的。

赫歇尔日志中还多次记载如何通过狩猎来得到和研究鸟类，甚至狩猎过程也详细记录在内。1837年3月19日的日记中，赫歇尔先回忆了自己发现蛇鹫（*Sagittarius serpentarius*）的情景：当时至少有18只大型猎鹰在上空盘旋嘶叫，盯着底下那个体形硕大类似火鸡的鸟，并向它发起攻击。为了能够详细观察这种大鸟，赫歇尔利用带皮的马肉来吸引它和它的同伴，并伺机捕猎。猎杀活动虽然因为其他原因而失败，但他还是简单记下了这种鸟的外部特征：它们是一种巨大的鹫，浅褐色，靠近肩部的脖子上有彩环式羽毛，就像披肩。它们又大又重，几乎飞不起来。[1], p.285

从今天的观点看，赫歇尔猎杀鸟类的习惯是不可取的，但在当时却是较为流行的鸟类观察和研究方式。[1], p.61如稍早一些的博物学绘画大师奥杜邦（John Audubon），也经常射杀大量野鸟并制作标本，供科学绘画和研究所用。但由此判断赫歇尔的狩猎活动是为鸟类研究服务，则有可能是错误的。首先，赫歇尔并非狂热的奥杜邦式鸟类研究者，日志中所记载的观察和描述，在“科学性”和精确性的追求上明显不足；其次，在18、19世纪的英国，狩猎成为一种文化传统，是贵族、绅士等高贵阶层喜欢的活动。对于当时的英国贵族来说，身穿猩红的猎装，头戴黑毡帽，骑着骏马，猎犬引路，策马扬鞭，追逐猎物，是一种地位的象征和财富的证明。因此，赫歇尔的狩猎活动，也很可能不是为观察鸟类而发展起来的，而是一种时尚的消遣方式和运动方式。况且，在到非洲之前赫歇尔就已经有这个爱好了。

另外，赫歇尔在南非的博物学研究还留下了大量珍贵的博物画。博物画是近代欧洲帝国博物学家再现自然的重要载体，是科学共同体极为认可的一种数据编码方式，是科学与艺术的统一体。帝国博物学家的编码方式明显是一种认知层面的西方话语霸权，它用“科学”的命名法和分类法，把名词赋予物，用普遍性、客观性实现物种的去地方化。自林奈《自然系统》的分类体系得到欧洲植物学家认可后，只要知道植物雄蕊与雌蕊的数量、位置上的相对关系等特点，就可以对植物进行分类，以往作为植物特征的文化、地域、气候等因素，被林奈等欧洲帝国博物学家变成了掌握不同植物形态名称的辅助因素，或者说次要因素。

科学史家、艺术史家布莱克马（Daniel Bleichmar）在考察了18世纪博物学中的视觉文化后指出，相比其他学科，博物学更是一门视觉学科；而博物画使得自然成为一种便于移动的物体，使得自然物体的本质和重要性不再与其生长环境和社会文化相关。[8]尤其与专业性很强的术语相比，用绘图的方式再现某种动植物似乎更易于掌握和实施。这适用于在南非期间的赫歇尔夫妇，他们不需花费巨大的精力去学习植物学术语，只要发挥绘画方面的天赋，就能在艺术享受之余，完成科学数据记录。但是作为科学数据编码的博物画不再如现实自然个体般偶然、主观和鲜活，而是变得抽象、客观和永恒，试图让植物展现出一种静态的、普遍的、预先存在的、柏拉图式的类特征。

赫歇尔本人没有受过专门的博物学绘画训练，但在那个博物学兴盛的年代，博物画十分流行，绘画家遍及英国及其各个殖民地。在赫歇尔熟识的天文学家团队中，麦克利尔夫人及其女儿、两位助手都是非常优秀的业余水彩画家，并对此活动充满激情。南非之行结识的朋友拜尔（Charles Bell）和福德（George Ford）也是优秀的画家，[5], p.98赫歇尔还曾专门去看过史密斯博士收集到的这两位画家的精美画作，其中有蛇，有蜥蜴等。[1], p.225赫歇尔夫妇由此燃起了学习作画的兴趣，并从两位朋友那里获得了悉心指导。赫歇尔的日记和玛格丽特的书信中，都曾提到过学习绘画和雕刻的事情：1836年6月20日，赫歇尔记述说，福德教给他制作雕版图的技术，依据在英国的经验，这是要付费的。同年7月4日玛格丽特给兄长的书信中也提到过学习绘画的情形："我希望有一天你会认识史密斯，他是一位旅行家，有一位叫福德的年轻画家陪着他。福德每周来我这儿一次，教我绘制植物的基本结构，我又重新喜欢上了这个以前最热爱的休闲活动……"[5], p.102在赫歇尔一家离开南非前不久，福德的教授活动还一直持续着。

赫歇尔夫妇的日志和书信中，多次提到过在花园中作画的情形。1835年5月19日，玛格丽特致信他们的姑姑卡洛琳，曾这样说过："球茎植物园占据了他（指赫歇尔）很大的精力，他总是让我为母亲绘制美丽的花朵。"[1], p.168

从玛格丽特的话来看，夫妇二人当时可能只是为了向家人传达异地信息，传达美好事物。同年8月30日的日记中，赫歇尔也描述了与夫人一起绘画的事情："天气很好。所有美丽的花儿都绽放了，玛格丽特和我想抓住它们的美丽，连该做的工作都弃之一旁了。我负责素描，她负责上色。"[1], p.180赫歇尔夫妇的博物画更多强调美丽的花朵和鲜艳的色彩，而较少呈现博物学家更加重视的花朵的雄蕊、雌蕊等特征，不能为精确的科学分类提供所需的全部细节。但是绘画轮廓的精确性和颜色的真实性还是得到了博物学家的认可。毕竟植物学绘画与天文现象的绘制一样，都属于科学式的写实。

据考察，赫歇尔夫妇一共留下了约135幅博物画，分散存于三个不同地方。得克萨斯大学人文研究中心存有一个手写目录，标题为"好望角植物1—131"，每株植物都标注了种名，有些还带有时间、地点。14种植物有编号，但图画已经找不到；另外还有4种植物没有编号，但有图画，它们分别是：*Protea cynaroides*（可能为编号105）、*Amaryllis belladonna*（可能为编号102）、*Brunsvigia orientalis*（可能为编号103或129）、*Satyrium carneum*（可能为编号106或130）。[4]这些博物画都相当精美，且兼顾了植物的科学特性。如编号为34的非洲鸢尾（*Gladiolus carinatus*）[5], p.207，编号为53号的蓝雪花（*Plumbago auriculata*）[5], p.69。图中的穗状蓝雪花两朵顶生，一朵腋生，处于不同开放阶段，花冠高脚碟状；单叶互生，全缘，宽卵形或倒卵形；茎枝略有棱，或在上部节间有较为明显的沟。值得注意的是，赫歇尔夫妇绘制的每幅画上，都留下了清晰的植物名称。虽然按照今天的分类

赫歇尔蓝雪花

图片来源：*Flora Herscheliana* 插图53

和命名标准，有些植物的名称自然是错误的或不合适的，但这显然也超出了赫歇尔的植物认知水平。据考察，这些精细的分类与命名活动主要受益于他在植物圈的朋友的帮助。[5], pp.217—231

小　结

除动植物研究外，赫歇尔日志中还有对矿物、岩石以及当地人种和生活习惯的介绍。但相比之下，他对植物研究最有兴趣，取得的成果也最多。兰科的一个属就是以他的名字命名的——*Herschelias*，这类植物有狭长的叶子，开蓝色的花。著名植物学家林德利（John Lindley）在首次使用这个名字时指出："赫歇尔是好望角兰科植物的成功收集者。" [1], p.202回到英国后，研究球茎植物依旧是赫歇尔生活的一部分。他将在好望角植物园收集到的200多个物种运回家，其中一部分送给了林德利、多布尼[1]等著名的植物学家，另外大部分得到了成功育植，尤其是球茎植物。据1842年赫歇尔的日记记载，共约152种来自非洲的球茎植物移植成功。[5], p.254 1838年，赫歇尔还曾向伦敦园艺学会（Horticultural Society of London）展示过他从好望角成功移植的鸟足兰属植物（*Satyrium*）[2]，学会给予高度赞扬，并授予他"班克斯银质奖章"（Silver Banksian Medal）。这些都是对赫歇尔在非洲的博物学活动的高度认可。

从本质上看，赫歇尔父子对星空的天文观测，与当时博物学家对地上动植物的探寻一样，都力求找寻、分类和命名新的发现。正如剑桥大学科学史家谢弗（Simon Schaffer）所言，如果采用福柯式概念分析方法，将博物学界定为一种科学实践方式或研究方法，那么威廉·赫歇尔的天文学工作就可以

1 多布尼（Charles Daubeny，1795—1867），英国植物学家、化学家、地质学家，达尔文自然选择观点的早期支持者。

2 全属约100种，主要分布于非洲，特别是非洲南部，仅3种见于亚洲。地生草本植物，具地下块茎。块茎肉质，通常近椭圆形，2个。

称为博物学了。[9]赫歇尔很好地继承了父亲的这种天文学观测方法，以及哈雷（Edmond Halley）、邓洛普（James Dunlop）等前人对南半球星空的“博物学”观察方式。[10]早期天文学家的观测中，有些工作旨在发现天上的纹样、图像，正如对天象周期的记载、星图的绘制等，在本质上与博物学研究有共通之处，只是到了数理天文学阶段，天文学研究方法才与博物学分道扬镳。

赫歇尔的南非科学之旅，阐明了近代西方帝国扩张中常见的“科学调查”现象。这些科学数据不仅被及时传回帝国中心以纳入近代西方知识体系中，而且被政府和王室作为征服异域的胜利成果来宣传和使用。总之，在这次科学探险后，赫歇尔的名字成为大英帝国“科学”的象征，成为维多利亚时代政治和文化的符号。[3], pp.202—203在这个意义上，私人科学与帝国野心在那个扩张的时代始终是不可清楚界定的。

参考文献

[1] Evans, D. *Herschel at the Cape: Diaries and Correspondence of Sir John Herschel 1834–1838* [M]. Cape Town: A. A. Balkema, 1969.

[2] Middleton, D. ‘Banks and African Exploration’ [A], Banks, R. E. R. (Eds) *Sir Joseph Banks: A Global Perspective*[C], Kew: the Royal Botanic Gardens, 1994, 171.

[3] Ruskin, S. *John Herschel’s Cape Voyage: Private Science, Public Imagination and the Ambitions of Empire*[M]. Hampshire: Ashgate Publishing Limited, 2004, 46.

[4] Rourke, J. ‘John Herschel and the Cape Flora’ [J]. *Transactions of the Royal Society of South Africa*, 1994, 49 (1): 71–86.

[5] Warner, B., Herschel, J., Herschel, M. *Flora Herscheliana: Sir John and Lady Herschel at the Cape 1834 to 1838* [M]. Johannesburg: Brenthurst Press, 1998, 73.

[6] Darwin, C., Francis D. *The Life and Letters of Charles Darwin* [M]. Cambridge: Cambridge University Press, 2009, 217.

[7] Cannon, W. ‘The Impact of Uniformitarianism: Two Letters from John Herschel to Charles Lyell, 1836–1837’ [J]. *Proceedings of the American Philosophical Society*, 1961, 105 (3): 301–314.

[8] Bleichmar, D. *Visible Empire: Colonial Botany and Visual Culture in the Hispanic Enlightenment* [M]. Chicago: University of Chicago Press, 2012.

[9] Schaffer, S. 'Herschel in Bedlam: Natural History and Stellar Astronomy' [J]. *The British Journal for the History of Science*, 1980, 13 (3): 211−239.

[10] Frssaf, B. 'Sir John Herschel at the Cape of Good Hope' [J]. *Transactions of the Royal Society of South Africa*, 1994, 49 (1): 19−55.

性别之眼：帝国博物学家玛丽安·诺思的思想及其冲突

姜　虹

博物学（尤其是植物学）堪称17—19世纪的“大科学”，与欧洲海洋贸易、帝国主义扩张形成多角互动关系。[1] 博物学与帝国主义的紧密联系，让“帝国博物学”（imperial natural history）、“植物学帝国主义”（botanical imperialism）、“帝国/殖民地植物学”（imperial/colonial botany）成为科学史界普遍接受的概念。帝国博物学史已成为显学，女性主义科学史也快速发展，然而将性别纳入到帝国主义博物学的研究却不多见。本研究借用施宾格（Londa Schiebinger）的“性别之眼”（gender eyes）的提法[2]，在性别视野下探讨帝国博物学的女性参与者玛丽安·诺思（Marianne North，1830—1890），着重剖析她的帝国思想和性别观念，尤其是两者中体现出的矛盾和复杂性以及背后的原因。

在英国，班克斯利用皇家学会主席和邱园实际掌门人的身份，把邱园建设成帝国博物学网络的神经枢纽，将博物学与帝国扩张的合作模式推向了顶峰。[3]之后，邱园从皇室私家花园变成了英国官方植物园，在胡克家族[1]的领

1　在班克斯的提携下，威廉·胡克（William Hooker，1785—1865）成为第一任园长，他的儿子约瑟夫·胡克（Joseph Hooker，1814—1879）及其女婿希斯顿-戴尔（William Turner Thiselton-Dyer，1843—1928）相继接任，胡克家族掌管邱园长达半个多世纪。

导下，植物学帝国主义得到快速发展，老胡克在15年间引种到邱园的植物数量达此前一个世纪引种的6倍。[4]诺思因为父亲结识老胡克，后与小胡克一直保持良好的朋友关系和植物学往来，成为植物学帝国主义的参与者。在父亲的影响下，诺思从小热爱博物学和旅行，从1871年到1885年间到过美国、加拿大、牙买加、巴西、日本、新加坡、婆罗洲、爪哇、斯里兰卡、印度、澳大利亚、新西兰、南非、塞舌尔、智利等，在人迹罕至的荒野中去寻找奇花异草。她与邱园保持着紧密联系，为其采集了不少植物和木材标本，并且自己出资在邱园修建了“诺思画廊”，现在这个画廊里依然挂着她的800多幅作品。除了这些画，她厚厚的回忆录里记录了大量在世界各地的荒野丛林里寻找植物和画画的故事。诺思作为帝国博物学中的女性代表，对她的研究可以抛砖引玉，为帝国博物学的女性和性别研究提供参考。

图1　诺思在锡兰

朱莉娅·卡梅伦（Julia Cameron）拍摄于1877年
图片来源：维基共享资源网（wiki commons）

一、帝国版图中的博物探险和个人画廊

英国在多个殖民领地建了卫星植物园，如加尔各答、孟买、新加坡、悉尼、毛里求斯、特立尼达岛（Trinidad）等地的植物园，总共大约30个，而邱园则是国内植物园和卫星植物园所构成的植物园网络的中枢。名义上，这些植物园由殖民政府建立和管理，但植物园的管理者其实都由邱园园长选定，并执行邱园的指令。[5]植物园网络在帝国扩张中扮演着重要角色，植物、资源、资本和知识通过这个网络在全世界流转，大量的植物标本被运到邱园，活体植物被引种和栽培。殖民地种植园为帝国的经济植物提供了适宜的种植环境和廉价的劳动力，而在殖民地与植物相关的所有采集和种植等活动都是在邱园领导下由当地的卫星植物园来操刀。西方植物学的扩张模式被描述为科学精英们组成的“无形学院”，国内外的植物学家们彼此联系，并得到政府和商业机构的全力支持。[5], pp.449—465诺思也是这个无形学院的一员，与其他植物学家保持着广泛而紧密的联系。

在母亲去世、妹妹结婚后，诺思和家人的大陆休闲旅行变成了父女俩的博物探险。艰苦的旅途并没有吓退诺思，反而让她积累了丰富的野外经验，并学会了在旅途中画画，这为她之后一个人的全球探险打下了基础。在诺思20多岁时，父亲就经常带她去邱园。有一次老胡克送了她一束缅甸华贵璎珞木（*Amherstia nobilis*）的花，这种植物以旅行家阿默斯特女士的姓氏命名（Lady Sarah Amherst，1762—1838），当时首次在英国开花。阿默斯特的故事和这种美丽的植物激发了诺思去热带原始生境看植物的梦想。[6][7]在39岁时（1869年），父亲去世，继承的遗产让她获得经济上的独立，而未婚又让她免除了各种家庭负担，她从此开启了属于自己的自由生活模式。诺思与邱园一直保持着密切联系，虽然她从来没有画过邱园和它的游客，但她到达英国的每个殖民地，总是带着园长的介绍信去拜访邱园的卫星植物园，带去邱园的问候。[8]

大英帝国在世界各地为海外的英国上层人士精心建造了舒适的住宅，这些人统治着当地的劳动力，采集当地商品，他们很乐意将诺思纳入其中，一起来传播英国文化，支持英国知识的扩散。[9], pp.xxxiv—xxxv这为诺思独自旅行提供了不少便利，她所到之处总是带着英国重要人士的介绍信，证明自己的身份，总能得到热情款待。在诺思首次从北美准备去巴西和西印度群岛时，她就事先准备了一些人的介绍信，如著名的牧师和历史学家查尔斯·金斯利（Charles Kingsley，1819—1875）。[7], p.39在巴西首都里约，诺思带着她的画和皇家学会第30任主席塞宾爵士（Sir Edward Sabine，1788—1883）的介绍信拜见了国王和王后，国王还告诉她一些本地植物名字和特点。[7], p.184这样的介绍信成了诺思的旅行法宝，她不仅随身带着英国政要和科学家们的介绍信，在得到当地重要人物的认可和接待后，也借机索要新的介绍信，为下一个目的地提供便利。最典型的是她在印度和爪哇的旅行：她在茂物植物园待了一个多月后启程去雅加达，带着总督写给所有官员（包括本地官员和荷兰殖民官员）的介绍信，让他们为自己提供食宿，并协助她去任何想去的地方；去帕基斯（Pakis）时，她带着在托萨利（Tosari）的房东写给当地酋长的信，让后者送她去玛琅（Malang）；在巴图（Batoe），一个头目在石板上磨尖铅笔帮她写信，让酋长为她找一匹马，那个头目花了几个小时才写完这封长信。诺思坦言，自己总是带着各种人物写的介绍信，在爪哇的每个城市享用官员居住的房子。[7], pp.259—260; 266—267; 270毫不夸张地说，诺思所使用过的众多介绍信俨然已成了帝国主义网络的另一种呈现形式。

诺思在世界各地旅行探险最显赫的成果便是邱园留存至今的诺思画廊。1879年《帕尔摩街公报》（*Pall Mall Gazette*）提议为诺思的画在邱园找个归属，她便向小胡克提议建立自己的画廊，并为参观者提供茶点。虽然小胡克认为邱园游客太多，提供茶点不现实，但同意了建画廊的提议，[10]小胡克和邱园对她的认可可见一斑。诺思亲自监督了画廊的设计和建设，作品也是她亲自挑选和编排的，现在画廊展出的作品数为833幅，按地理分布排列。[1]诺思画廊与18、19世纪的博物收藏文化实质是一致的，这些博物绘画就如同她的战利品，只不过她更多地是通过绘画把全世界的奇异植物收集到一起，而不是在珍奇柜里堆满标本。在博物学的鼎盛时期，除了为研究而采集的职业博物学家和自然科学家，还有大批业余采集者，热心为前者采集动植物标本，诺思也扮演了这样的角色，她为植物学家小胡克贡献了大量标本。[11]原本在画廊开业时只有600多幅作品，为了让作品的地理分布覆盖更全，她在1882—1883年又去了南非和塞舌尔，1884—1885年穿过麦哲伦海峡去了智利，才完成了全部旅行，为画廊增添了200多幅作品。[12]有学者认为诺思建立画廊是为了实现维多利亚社会中一位未婚女性的社会职责，是无私、慈善和社会公德的体现。[13]这样的解释显然有些牵强，她在自传中时常流露出的冷漠和客观，以及她将自己认定为权威的博物学家，都足以反驳她有这样的动机，即便有也微乎其微。因此，这个画廊更多是她作为帝国博物学家的成果展示，以进一步将自己置于19世纪科学帝国主义的核心位置。[6], pp.1—17

二、帝国傲慢与浪漫情怀

作为“先进、文明”的英国人，诺思的身份优越感和帝国思想随处可见。例如，她讲诉了自己曾在受到袭击威胁时意识到，即便是位淑女——“出生自由的英国女人”，如果没有男性的保护也难以避免所有女人所面临的危险。[13], p.93言下之意，自己作为高贵的英国白人女性，似乎就不应该遭遇这样的危险，身份优越感可见一斑。在她所到之处，经常会有当地人把采集到的植物或昆虫送给她，但她似乎并无感激之情，在“采集”这个词上打上引号以表示他们并非让她满意的采集者，还觉得他们冒冒失失，经常会吓人一跳，如丑陋的黑人妇女事先也不打个招呼，突然从窗户朝她傻乎乎地嘟哝，给了她一只奇怪的螳螂，[7], p.150言语中满是鄙夷。不管是她的绘画里还是在

1 画幅数量在各种文献中有细微差别，这里使用的是邱园官网的数据：https://www.kew.org/kew-gardens/attractions/marianne-north-gallery，2018年12月4日登录。

回忆录里，本土居民和奴隶更像是动物，与当地的自然环境融为一体。例如，她描述印第安人小学的“小孩们是值得一看的风景”，下苦力的“妇女带着鼻环和手镯，就好像一道风景”，那些黑奴男孩“看上去很开心，他们似乎很乐意被人养肥”，没有人喜欢“野蛮的中国人”。[7], pp.55; 106; 157; 247 牙买加种植园主曾邀请英国画家将他们的产业描绘成风景如画的地方，诺思也是其中的画家之一，[8], p.17 她对种植园奴隶的凄惨生活视而不见，毫无怜悯之心。在她看来黑人甚至还不如动物，因为他们丧失了照顾亲子的善良本性：“所有婴儿生来是自由的，但他们的母亲不会照顾他们，因为她们认为现在的小孩一文不值。在‘美好的往日’，即黑人婴儿还能拿来卖钱的时候，主人就会好好照顾他们，变得自由后他们的母亲反而不理解为啥要劳烦自己去照顾他们。”[7], p.148 她带着强烈的社会达尔文主义，认为黑人和印度人不仅低于人类，甚至还不如猴子，至少猴子还会关心和照顾后代。给一个朋友的信中她直接将印度穷人称为猴子：“我希望你能对更像你自己的人行善——远离猴子们”，劝解朋友不要再救济印度的穷人。[9], p.xxxvi

在她的画里时不时会出现奴隶或原住民，他们通常被画得很小，更像是风景画里的点缀。有学者认为尽管诺思眼里的本地人愚昧、不思进取，但她在绘画中画他们只是因为她觉得当地人比白人与自然更为和谐。[13], p.126 结合她的各种歧视言论，这样的辩护多少显得有些牵强。而对于奴隶制度和买卖，她认为解放黑奴的立法者不应该那么着急，不该盲从黑奴是“人类和兄弟”的荒唐想法，也认可家庭主妇们雇佣黑奴的行为，甚至觉得奴隶的待遇很好，他们过得很开心：“雇佣一个努力工作的男奴一年花费不少于30英镑，除此之外每天还得花3便士供他吃穿（奴隶的服装样式）；干家务活的女奴一年收入是15英镑，外加两套衣服和杂七杂八的礼物，以此让她保持好心情，免得她逃跑，回到她的主人那儿。黑奴待遇不好的想法是错误的，我所到之处见到的奴隶都像宠物一样被宠爱，经常开心地哼着小曲。”[7], pp.120—121

与对待人时明确的种族歧视不同，诺思对待自然的态度是矛盾的。一方面，她和男性博物学家一样，认为从根本上讲欧洲才代表文明，知识在个人

层次上被塑造成简单的中立行为，殊不知他们在生产科学知识时从根本上就是和欧洲帝国扩张联系在一起。[6], pp.1—17

小胡克在诺思画廊手册的序言中对她称赞道：

因为早先的定居者或殖民者的斧头、大火、开垦和放牧，（植物王国的这些奇观）已经在消失或注定很快会消失，大自然永远无法恢复这些风景，一旦消失后也没人能够通过想象再将它们描绘出来，除了这位女士所呈现给我们和后代的这些作品。我们有足够的理由感激她作为旅行者的坚忍不拔、作为艺术家的天赋和勤奋，以及她的慷慨和公益精神。[14]

作为当时世界植物学研究中心的掌门人，小胡克显然认为诺思和她的成果具有完全的合法性和正当性，丝毫不会觉得博物学家也是帝国扩张的参与者，对这些自然奇观的消失也负有责任。诺思自然也只会觉得自己在做有益的事。另一方面，与男性博物学家主流思想不同的是，她的帝国思想里不时又夹杂着维多利亚时期典型的浪漫主义自然情怀，享受着原始、壮美自然风光里的自由生活，并批判工业化和帝国扩张对自然的破坏。例如，她在给一个朋友的信中写道：

我就是这样一个老流浪汉，我承认自己很高兴再次拥有完全的自由——孑然一身，没有固定的日程，没有特定的目的地，也没有一个仆人跟着我，独自坐在山顶的长凳上看云卷云舒，快乐地任思绪肆意飞舞——如果不是饿极了，怎么都不想下山——就这么任时间一个小时又一个小时地流逝……[6], pp.1—17

虽然她如此戏谑地将自己称为奔波、孤独的流浪汉，但更多地却是在表露对完全自由生活的陶醉和欣喜，以及对自然的热爱。她也在传记里批判道“文明人在短短几年里就把野蛮人和动物在几百年都不曾伤害过的宝贵财富（北美红杉）给毁掉了”，呼吁西米棕榈应该受到法律保护而不是作为粮食来源，批判可怕的工厂烟囱和煤烟把孟买变得跟工业化的利物浦一样丑陋。[7], pp.211; 238; 336由此可以看到，两种博物学传统——阿卡狄亚式的和帝国式的[1]——在诺思身上表现出了矛盾和统一，前者是维多利亚的浪漫主义情怀，欣赏和歌颂原始与狂野的自然美，并希望这样的自然能够被保护；后者是帝国博物学家征服和掠夺的野心，以及身份优越感。两者对她来说都很重要，前者是浪漫、自由和诗性的理想化个人生活追求，后者则从属于博物学的帝国野心，为她在男性主导的博物学网络中获得一席之地，也为浪漫理想的实现创造必要的条件。对原始自然风光的欣赏与维多利亚时期的浪漫主义情怀一脉相承，她在写作和绘画中将这种原始状态塑造成田园牧歌式的自由天堂。但必须看到的是，诺思作为大都市经验主义者（metropolitan empiricist），带着了解和开拓非工业化原始自然的使命，展示着帝国的权威性和合法性；她也认可并积极参与19世纪帝国主义的科学议程，不断为邱园采集此前未发现的新植物，这本身就是当时西方植物学的核心任务之一。[6], pp.1—17五种以诺思名字命名的植物、她为邱园采集的植物和木材标本、诺思画廊的博物绘画，都是她作为帝国博物学参与者的证据，也是她帝国思想的强有力证明。她在批判“文明人”的破坏时，把“野蛮人和动物”并列，已经将自己列为欧洲“文明人”之列，这个细节也暴露了她思想上的矛盾。

三、不彻底的性别逃离

出生在维多利亚时期的上层社会，诺思对当时社会的性别观念、传统女性的角色定位等必然有所了解。诺思从小就和父亲更亲近，对母亲的安分守己和枯燥乏味的生活甚为不屑，在母亲去世时，她轻描淡写地说道“母亲

1 此处借用了沃斯特在《自然的经济体系：生态思想史》里的提法，虽然沃斯特谈论的是生态学，但鉴于博物学与生态学的渊源和密切联系，以及维多利亚博物学的实际情况，这样的区分也适用于博物学。

去世了”，“她没有遭罪，但也没有过乐趣，沉闷了一生”。[13], p.78; [7], pp.29—30在妹妹准备结婚时，她和父亲并不赞成，妹夫和他们在一起的时候不受两人待见。诺思的传记原本还有不少对家庭生活的负面评论，尤其是对妹妹乏味婚姻的评价，只是妹妹在编辑时删掉了这些内容。[16]; [9], pp.xxi—xxii诺思也亲身经历了女性普遍受到的限制和偏见，如自己欣赏的画家拒绝给她当绘画老师；[7], p.27父亲在参加社交活动时不方便带她，她只能从门缝里偷看；[13], pp.81—82参观画廊的男观众不相信她的画是出自女性之手；[10], pp.211—212等等。她在巴西遇到的德国姐妹被禁止独自在路上行走，不能和当地人接触，她感叹她们太可怜，生活太无趣。[7], p.120诺思毫不掩饰她对女性受到的各种限制和传统的家庭生活的不满，而从小和父亲到处旅游、和母亲的疏远等经历让她在独立后想逃离女性世界，自然也在情理之中。

诺思从小就被当成儿子养，其昵称波普（Pop）就是证明，长大后她努力摆脱自己的女性身份，采用两种去女性化的方法：一是拒绝家庭活动，展现出帝国主义的傲慢、英国人的利己主义、对居家生活的厌恶和超强的忍耐力；二是频繁访问植物园这样的公共场所，并且多是在知名男性的陪同和保护下。[17]的确，诺思的那些旅行经历和传统女性的行为准则格格不入，无需赘述。除此之外，诺思努力摆脱女性身份的另一个表现是权威博物学家的自我身份认同。这种身份认同，她首先是通过突出公众的无知来显示自己的权威性，然后是通过与男性博物学家广泛联系并得到他们的认可，竭尽全力参与到男性主导的博物学网络中。在自传中，诺思将自己塑造成严谨的博物学家：独立勇敢且身体强健，有着敏锐的观察力，对万物保持客观而超然的中立态度。[9], pp.xxxi—xxxii她曾在传记里写道：“我利用在英国的最后几个星期，整理了我借给他们（肯辛顿博物馆，Kensington Museum）的500幅画的目录，并尽可能多地附上这些植物的基本信息，因为我发现普通大众对博物学一无所知，看过我的画的人中，十个有九个都以为可可是从椰子树上来的。”[7], p.321诺思对人们的无知显然有些夸大，这样的误解不过是因为英国人对热带植物不那么了解，也可能只是因为可可（cocoa）和椰子（cocoa-nut）的拼写相似而如此猜测罢了。她也常常因为别人把她的画倒着看而感到沮丧，这些经历让她觉得自己的作品对于公众了解世界各地的植物、搭建公众与科学家之间植物学知识的桥梁有着重要意义。[13], pp.85—86从中也可以看出诺思对其在博物学知识的权威性上的自我认可，以及将自己置于教育者位置的角色定位。诺思也竭力与博物学圈子里的权威人士们建立密切联系。1883年她在给植物学家奥尔曼（George James Allman，1812—1898）的信中写道：

> 我想奥尔曼夫人会原谅我把上面这幅我自己的速写[1]寄给你而不是她。我觉得你会更加理解我当时的喜悦之情，对我来说，我怎么爬上去又怎么下来到现在还是个谜——要不是有个钳子勾住我，恐怕你就见不到你的朋友了，因为四周都是30英尺左右（约9米）高的陡峭巨石。[18]

诺思如此选择收信人，既是在宣称自己是植物学精英中的一员，也表明她自知其形象必然不符合一般女性的行为规范。[18], pp.195—218她和胡克父子尤其是小胡克长期保持着紧密的联系，他们不仅为她到邱园在世界各地的卫星植物园写介绍信，也把她当作帝国博物学网络中重要的采集者和博物画家，接受了她从世界各地采集的标本，最重要的是支持她在邱园修建了永久的个人画廊。她和达尔文也有通信和会面，她甚至在达尔文的鼓励下，到澳大利亚画了大量的本土植物。因为达尔文认为“澳大利亚的植物同其他任何国家都很不相同”，她把达尔文的建议当成皇室命令（royal command），[10], p.87随即动身去了澳大利亚、新西兰和塔斯马尼亚岛（Tasmania）等地。当她把澳大利亚的画给达尔文看时，74岁的达尔文很仔细地反复翻看，在诺思离开时亲自小心翼翼把画包好放在马车里，并写信称赞了她的画。[10], pp.215—216维多利亚时期著名的博物画家李尔（Edward Lear，1812—1888）称赞她为“伟大的绘图员和植物学家，非常聪明，讨人喜欢”。[6], p.1—17在生命的最后几年里，

1 这封信的正文上方，有一幅速写自画像，画的是诺思为了更好地观察椰子，爬上高高的巨石，在上面近距离画画。

她不仅在乡下的庭院里种植了来自邱园和众多植物学家送她的形形色色的植物，也经常和植物学家们在这里见面，甚至包括远道而来的美国植物学家格雷（Asa Gray，1810—1888）夫妇。[10], p.335

然而，诺思从女性世界的逃离并不彻底，她身上不但表现出女性传统守旧的一面，也表现出与男博物学家不同的博物学实践。首先，虽然她对传统的家庭生活不屑一顾，但她自己在母亲去世后的14年里，一直扮演着女主人的角色，尤其是无微不至地照顾父亲并乐在其中，体现着她贤妻良母的一面。父亲在某种程度上扮演了伴侣的角色，在经济、智识、情感、生活上都成了她的支持者和动力，是理想的同伴、亲人、朋友和偶像。

另外，她的逃离也是因为父权制为她提供了独立的条件（经济、社交网等），她其实是这种制度的受益者，所以她并不抵制和反抗父权制，而是努力跻身到男性世界中。因此，她反对女权主义者所做的抗争，在给朋友的信里写道："什么都不要做！不管妇女有没有选举权，世界也不会有什么改变——在妇女想工作的地方……她们可以工作……"，"意志坚强的妇女正变得暴躁……很可惜聪明的妇女让她们自己被嘲笑，我认为没必要说太多——安静点显得更女人……"[13], p.104她甚至还站在男性的角度去看婚姻的负面影响，认为"婚姻对男人来说是个可怕的实验。女人就好像男人的猫，他喂养她，给她住所——但如果男人有头脑，尤其是对他的妻子抱着浪漫主义的伴侣幻想，他们会发现和妻子毫无共同语言"。[9], p. xxxii

诺思去女性化的不彻底也表现在她的博物实践和绘画中。诺思的博物探险并没有像男博物学家那样受雇佣或资助并遵照特定的命令或任务安排，她只是遵从自己的喜好，按自己的想法、花自己的钱去旅行。诺思的博物画与传统的博物画也很不一样，她没有像传统的植物绘画那样在空白背景中呈现完美的植株图式，并配上器官分解图，或者为了让动物肖像显得不那么呆板而刻意增加一点植物或背景进行装饰。在这点上，亲临现场的写生观察优势突显出来，她的画真实地反映了动植物关系或自然环境，即使从现代生态学的角度来看，也具有参考价值。虽然她画了不少动物，但从来没有像男博物学家那样背着猎枪，靠屠杀和掠夺去实践博物学，而是跟那个时代大部分观察动物的女性一样，在自然中观察和描绘。跟她同时代的著名鸟类学家古尔德（John Gould，1804—1881）可以作为对比，其工作室堆满了鸟类尸体，剥制标本被固定成希望的造型让画家去画。古尔德的《蜂鸟科专论》（*Monograph of Trochilidae or Family of Humming-birds*，1849—1861年）有360幅插图，其中208幅画中的植物花卉部分或全部从《柯蒂斯植物学杂志》（*Curtis's Botanical Magazine*）借用过来，有些纯粹是为了装饰效果，丝毫不考虑动植物之间的真实关系。[19]就绘画的定位而言，诺思确实与维多利亚时期大部分女性不同，她们只把画画当成娱乐爱好，而她把绘画当成毕生的事业，投入了全部精力和时间。而且，她也脱离了艺术领域对女性的传统定位，不去画

图2　红嘴长尾蜂鸟（*Trochilus polytmus*）和垂穗山姜（*Alpinia nutans*），绘于牙买加。图片来源：邱园诺思网上画廊（Marianne North Online Gallery）

被认为更适合女性的水彩画，而是转向了难度更高、被认为专属于男性的油画。然而，她的绘画生涯却游离在女性化的业余活动和男性化的职业绘画之间：她因为兴趣而画，不以卖画为生，但这种兴趣又带着使命感和强制性，而且她也公开展览画作；她以个人的名义旅行和绘画，但又得到了大英帝国各种直接或间接的支持；她画画既是满足自我，又具有植物学价值。[17], p.150 综合诺思身上的矛盾和复杂性，可以看出她并非女权主义者，只是对传统的女性世界不感兴趣，并利用父权制创造的条件努力跻身到男性主导的博物学精英圈子里，逃离了女性世界，尽管这种逃离不彻底。

余　论

女性在科学史研究中的缺席一直存在，在对充满征服和掠夺野心的帝国博物学的研究中，女性的缺席似乎更加理所当然。然而，在帝国博物学中女性并非真正缺席，她们作为殖民官员的妻子、独立的博物探险家、博物收藏者、园艺学家等，成为帝国博物学不可或缺的参与者或受益者。诺思这样的女性探险家虽然不像男性探险家那样人数众多，但也并非个案，在她之前的荷兰画家梅里安（Maria Sibylla Merian，1647—1717）早就创造了博物探险和绘画的传奇故事，格雷厄姆（Maria Graham，1785—1842）作为殖民官员的女儿和妻子在守寡后继续勇敢无畏地在印度、智利和巴西等地进行植物探索，等等。诺思作为典型的女性代表，在思想上受到帝国主义的浸染，自我的身份优越感和帝国扩张的野心显露无遗；在实践上她也实实在在参与到帝国博物学中，并受益于帝国扩张带来的种种便利，即便是博物学家的浪漫情怀和看似友善的自然保护观念，也无法掩藏、更无法抹去她身上的帝国主义痕迹。而作为维多利亚女性，诺思排斥传统的婚姻家庭生活并努力跻身男性主导的科学公共领域，与她维护父权制和反对女权运动也充满矛盾。她的帝国博物学和性别意识相互影响，受益于父权制和帝国扩张的博物学成就让她对性别采取逃离躲避的行为，而不是反抗。再结合当时的社会性别意识形态和诺思的成长经历，她身上表现出来的这些矛盾也就不足为怪了。

女性通过旅行书写、博物绘画、博物收藏、与博物学家通信或为其采集异国物种等多种方式参与到帝国博物学中，她们的参与也不可避免受到性别的影响。施宾格曾发问："假如航海者都是清一色的男性（在18世纪，可能只有两三位女性博物旅行家），在欧洲人将自然知识全球化的过程中，是否还能去探讨性别动态（而不是单一的男子气概）？"她的回答是，引入性别视角，便能在方法论和认识论上点燃新的火花。[2], pp.233—254她的著作《植物与帝国》（*Plant and Empire*）就是这样的一个研究典范，将性别引入跨文化碰撞、语言帝国主义、知识转移等多个主题中。[20]在性别研究的"边缘人群"视野下，施宾格发问中的假设并不存在，因为帝国博物学中关涉的女性必然不止诺思和梅丽安这样的传奇个案，但她的理念和方法对帝国博物学的女性与性别研究的启发意义不言而喻。诺思只是帝国博物学中一个典型而显性的例子，如果将性别理论引入帝国博物学的研究中，必将揭示出更加丰富而多元的帝国博物学图景。

参考文献

[1] 范发迪. 清代在华的英国博物学家：科学、帝国与文化遭遇[M]. 北京：中国人民大学出版社，2011, 4.

[2] Schiebinger, L. 'Feminist history of Colonial Science' [J].*Hypatia*, 2004, 19（1）: 233-254.

[3] 李猛. 启蒙运动时期的皇家学会：数理实验科学与博物学的冲突与交融 [J]. 自然辩证法研究，2013, (2): 103-108.

[4] Barui, S. 'Kew Garden and the British Plant Colonisation in the 19th Century' [J]. *Vidyasagar University Journal of History*, 2012-2013, (1): 223-232.

[5] Brockway, L. H. 'Science and Colonial Expansion: the Role of the British Royal Botanic Gardens' [J]. *American Ethnologist*, 1979, 6 (3): 449-465.

[6] Agnew, E. 'An Old Vagabond: Science and Sexuality in Marianne North's Representations of India' [J]. *Nineteenth-Century Gender Studies*, 2011, 7 (2): 1-17.

[7] North, M. *Recollections of a Happy Life: Being the Autobiography of Marianne North* [M]. Vol.1. London: Macmillan, 1894, 31.

[8] Ros, A. C. 'Marianne North (1830–1890): Amateur Women Botanists Imagining Aesthetics of Domesticity in the Tropics' [D]. Central European University, 2015, 37–38.

[9] Morgan, S. *"Introduction", in Recollections of a Happy Life: Being the Autobiography of Marianne North*[M]. Charlottesville: University of Virginia Press, 1993.

[10] North, M. *Recollections of a Happy Life: Being the Autobiography of Marianne North* [M]. Vol. 2, London: Macmillan, 1894, 86–87.

[11] Gladston, L. H. 'The Hybrid Work of Marianne North in the Context of Nineteenth-Century Visual Practice (s) ' [D]. University of Nottingham, 2012, 270–273.

[12] Royal, G, K. *Official Guide to the North Gallery*[M]. London: Eyre and and Spottiswoode, 1892, vii–ix.

[13] Sheffield, S. L. M. *Revealing New Worlds: Three Victorian Women Naturalists* [M]. London & New York: Routledge, 2013, 87.

[14] Hemsley, W. B. *The Gallery of Marianne North's Paintings, Descriptive Catalogue*[M]. London: Kew Gardens, 1886, v–vi.

[15] 沃斯特. 自然的经济体系：生态思想史 [M]. 北京：商务印书馆，1999.

[16] Moon, B. E. 'Marianne North's Recollections of a Happy Life: How They Came to be Written and Published' [J]. *Journal of the Society for the Bibliography of Natural History*, 1978, 8 (4): 497–505.

[17] Murphy, P. *In Science's Shadow: Literary Constructions of Late Victorian Women* [M]. Missouri: University of Missouri Press, 2006, 146; 155–158.

[18] Ryall, A. 'The World According to Marianne North, a Nineteenth-Century Female Linnaean' [J]. *Tijdschrift voor Skandinavistiek*, 2008, 29 (1–2) : 195–218.

[19] Lambourne, M. 'John Gould and Curtis's Botanical Magazine and William Jameson' [J]. *Curtis's Botanical Magazine*, 2010, 16 (1): 33–45.

[20] Schiebinger, L. 'Plants and Empire' [J]. *Journal of the History of Medicine & Allied Sciences*, 2004, 60 (2): 756–757.

专题2：图像与博物学

水火图咏

——晚明西来知识模式对明代社会的深入影响

郭　亮

万物形式迥异，多样性中存在着统一，以及联系、相似和秩序。

——亚历山大·冯·洪堡

“水”与“火”两种物质在晚明时期，成为传教士在中国借知识以传播教义的两种有趣的载体。舆图中的“水纹”，和火药武器之书《火攻挈要》的西洋火炮技术，都预示出晚明社会所出现的历史端倪：中西之间更加密切的交流、明末对满人的防御和明朝在1644年的覆灭。晚明时期欧洲和中国出现规模化的交流，传教士运用科技和知识系统在中国开拓影响力。例如他们将西方地图学带入中国，并且能够研究中国舆图的特点，在晚明耶稣会传教士来华后，将欧洲科学式的地图巧妙地转换为中国语境下的图示。欧洲地图学派的《世界地图》在16世纪末至17世纪初进入明人的视野，传教士绘制和明人摹刻的地图在此时呈现出微妙互动。诸多官员和重要学者都极为关注西来地图，有不少人能以开放的姿态审视不以明帝国作为世界地理中心的“世界地图”，并将它们纳入自身的学术研究之中，这时的中文典籍中出现了丰富的域外地理图谱。此外，晚明地图中不同样式的“水纹”描绘也成为文化交流的微观见证。而火器和火炮知识在晚明时期也由传教士带来，被当作抵御满人入侵的利器。然而晚明时期对待火器的态度复杂，明朝并没有因为运用技术而改变命运，明人也还未意识到发生在中国之外的技术革新究竟有多么强大的力量。

晚明时期，中国社会的氛围已逐渐发生变化，传教士将西方的科学和文化带进了明人的视野之中。尤其是地学和舆图成为明代士人观察世界的一扇窗户，这与当时开放的社会风气以及对实用知识的兴趣有密切关系，耶稣会的“合儒策略”无疑增进了他们与明代上层社会和高级知识分子之间的联系。从利玛窦的记述里，人们惊讶地发现他与如此众多的官员以及皇室成员交往甚密；除了他超群的记忆术之外，从欧洲带来的《世界地图》所引起的关注远远超出了传教士们的预期。“水”与“火”的图像作为一个有力的知识载体，在晚明时期传教士的手中发挥出显著力量。朝臣们与传教士为友，他们一起欣赏欧洲版《世界地图》，也在自己的著作中加以摹绘；同时也研究和参与制造火炮，编纂火炮书籍，这是晚明时期两种主要的社会与公知实践和体验。从历史上来说，欧洲地图学和制图传统非常悠久，地图不仅是对疆域的图绘，也是作为知识的范畴。在对世界的地图测绘中，通常作为地理信息记录的地图甚至成为博物志式的知识图像集合，包含着十分复杂的百科知识。例如德国地理学家和著名制图家乔安·霍曼（Johann Homann）在1707年绘制的《东西半球及天体半球图》（图1）汇聚了丰富的自然现象，例如水龙卷、彩虹、地震和火山爆发，都生动出现在地图之中。天球图、异域风情和植物与神话式的风向天使、布满星辰的天空精美地结合在一起。从晚明至清代，几代传教士来华也进行了地图测绘，他们在中国多地实测了一些城市的经纬度并且协助朝廷绘制了全国疆域图，这可以看作一种特殊的田野工作。田野工作是19世纪博物学的主要组成部分，很多博物学知识都来自田野工作，来自异地，来自与当地人的沟通，与此相伴的是，形形色色的知识不可避免地渗透到博物学的领域里。[1]例如晚明耶稣会传教士卫匡国于1655年在荷兰出版的《中华新地图集》，就是一部明代中国的博物学方志集，以地图为纽带，

图1　乔安·霍曼《东西半球及天体半球图》(1707年)

深入研究了中国各地的社会、经济、人口、宗教、文化和农业生产等内容。除了结合科学与艺术之外，以知识与科学性为主要特征的近代西方地图，也伴随传教士来到中国。

一、舆图与“水”

地图是一种特殊的图像，也是非常主观化的地理图示。早在欧洲传教士到中国之前，中国古代的舆图已有悠久的发展史和绘制模式，甚至也形成了欣赏舆图的传统。当明代人最初看到欧洲版的《世界地图》时，新鲜感激发了很多士人进一步了解的兴趣，中国之外的景象对当时人来说是一种全新的知识与视觉体验，中国陆地之外不仅被广阔的海洋所包围，还出现了诸多未知的大陆。通过《世界地图》，传教士在中国建立了一种以知识为特质的文化传递模式，并且给中国的舆图界提供了一种西方科学模式，以及用这种模式构成的欧洲地图。全新的地理图像对晚明知识界所造成的影响，随后转化成了对西学的兴趣，有许多学者都将欧洲《世界地图》摹绘在他们的著作之中。在18世纪之前，欧洲地图是科学家与艺术家合作的成果，例如荷兰阿姆斯特丹就有许多画家（主要是版画家）参与地图绘制，中国的情况类似，山水画常常与舆图结合在一起。为何将关注的目光聚集在地图绘制中的“水系”？如此微观的地图符号在晚明中西方文化交流中起到何种作用？其中的缘由值得详述。

地图作为特殊的图像，能够包含非常多元的信息和知识内容，常常以符号和象征的形式绘制，古老文明都具有自身的符号系统，其中知识性、科学与图示结合最完美的案例就呈现在地图的发展之中。当旅行科学家和田野博物学家从一个地方行进到另一个地方的时候，他们等于把地图上的点连接起来，如果到达前人未至的地方，他们便自己绘制地图，由此把从未被定义过的空间变成了一组“参考点”。[1], p.211这不仅是欧洲人远航至亚洲的路径模式，在古代舆图中也是如此。例如水系几乎出现在所有地图中，它们在图示中起到“参考点”的关键作用，这是由于水源对古代农耕社会至关重要。在中国舆图的绘制传统中，尤为在意对“水”的描绘。其中一项主要特征就是河流和内陆水体在地图上表示得很详细。[2]山与水区别对待在古代地图中十分多见：对地形和地势的表现简略，是因为传统的中国社会以农耕为主，对水源的重视程度远高于其他。这在中国早期的舆图之中就有所体现，水系与河流在地图中得到显著强调。例如宋代所绘的《华夷图》和《禹迹图》，对水体的精确描绘使人惊讶。李约瑟（Joseph Needham，1900—1995）认为《华夷图》是中国中世纪制图学方面的重要石碑，刻石年代为1137年，绘制年代大概是1040年。《禹迹图》是当时世界上最杰出的地图，刻石于1137年，海岸轮廓比较确实，水系也非常精确。[3]《禹迹图》很明显几乎包含现代地图的一切特质，在一米见方的图内，以俯视视角绘制了宋朝的疆域。图中的交错网格线按照每格百里的比例，除此之外，最突出的方面在于图中各地水域的分布，通过大小不同的曲线可以判断出水系规模，长江与黄河是水系中最显著的线条。“只要把河流网拿来和现代地图比较一下，立即就可以看出，河流画得非常精确，且图中海岸轮廓线画得比较确切。”[3], p.133

明代舆图对水系的关注远超过前代。例如嘉靖时期，许论彩绘的《九边图》在水系方面做了相当的记载，作为一部重要的边舆图，按照明代“九边”序列，主要标绘九镇地区的地理和防卫状况。在地图中，黄河贯穿北方几省，它的源头实际是指古黄河源“星宿海”。此外，《九边图》上的九边腹地中其他主要河流还有辽东镇辽河、浑河以及蓟州镇之滦河及诸支流，陕西镇之渭河、洛河等。但诸河流均无文字标注，仅有河道图记。图中山脉皆以写景绘法，海洋、湖泊、大川水域则绘以闭合曲线或传统的鱼鳞纹水波图案。[4]《九边图》只是这个时期为数众多河流水系绘图的一个缩影，在范围更大的全国地图如《大明混一图》中，贯穿全国的河流绘制亦引人注目：主流支流密布，绘制得十分精细，显示出制图者对全国水系的认知程度。明代还有一些海防图，如绘于成化八年至天启元年之间的《江防海防图》，则分段详细描绘了自江西瑞昌到上海吴淞口之间的江防和闽、浙至金山卫的海防水道布防情况，其中东流县、南京、杭州和福建流江水寨的水道绘制与负责防卫的卫所结合起来，细致到能够绘出各地的江口、岛屿和江心洲，显示出国家水域防卫体系的严整。明代水系防卫舆图数量的增多，是源于来自沿海的侵扰和威胁与日俱增。

与西方相比，专论海岸的书籍在中国出现得较晚。郑若曾的巨著《筹海图编》是在明嘉靖四十一年（1562年）刊行的，李约瑟认为书中附有一些“画得很粗糙”的地图，这类著作的出现与沿海各省当时经常遭到倭寇的严重侵扰有关。但也有一些专门著作是为保护海岸、防止海水侵蚀而撰写的，如方观承所辑《敕修两浙海塘通志》（1751年）。[3], p.134明代有关沿海的地图明显增多，安东尼·瑞德的研究表明：东南亚（以及中国）船员总是尽量沿着海岸，凭借他们渊博的风向和海流知识向前航行。与中国的静态水系舆图不同，欧洲人在开辟前往亚洲的航线时，对大洋上的水路往往进行深入勘测，通过测量法来定位，逐渐形成了成熟的海上航线。倭寇曾严重影响到明代中国沿海各省的安全和经济，由此而产生的海图著作主要关注中国沿海省份的海域，例如《筹海图编》中《舆地全图》所涵盖的范围包括中国海域以及周围的朝鲜和琉球海域（图2），没有描绘其他大洋。当然，对世界全图的认识与耶稣会传教士来华后的地理知识有关。明初时，郑和的海图从严格意义上来讲是航海地图，不是各大洋海域的全貌。[2], p.387在中国古代，对海洋范围的选择与绘制和绘制精度的问题并非表面看上去那么简单，受到很多因素的制约；中国的制图业没有发展成为类似欧洲的社会化产业，也几乎没有最新的科学

图2　出自［明］郑若曾《筹海图编》

技术支撑。然而令人费解的是，早于明代《筹海图编》（嘉靖本）四百余年的宋代《禹迹图》在绘制精准方面反而更胜一筹，《筹海图编》作为17世纪的地图，在绘制的技法方面未加说明，画面显得拥挤和琐碎，作为军事地图利用价值实在有限。可以看出这些图和普通地方志附图的相似性，亦可能就是方志图的作者来绘制完成。图像上的地图符号已经高度程序化，水纹、山川和府县城池的绘法一致，没有使用计里画方的网格形式。然而，是否作者认为海图不重要而轻视绘制呢？郑若曾在书中表明了他绘制舆图之感：

> 是编为筹海而作，必冠以舆地全图者，示一统之盛也。不按图籍，不可以知阨塞，不审形势，不可以施经略。边海自粤抵辽，延袤八千五百余里，皆倭寇诸岛出没之处。地形或凸入海中，或海凹入内地。故备倭之制，有当三面设险者，有当一面设险者，必因地定策，非出悬断。世之图此者，类齐直画一，徒取观美，不知图与地别，策缘图误，何益哉！今略仿元儒朱思本及近日念庵罗公洪先《广舆图》计里画方之法，凡沿海州县、卫所、营堡、关隘，与夫凸出凹入之形，纤微不爽，庶远近险易，展卷在目而心画出焉。其边防填注地名，则一如其旧云。载府州卫所者，举大以该小也。若山沙图，若则又详外而略内。各有所重，亦互见也。……舆地有图，沿海山沙有图，入寇有图，复图各藩者，何详之也？八千五百余里之地，载之方尺之纸，仅其大都尔，非分图何以备考？观者得其概，复尽其委，不必驰金城，而方略具矣。[5]

郑若曾强调海防地图之重要，是十分难得的制图心得，海洋之图缘于这部兵书所强调的功用，加之海岸地形或凸入海中，或海凹入内地，不以当世诸图美观为标准。《筹海图编》之中的各区域图与明代方志地图差异不大，区别在于由于是沿海布防地图，郑若曾《筹海图编》实际上是沿海地形图，绘有山、岛、海、河流、沙滩、海岸线、城镇、烽堠等，在军事上很有价值。[6]与它相似的是明代的《海图》，海岸描绘的理念类似，是从海南岛到鸭绿江口的中国沿岸军防布局，以及沿海附近岛屿、城镇分布状况。不同在于《海图》采用山水画法，海洋绘以蓝色鳞状波纹并辅以白色浪花，黑色双线勾出河道形状并填以蓝彩，山脉用青绿渐变表现，府、州、县以及卫所则绘出蓝色圆形或椭圆形平面城围。[7]这幅《海图》有冯时（生平不详）所作的序跋，描绘的是一个富于装饰性的海岸，它采用的是沿海防卫的视角，而不是遵循上北下南的朝向（图3），亦证明古代地图往往依据当时的制作传统或制图师的方向进行定位。在欧洲地图中也有类似的方向定位，例如荷兰17世纪

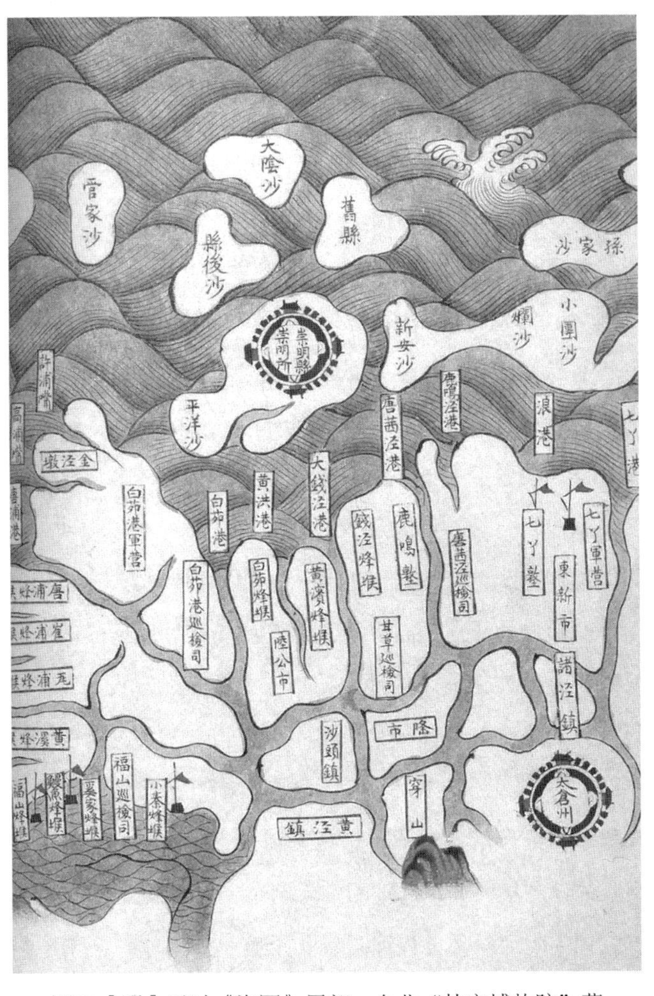

图3　［明］冯时《海图》局部　台北“故宫博物院”藏

的地图《尼德兰十七省图》中，图的呈现即是上西下东。明代舆图的绘制者往往会以观察的模式来确定方向，很多江、浙海图的视角皆是面朝海洋，也就是面向东方，沿海的大陆部分散布海防卫所，这是一种防卫的姿态。《海图》就是典型的例子，此图以上海区域海岸为例，可以看到崇明岛位于地图上方，也就是东方，地图中各岛屿、镇场、巡检司和县所一应具备，地图绘制者面朝东方，即抵御外敌进犯之方向。然而，作者构思机巧之处在于，图内并非所有的海岸线都朝向东方，这幅沿海地形图采用了以海洋为中心的方位指向法。例如海岸线鸭绿江部分，鸭绿江入海口是中国大陆海岸线的最北端，面朝的是西南方，江浙一带为东方，广东至海南一带则是南方。明清时期很多海防图籍都沿用这种模式，地图的朝向往往取决于制图者的习惯，整个地图的方向并不一致，全图中各部分地图的左、右边皆是航行方向。[2], p.388

晚明以降，中国舆图的制作依然没有大的变化，当这一切未起波澜时，无人预料到耶稣会传教士会在16世纪末携带欧洲绘《世界地图》入华，也没有人意识到这将对中国舆图产生新的影响。学者们认为此时地图有一种中西方法并进的态势，然而具体的情况更加复杂，加之原始档案不同程度的缺失，使回溯这段制图历史具有某些不确定的因素。从历史的角度来看，地图风格与绘法的借鉴很少发生在不同文化模式之间，然而在晚明时期，却出现了欧洲和中国舆图之间的交流，这时期的代表人物如利玛窦、卫匡国和徐光启等都在地图图示交流中留下了痕迹。例如地图中一种标示符号——水纹，它的绘法原本反映了不同文化体系的地图技巧与图像呈现方式，耶稣会士来华后出现了明显变化。这个细节使我们不得不考虑与之相关的制图法，以及所涉及的知识系统。中国舆图与欧洲《世界地图》的直接接触，让明人打开了未知的视觉体验，从而了解到世界的形状。传教士带来的《世界地图》是在欧洲已广为出版的地图集而非单卷地图，其制作十分精致。从后来的记述来看，传教士已经意识到明人对《世界地图》十分感兴趣，由此，运用《世界地图》甚至影响了耶稣会来华传教的基本策略。汾屠立神甫在《利玛窦中国报道》

中描述：

利玛窦于明万历二十三年（1595年）在南昌赠建安王的两部书是出版于安特卫普、由佛兰芒制图大师奥特利乌斯绘制的《地球大观》（图4）和《寰宇图志》；万历二十九年（1601年）在北京向明神宗献“本国土物”《万国图志》。[8]

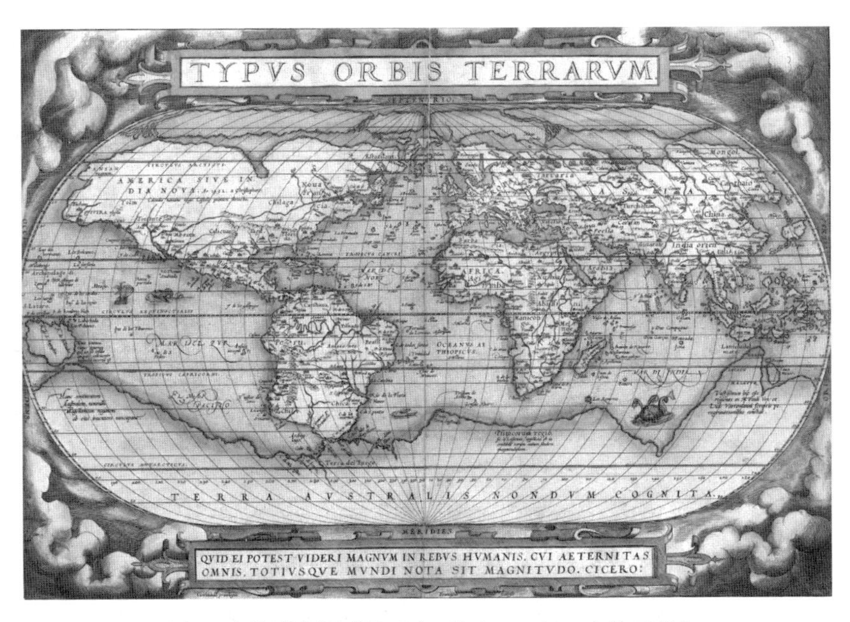

图4　奥特利乌斯《地球大观》（1570年，安特卫普）

17世纪是欧洲航海国家开始全球航行和探索未知地域的时期，荷兰是此时航海的佼佼者，通过海图探索海洋的直接回报就是巨大贸易利益，荷兰人深知航海图的真正价值。然而，传教士进献给明朝皇室的地图却仅被当作观赏之物。利玛窦来到中国之后，依据奥特利乌斯地图模版，先后绘制了一些以中文命名的《世界地图》，例如绘于万历十二年的《山海舆地图》、绘于万历三十年的《坤舆万国全图》以及绘于万历三十一年的《两仪玄览图》等。以上地图均是依据欧洲蓝本，根据中国的看图习惯变更了图示和呈现方式。

例如地图的相关描述是以汉字题跋的形式，图中的量度、地名亦均以汉字来书写，不过由于欧洲地图依然采用透视投影，这个方面特征也就继续保留，《坤舆万国全图》与奥特利乌斯蓝本图的绘法和透视原则相似。对于明人来说，不在自身知识范畴之内的欧洲地图，不但没有阻碍他们从自己的角度欣赏，甚至在晚明时期成为文人们十分热衷的图像，刻绘在他们自己的著作中，如湖广监察御史冯应京的《月令广义》一书中摹刻的《山海舆地全图》、江右四君子之一的章潢《图书编》摹刻的《舆地山海全图》（图5）。明人的书中出现了《世界地图》，这是一个积极的信号，意味着明代的知识阶层对西来地理图示的初步接受。此外，王圻在《三才图会》中对冯应京图绘的再次摹绘、《方舆胜略》的作者程百二做《世界舆地两小图》的摹图，以及兵部侍郎王在晋（字明初，？—1643，万历二十年进士，累官至兵部尚书）编撰的《海防纂要》一书中包含的插图《周天各国图四分之一》（图6）、周于漆编纂《三才实义》中的《舆地图》与潘光祖编纂的《舆图备考》等，都来自于明人对欧版《世界地图》的直接和间接观察。文人们的摹绘都画出了世界主要大洲以及包围着大洲的海洋，他们未必真正了解世界的结构，但是这些舆图能够反映出中西交流时期知识的传递，虽然由于后来的明清鼎革，这一过程时间太短，没有在中国持续发展。晚明时期，无论是耶稣会传教士还是荷兰东印度公司的商船，都需要经过漫长的航海到达亚洲沿海。加之倭寇与海盗对中国东南沿海各省的侵扰，使得此时关注海防的明人和相关著作不断出现，有关海防的著书刻印甚多。除《筹海图编》外，各级官吏尤其是值守沿海的官员们多有著述，如侍郎钱邦彦《沿海七边图》、御史姚廉《岭海舆图》、兵部侍郎郭仁《两浙海边图》、都御史周伦《浙东海边图》、南京后府都事秦汴《浙东海边图》、总兵俞大猷《浙海图》、总兵卢镗《浙海图》、都司黎秀《浙海图》、把总指挥陈习《苏松海边图》、都御史喻时《古今形胜图》和罗洪先《广舆图》、吏部侍郎叶盛《水东日记》、总督尚书胡宗宪《三巡奏疏》《督抚奏疏》、总兵俞大猷《平倭疏》及松江府同知罗拱辰《战守二议》等。

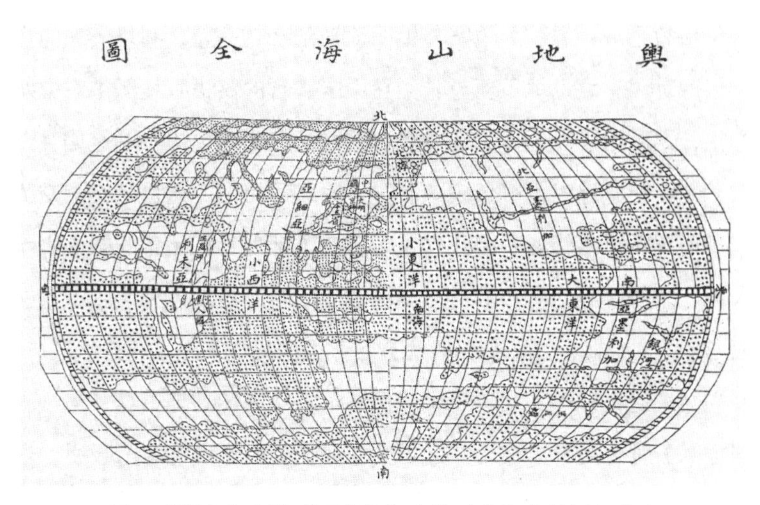

图5 ［明末］章潢《图书编》中的《山海舆地图》摹本

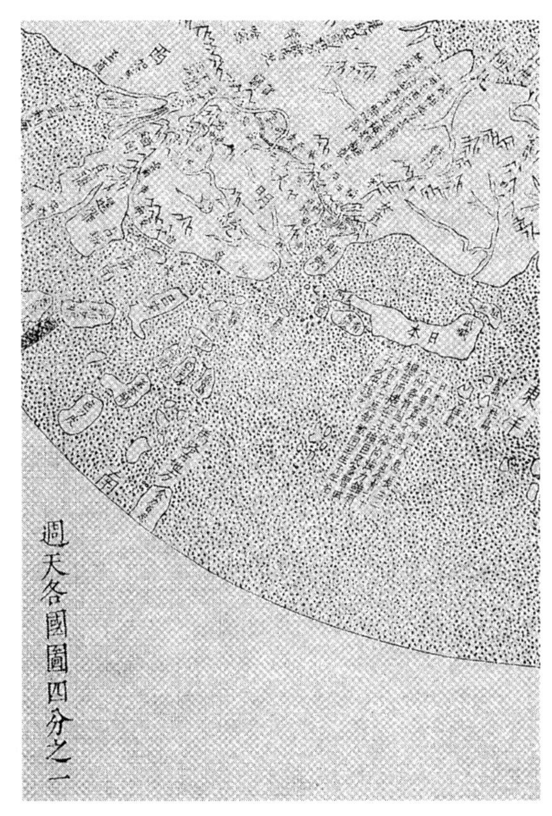

图6 ［明］王在晋《海防纂要》插图（明万历四十一年刻本）

在华传教士“合儒”的策略与地图逐渐结合在一起，利玛窦在与文人们和官员接触时，有意识地重新设计了在中国刊行的汉语版地图中有关水系的描绘方法，遵照中国人的欣赏感觉和舆图传统，实际上更加贴近明人对《世界地图》的接受心理，也符合中国欣赏者的观看习惯。这也是舆图交流史中非常少见的制图风格转变，要让并无太多全球地理知识储备的明人去认知地球各大洲、大洋的经纬度、赤道与两极，最好的方法就是采用中国人熟悉的舆图或方志图的绘制模式。从当时社会各方面的反映来看，这是比较成功的。在与友人往来的信札里，利玛窦也谈到他学习了中国地理书籍；当观看《坤舆万国全图》时，观者会被海洋之中密集而优美的水纹线条所吸引，这种欣赏体验与观看南宋马远的《水图》以及明代画家陈洪绶的《黄流巨津图》并无二致。此外，利玛窦还将书画的题跋模式移至他的地图上，有诸多名人和官员在地图中留下了跋语。在地图摹本中，王在晋翻刻利玛窦地图的例子比较特殊。王在晋编撰的《海防纂要》(成书于1612年)中收录的《周天各国图四分之一》，明朝之外的海洋都是用密集的点状图作为水纹的暗示，这幅图也是全书中仅有的一幅不采用中国舆图水纹线描画法的个案。为什么会将如此不同的地图并置？有一种可能是王在晋看到并摹绘了利玛窦初至中国时期的《世界地图》，当时的《世界地图》还没有中国化。王在晋被认为是喜好虚名之人，如果是他所绘，定会署上自己的名字，不会将此美事让给利玛窦。[8], p.59王在晋在书的图序中简单地标记了“利玛窦刊”四字，证实了上面的推测，除此之外再没有其他记载。利玛窦在中国传教时期所作的《世界地图》中，仅在初期版本和中后期版本的地球两极区域内运用过点状的水纹，从明人书中对《世界地图》的不断转印，可以看出图示交流已对中国的知识阶层产生了影响；地图作为科学图示在中国被作为一种文化特征来欣赏，准确性倒在其次。

利玛窦在他的地图中借用中国舆图水纹，使欧洲地图中的水域出现了特殊的人文内涵。水纹描绘的传统在利玛窦之后在华传教士的制图活动中依然延续，在明末清初乃至清代的地图中，水域尤其是海洋水纹的绘制，依然存在中国舆图水纹传统样式和欧洲样式的差异。此外，奥特利乌斯在水纹方面没有像意大利制图家一样运用线条形式，而是采用了简洁的点状纹，这在16至17世纪的北欧制图家中十分流行。相反，在中国境内出版的地图，例如比利时传教士南怀仁（Ferdinand Verbiest，1623—1688）刻绘于清康熙十三年（1674年）的《坤舆全图》，画中的水纹亦如利玛窦之法，而不是采用欧洲日益流行的点状或画面留白绘法。传教士将在中国绘制的地图传至欧洲后，在中国境外的制图家，如法国制图大师尼古拉斯·桑松（Nicolas Sanson，1600—1667）参考来华传教士地图刊印的地图中，可以发现中国和亚洲一带沿海区域的波线水纹均已消失，这是因为地图的主要观众已不是中国人，无需再添加符合中国人欣赏习惯的水纹。1588年12月，罗明坚出发赴罗马，于1590年7月到达。他随身带去了罗洪先的《广舆图》并翻译了其中的地名。这些文献成了由佛罗伦萨地图家马窦内罗同年编制亚洲地图的基础，由于不太明确的原因，这幅地图收藏于路易十三的弟弟奥尔良公爵的特藏之中，尼古拉·桑松于数年之后又附加了一篇解说并发表了该地图。[9]这证实桑松本人熟悉明代中国地图，也目睹过水纹的绘法。不过，在他自己出版的地图中，水纹还是被去掉了。水图的刻绘变化从一个侧面说明了中外知识界对作为“科学图像”的地图或海图在认识传统与视觉心理上存在差异。在晚明之后的岁月，中国越来越融入到与西来文明的接触与碰撞之中，然而中国制图中“水图”程式伴随着方志图传统的强大惯性，一直延续到清末才发生变化。

二、“火”器与晚明社会

晚明时期，明政府面临内忧外患，征战不断。在水纹之外，德国籍耶稣会传教士汤若望（原名Joannes Adam Schall von Bell，1591—1666）将他在欧洲所见之火药武器资料口授于明末学者及武器专家焦勖（活跃于1643年），写成《火攻挈要》（又名《则克录》），在明崇祯十六年（1643）刻印。此书具有丰富图解和对火炮制作的深入介绍。汤若望实际上受到来自朝廷的要

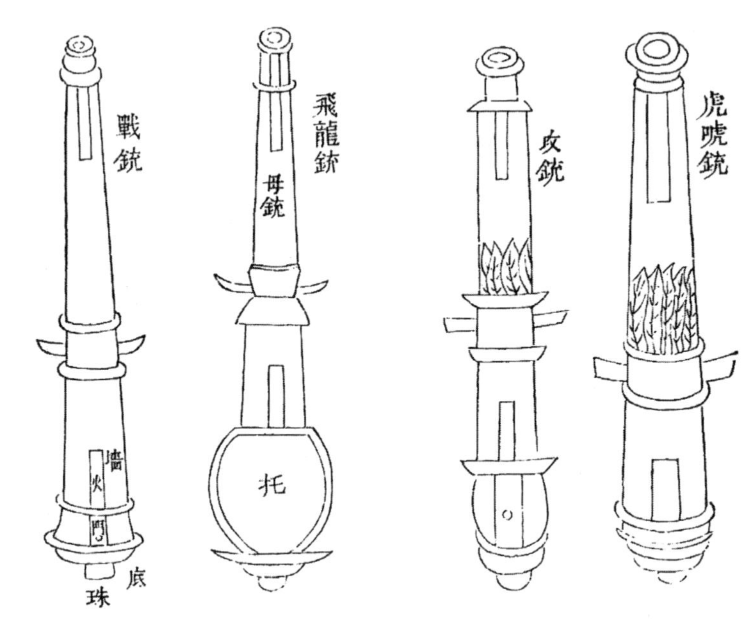

图7　汤若望《火攻挈要》插图，1643年，清道光二十一年刊本

求，帮助加强京城的防务。而根据描述，焦勖认为中国火炮攻击武器的科技水准并不劣于欧洲，而明代已流通的重要兵书，如《武经总要》《纪效新书》等，虽所载火攻战术颇详，但因时代变迁落伍，无法适用于明朝军队，甚至有假借火炮神秘色彩，图炫耳目之著作，缺乏战争实用性；唯一足取的是发明家赵士桢（1552—1611）所著《海外火攻神器图说》，其中介绍了西洋火攻规则，然而仍有记载不完备之处。于是，焦勖请教汤若望有关火炮知识，编撰成书。本书内容主要介绍火炮战术源流、火炮兵器制作、枪炮模具制作、枪炮、地雷弹药原料，以及西方工艺制作度量衡基础知识。此书编撰未久，满清就入主中原，火炮技术随着传教士在中国的影响力衰落，此书未受到更多重视。直到19世纪中叶，因西方与中国发生冲突，这本书才又引起知识分子们的注意。中国古代运用火炮的历史非常久远，宋代时火器就发挥过效果，例如1126年，李纲用霹雳炮击退金兵对开封的围攻，杀伤力较大。明代时大口径的火炮射击火器，已在实战中开始运用，明初设立军器局、内宫监和兵仗局，管理各省兵工厂，火器的规格、种类及数量由兵部奏准，通过军器局

和兵仗局组织各地生产。及至明中晚期，朝野人士所著兵书及论火器著作非常多，为历代之最，意在救亡。[10]然而，当时火炮的应用范围并没有想象中那么广泛，使用还是受到局限。

汤若望著书之时恰逢明亡前夕。1642年6月，朝廷转而让汤若望帮助加强防务，请求他铸造大炮。汤若望实际上是被迫接受了这一要求，因为他并不想参与用于作战的武器制造。最终，汤若望不得不屈服于皇帝的命令，在紫禁城里开辟出很大的空地，获得了造炮的原料和很多劳动力。[11]在举行了一个祈祷火神的仪式之后，汤若望开始了他的铸造工作。据载崇祯亲自参加了汤若望铸造火炮的实射演示：

> 二十门大炮造好，在离城四十里的田野中试放。取得了完全成功，崇祯大喜，下令铸造五百门重量不超过六十磅的大炮，这样士兵能够将炮扛在肩上。[10], p.302

汤若望的火炮似乎没能使晚明的颓势发生逆转。之后还出现了难以置信的场景，一方面李自成由于敬畏汤若望的大炮，没有立即攻城；另一方面，崇祯在李自成破城之后，骑上马带着少数几个忠实的追随者向南城逃去，但是南门上那些叛变了的太监们用汤若望造的大炮向他开火，迫使他返回，汤若望亲眼看见他骑马从耶稣会士们的住所前经过……[11], p.304这些火炮反而成为明亡最后时刻的祭礼。实际上，火器的重要性早在天启时期就被徐光启所了解，他和传教士关系甚笃，了解火炮的威力；很早就有人劝说徐光启，只有发展一种新的防御武器才能阻止满人的进攻。徐光启看上了满人、汉人都不熟悉的加农炮“红夷大炮”，红夷大炮将能对抗努尔哈赤的任何新战术。因此，徐光启曾反复劝说当权者们向澳门的葡萄牙人求助，后来葡萄牙人送给他们四门大炮和一小队炮手。[11], p.140之后，在天启六年一月，努尔哈赤发起宁远之战，被明守将袁崇焕以葡萄牙制的红夷大炮击败，兵退盛京（沈阳）。袁崇焕是采用孙元化的建议用“红夷大炮”保卫边界。汤若望也曾论述过明军的火炮问题，认为他们不谙长短厚薄度数、铸铳发射无法命中目标，这说明当时明军对火炮的运用尚不得法，无法和当时西方先进的铸炮及实战水平相比。

面临满人越来越大的威胁，崇祯命徐光启和李之藻按照欧洲的模式训练军队，但是这件事最后并没有如愿推进下去，只能半途而废。徐光启和李之藻再次建议寻求葡萄牙人的帮助，崇祯于1630年2月14日表示同意。澳门派来的一小队人马来的正是时候，对解救离北京不远的涿州被围起了关键的作用。葡人的枪手和炮手将满人击退。由于打了胜仗，情绪高涨的西劳将军（Gonzales Texeira）呈请皇上允许再从澳门调兵三百。[11], p.199事与愿违的是，袁崇焕被诛杀；其次，牵扯到葡萄牙在华的贸易纷争，西劳将军的部队并未如期北上，火炮军到了南昌后就再未前行，而是返回了澳门：葡萄牙人在贸易方面的特权只限在广州口岸。广州的商人们认为葡萄牙人向北方扩展，可能会为葡萄牙人赢得在整个帝国自由贸易的特权，广州就会失去它独占的优势，从而对他们的利益构成严重威胁。于是，广州的商人们凑了一大笔钱，贿赂那些对他们有用的、仍旧在京城做官的一些朋党。这些官吏便去劝说皇上击退满人并不需要额外的援助，没有主见的皇上下了诏书，让这支远征军返回澳门。[11], p.199无法预料，如果葡萄牙火器部队达成北上后，在明军中普及火炮技术，会在多大程度改变明朝的命运？军事史家若米尼叙述："作为进攻手段，一支强大的、运用巧妙的炮兵部队能够摧毁并动摇敌军战线，进而有助于攻击部队的突破。作为防御武器，炮兵部队能使阵地的实力成倍增长。"[12] 可惜火器在晚明时期的中国未能展现出它的强大之力。最重要的并不是谁最早使用了枪炮，而是谁更加有效地使用枪炮。事实上，中国从16世纪50年代开始，就认为枪炮在阻挡外敌时起不到太大作用，决定使用长矛和刀剑等传统武器作战。从长远看，这才是日后中国在西洋武器面前落败的根源。[13]

火器伴随晚明曲折的历史变化，由传教士们带入中国，这个具有威力的武器在近二百年后的鸦片战争、甲午海战等一系列战争中展现出令人畏惧的实力。学者麦克奈尔认为，当人们能够垄断新式火炮，中央集权就能够控制更大的领域，从而进入一个全新的强大帝国。[14]从明朝到清朝的几百年间，中国人都没有意识到火器的重要性，无论是中国人自己发明的火器抑或由传教士带来的火炮制作技术。耶稣会士初至中国时，正是凭借科学之力打开传教的局面，无论是地图还是火器都和中国社会发生了密切的联系。在耶稣会士努力学习中国文化的同时，有关地图的绘制也在参照中国地图的模式，水波纹从欧洲图示向中国图示的转变印证了，中国与西方在交流中能够互相学习和借鉴。然而，欧洲地图并没有让中国舆图真正走向科学制图，加上各地反教浪潮不绝，耶稣会士们不仅常常受到排斥，他们所做的科学文化交流在连贯性上不免无法得到保证，甚至连科学仪器都无法幸免。此外，儒家官员和文人学士拒斥基督教并非仅仅出自文化偏见，或是非理性的恐外症和对所有异国事物的偏见，传教士们在新儒家和基督教之间发现了形而上学方面的不相容性。欧洲自17世纪的崛起带来了科学技术上迅猛的革新，然而，来自地理发现与探索的地图和源于武器革命的火炮技术都未能使明朝免于覆灭，西方的知识系统很难真正进入中国的文化与知识体系，这种历史趋势在后来的清朝依旧如此。自晚明以来，中国社会逐渐地发生潜移默化的变化，西方科学技术被士人发现，但还远没有达到推动社会变革的地步。而在英国维多利亚时代，探险家、博物学家们往往都会按照洪堡的模式，随身携带田野工作用的望远镜、气压计以及其他的测量仪器。[15]科学知识有力地推动了欧洲多国在航海与军事方面的实力，在19世纪已拥有了蒸汽机和螺旋桨驱动，制造出多达一百多门火炮和排水量达到七千吨的战舰，他们毫不犹豫地把商船和军舰开赴到中国沿海一线。在几百年的岁月里，中国社会也正是在“水与火”的交替影响下蹒跚步入近代的世界历史。

参考文献

[1] 范发迪. 知识帝国 [M]. 袁剑译，北京：中国人民大学出版社，2018.

[2] 姜道章. 历史地理学[M]. 台北：三民书局，2004.

[3] 李约瑟. 中国科学技术史[M].中国科学技术史翻译组译，北京：中华书局，1978.

[4] 曹婉如. 中国古代地图集[M]. 北京：文物出版社，1995，67.

[5] 郑若曾. 筹海图编[M].北京：中华书局，2007，11.

[6] 唐锡仁. 中国科学技术史・地学卷[M].北京：科学出版社，2000，413.

[7] 冯明珠. 笔画千里——院藏古舆图特展[M].台北：台北故宫博物院，2008，46.

[8] 黄时鉴、龚缨晏. 利玛窦世界地图研究[M]. 上海：上海古籍出版社，2003.

[9] 安田朴、谢和耐.明清间入华耶稣会士和中西文化交流[M].耿昇译，成都：巴蜀书社，1993，231.

[10] 潘吉星. 中国火药史[M]. 上海：上海远东出版社，2016.

[11] 乔治・邓恩. 从利玛窦到汤若望[M].余三乐译，上海：上海古籍出版社，2003.

[12] A. H.若米尼.战争艺术概论[M].刘聪等译，北京：解放军出版社，1986，336.

[13] 朱京哲.深蓝帝国[M].刘畅等译，北京：北京大学出版社，2015，60.

[14] Mcneill, William.H. *The Age of Gunpowder Empires 1450−1800* [M]. Washington: American Historical Association, 1989.

[15] Dettelbach. Michael. 'The Face of Nature: Precise Measurement Mapping and Sensibility in the Work of Alexander von Humboldt' [J]. *Studies in the History and Philosophy of Biological and Biomedical Sciences*, 1999, 30 (4): 473−504.

臆想世界：明代犀牛的形象失真

杨妍均　陈　芳

目前已知的犀牛共有五种，分别为黑犀（*Diceros bicornis*）、白犀（*Ceratotherium simum*）、印度犀（*Rhinoceros unicornis*）、爪哇犀（*Rhinoceros sondaicus*）和苏门答腊犀（*Dicerorhinus sumatrensis*，以下简称“苏门犀”），其中黑犀和白犀生活在非洲地区，另三种犀牛生活在亚洲。从考古遗迹来看，犀牛曾生活在我国平原地区，包括华北平原。在河南淅川下王岗、浙江余姚河姆渡、云南通海、广西南宁等地的新石器时代遗址都出土过犀类遗骸。另外，安阳殷墟与汉代西安南陵也曾发现过犀类遗骨。经综合分析，这些犀牛均属爪哇犀和苏门犀[1]，二者在外观上最显著的区别是苏门犀有一大一小前后两个角，爪哇犀仅有一角。印度犀也为独角，体形较爪哇犀大，亚洲犀牛中苏门犀体形最小。

当前，学界就犀牛曾生活在我国平原这一论断已基本达成一致，而分歧在于“兕”是否是犀牛、犀牛的分布变化以及我国犀牛绝迹的原因等，因篇幅有限，不在本文讨论之列。

一、明代以前的犀牛形象

从出土的青铜器来看，西汉以前的人更为了解苏门犀的真实形貌。商代小臣艅犀尊出土于山东寿张县，现藏于美国旧金山亚洲艺术博物馆，犀牛体态憨厚、头顶双角，造型较为写实。1963年，陕西兴平县曾出土一件西汉错金银云纹青铜犀尊（图1），此犀牛形象较前者更为逼真，双角尖锐，亦以苏门犀为原型。如若工匠未曾亲眼见到犀牛，即便有高超的制造工艺，也极难铸造得如此生动。然而，历史总是充满谜题，河北平山县战国一号墓出土了一件错金银铜犀牛屏座（图2），此犀牛有三角，是中国历史上已知最早的三角犀牛形象。三角犀非常罕见但并非没有。2015年12月31日，英国《每日邮报》报道游客吉普森（Jim Gibson）在非洲埃托沙国家公园（Etosha National Park）发现了一只三角黑犀牛，专家推断该犀牛多一角是因在母亲子宫内时出现细胞突变，这种情况通常四五十年才出现一次。[2]虽然黑犀牛生活在非洲，但我们无法断定亚洲犀牛不会出现此种情况，因而无法确定这只铜犀牛的三角造型是“真实再现”还是“艺术创造”。不过，学界基本确定汉代以后北方已难觅犀牛踪迹。西汉平帝元始二年（公元2年）“王莽辅政，欲耀威德，厚遗黄支王，令遣使献生犀牛……黄支自三万里贡生犀”[3],《后汉书》之《肃宗孝章帝纪》载:“元和元年春正月，中山王焉来朝。日南徼外蛮夷献生犀、白雉。”《孝和孝殇帝纪》载:“六年春正月，永昌徼外夷遣使译献犀牛、大象。”[4]这些记载说明西汉时关中地区应该已无活犀，故王莽令他域进贡，以耀威德。

图1　中国国家博物馆藏西汉错金银云纹青铜犀尊

图片来源于中国国家博物馆网站

图2　战国错金银铜犀牛屏座

图片拍摄于山西省博物院“中山风云——古中山国文物”展览，
该文物收藏于河北省博物院

魏晋南北朝时期，博物风气大胜，博物君子们对文本中的犀牛饶有兴趣，纷纷进行了“演绎”。如郭璞对《尔雅》“犀，似豕”注曰：“形似水牛，猪头，大腹，庳脚。脚有三蹄，黑色。三角，一在顶上，一在额上，一在鼻上。”[5]此“三角”与战国中山王墓的三角犀牛相对应，或许郭璞曾见过三角犀牛形象。另需说明的是，汉晋时期猪尚未完全进化成今日家猪的样子，猪鼻较长、猪头较小，具体形象可参见首都博物馆所藏的汉代陶子母猪。此外，南北朝药学著作《本草经集注》引《汉书》云：“骇鸡犀者，以置米边，鸡皆惊骇不敢啄。又置屋中，乌鸟不敢集屋上。昔者有人以犀为纛，死于野中，有行人见有鸢飞翔其上，不敢下往者，疑犀为异，抽取便群鸟竞集。”[6]此处“犀”即“犀角”，古代犀角虽稀有却并非不可得，鸡、鸟是否惧犀一试便知，然而《证类本草》《本草纲目》等书皆引此句，可见前代书写者对后代影响之深。因并未找到这一时期的犀牛图像资料，所以其形象并不明确。

唐代，高祖李渊献陵有一头雕刻较为逼真的独角犀石像，李渊死于贞观九年（635），这头石犀应雕于此时。且该石犀座上刻有隶书铭文“（高）祖怀（远）之德”[7]，《旧唐书》载贞观初年“林邑国遣使贡驯犀”，可以推定此物所记之事即为此，那么雕刻这尊石犀的工匠很可能亲睹过犀牛真容。但就目前已见的唐代犀牛图像而言，多数图像存在失真情况（图3），犀角从两眼间上移至头顶，足部与姿态更似牛羊，献陵石犀更像是“个例”。刘洪杰教授曾考察我国犀牛的历史分布边界，认为唐代时犀牛基本分布在长江以南地区（图4）。在北方若想见犀牛，应该只能通过朝贡渠道，但冬日苦寒，南方贡犀难以长久存活，白居易曾作《驯犀》记述过贞元年间南海贡驯犀在北方受冻而亡之事。唐代犀牛形象失真或许与北方罕见真实犀牛有关，但具体原因可能更为复杂。

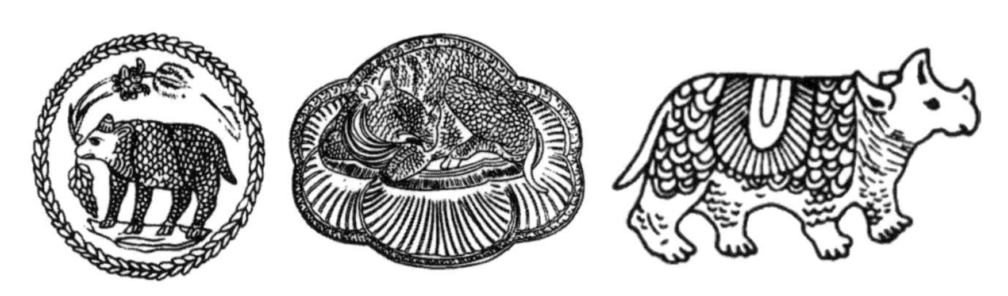

图3　唐代器物上的犀牛形象

左：独角兽宝相花纹银盒 西安何家村窖藏；中：卧犀纹银盒 日本白鹤美术馆藏；右：螺钿镜上的犀牛 日本正仓院藏

图片来源：孙机，《从历史中醒来：孙机谈中国古文物》，29

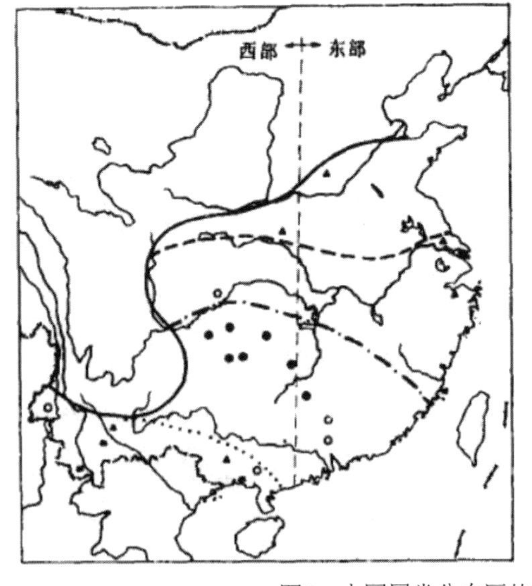

——— 殷商以前
---------- 春秋战国时期
------- 隋唐时期
··········· 元明时期
▲ 骨骼出土地点（商以前）
● 土贡犀角州郡（唐）
○ 记载犀牛州郡（唐）
▬ 发现犀牛地点（明末清初）

图4　中国犀类分布区的变迁

图片来源：刘洪杰，全新世的中国犀类及其地理分布，41

发展至宋代，犀牛图像已无犀牛之形，已见宋文本中犀牛均只有一角且位于头顶（图5），不见真实犀牛的形态。现存各版本《说文解字》中对“犀”的解释基本一致，都称犀一角在鼻一角在顶，《说文解字》最早刻本为宋刻元修，故而不能确定该说法是否来自东汉许慎，但从唐代犀牛图像来看，很可能在唐代《说文解字》就已有这种解释。在看不见真实犀牛的情况下，文字成了后人认知其形象的主要来源，而前人的“误解”一旦被后人当作“知识”，误解就很难再消除了。

图5 宋代古籍中的犀牛形象

图片自左至右分别来源于《尔雅音图》清嘉庆六年艺学轩影宋本，德国柏林国家图书馆藏;《新编类要图注本草》宋末元初励贤堂刊本，日本庆应义塾大学附属研究所藏;《重修政和经史证类备用本草》，人民卫生出版社，382;《经史证类大观本草》朝鲜刊本，日本国立公文书馆内阁文库所藏

通过梳理中国早期犀牛形象史，可见随着时间的推移，汉代以后犀牛在北方地区渐渐绝迹，犀牛形象也逐步失真，先是犀角错位，继而体态变化，[8]形象越来越多样。

二、明代贡犀情况

明代犀牛活动区域退至西南地区，朝贡是宫廷获取活犀的最佳途径。明朝初期，各地朝贡活动频繁，帝王通过朝贡制度对外实行安全防御[9]，由《明实录》和《明史》可知洪武至嘉靖三年间明廷曾九次获得贡犀。而洪武廿一年，因朝贡次数过于频繁，明太祖谕令安南国三岁一朝，犀象之属毋再进，说明此前安南国曾进贡过犀牛，只是未记录在《明实录》和《明史》中。明初通事马欢曾随郑和三次下西洋，最后一次为宣德六年（1431），并于景泰二年（1451）撰成《瀛涯胜览》，该书载“黎代国”（今苏门答腊岛北部）“山有野犀牛至多，王亦差人捕获，随同苏门答剌国以进贡于中国”[9]，可见黎代国或苏门答腊国也曾进献过犀牛。所以，综合表1中文献，明代朝廷至少先后十一次获得贡犀。

表1 明代犀牛进贡情况[1]

时间	朝贡详情	出处
洪武十年（1377）八月	三佛齐国王麻那者巫里遣使贡犀牛、黑熊、火鸡、红绿鹦鹉、白猴。	《明实录》《明史·外国》
洪武廿一年（1388）十一至十二月	诏礼部咨谕安南国，令三岁一朝，方物随其所产，止许一人进送，效其诚敬而已，犀象之属毋或再进，以重劳吾民。	《明实录》《明史·太祖本纪》
永乐二年（1404）七月至八月	占城国王占巴的赖遣使部该序罢尼来朝贡犀牛及方物。	《明实录》
永乐三年（1405）	（云南）永乐元年设乾崖长官司。三年，乾崖长官曩欢遣头目奉表贡马及犀、象、金银器，谢恩，赐钞币。	《明史·云南土司》
永乐五年（1407）六月	木邦军民宣慰使罕的法以朝廷遣使赉敕赏劳，遣头目代扛零等来朝谢恩，贡象、马、犀牛、方物。	《明实录》
永乐七年（1409）	永乐二年以刀线歹为宣慰使，给之印……七年复进金银器、犀象、方物谢罪。	《明史·云南土司》
永乐七年（1409）八月	占城国王占巴的赖遣使部该济标等奉表贡犀、象。	《明实录》
永乐十七年（1419）九月	满剌加等十七国王亦思罕答儿沙等进金镂表文贡宝石、珊瑚、龙涎、鹤顶、犀角、象牙、狮子、犀牛、神鹿、天马、骆驼。	《明实录》

1 陈元朋.传统博物知识里的“真实”与“想象”：以犀角与犀牛为主体的个案研究[J].国立政治大学历史学报，2010（33）：55.

续表

时间	朝贡详情	出处
天顺四年（1460）五月	占城国遣陪臣究别陀朴等，陕西岷州高地平等簇番僧头目苍者他等，四川马湖府泥溪长官司土官社人王明德等，贡犀牛、象、马、方物。	《明实录》
嘉靖三年（1524）	鲁迷国贡狮子、犀牛。	《明史·世宗本纪》
景泰二年（1451）左右	山有野犀牛至多，王亦差人捕获，随同苏门答剌国以进贡于中国。	《瀛涯胜览·黎代国》

朝贡品是他国向明朝“臣服”的象征，明廷自然要悉心对待以示天朝上国之礼仪，对于活生生的贡犀更是如此。《大明会典·朝贡通例》规定：“凡进象、驼到于会同馆，令本馆喂伺，次日早进内府御前奏进。如候圣节、正旦、冬至，陈设进收。日远先行奏闻，象送驯象所、驼送御马监收养，至期令进内府陈设。”因而，文武百官在大节之时均有机会见到异国供奉的奇珍异兽，犀牛自不在话下。这段内容虽然没有直接说如何对待贡犀，但在《大明会典》《明实录》等典籍中均将犀、象放在一起，对贡犀的处理方式应和象同。

三、明代犀牛的图像重构

明初虽有贡犀入内廷，但明代文本中的犀牛形象更为复杂，大致分为似牛、似鹿和似猪三类。

1.似牛的犀牛图像

这类犀牛图像最早的版本绘于明朝初期，犀牛体态似牛，较其他图像更为写实。图6是当今可见最早的明代犀牛图像，犀角位于鼻间，身有鳞甲。该图来自《异域图志》，此书于1430年成书，1489年刊行，著作者很可能是朱元璋第十七子朱权（1378—1448）。[11]朱权十三岁被封为宁王，虽然两年后前往藩地大宁，后又被永乐帝改封于南昌，但他身为皇亲，有机会见到真实的犀牛，或许比常人更了解犀牛的真实面貌。然而令人疑惑的是，虽然《异域图志》所绘犀角位置正确，犀牛却长了鸟喙。

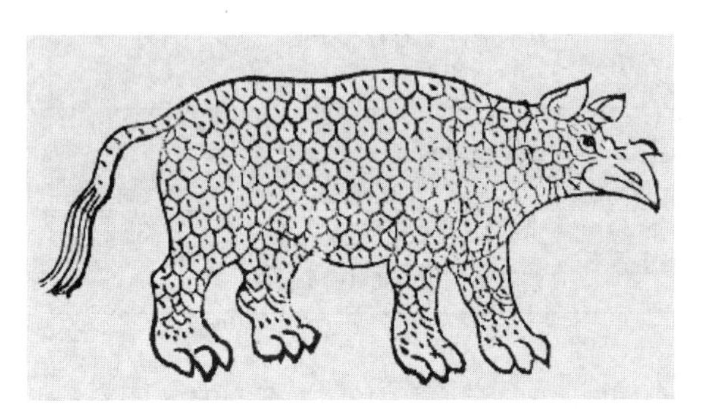

图6 明代《异域图志》中的“犀牛”插图
图片来源于《异域图志》明刊孤本，剑桥大学图书馆藏

图7来自《本草品汇精要》，撰成于明弘治十八年（1505年），清道光二十七年（1847）被意大利主教带回罗马，现藏于罗马国立中央图书馆。图8出自《补遗雷公炮制便览》，与图7右“胡帽犀”基本一致。《补遗雷公炮制便览》书前手绘牌记“万历辛卯春制”，可知成书时间为1591年，晚于《本草品汇精要》。此外，万历时期的《金石昆虫草木状》中也有三幅犀牛图，与图7三图基本相同，可知《本草品汇精要》《补遗雷公炮制便览》和《金石昆虫草木状》三者同源。[8]又据学者研究，《本草品汇精要》与《食物本草》在开本、版式、字体、画风等九个方面均相同，《食物本草》可能成书更早[12]，图9即是最好的例证。故《金石昆虫草木状》和《补遗雷公炮制便览》中的犀牛图像可能源自较早的《食物本草》。从犀牛图像来看，《本草品汇精要》又很可能借鉴了《异域图志》，不过在绘制过程中将鼻梁长角的犀牛称为“胡帽犀”，头顶添加了犀角的犀牛图像且称之为“犀牛”。

在三类图像中，无论是从体态还是甲片等细节来看，似牛类都对犀牛的还原度最高，其原因可能是这类书写者见到活犀的可能性比较大，加之宫廷各方资源有能力获得更为真实详备的信息，但所绘犀牛仍与真实情况有出入。

图7 1505年绘制的《本草品汇精要》中的插图
左：犀牛；中：兕犀；右：胡帽犀
图片来源于《本草品汇精要》，九州出版社，2003

图8 1591年《补遗雷公炮制便览》中的“犀牛”插图
图片来源于《补遗雷公炮制便览》卷九，上海辞书出版社，242

图9 《食物本草》中的“犀牛”插图
图片来源于《食物本草》，华夏出版社，412

2.似鹿的犀牛图像

图10为犀牛补纹，[1]出自《大明会典》正德四年（1509）版和万历十五年（1587）版，纹样已完全看不出犀牛本来的面貌。《大明会典》始修于弘治十年（1497），正德四年李东阳重校后刊行，嘉靖八年（1529）复修，增入弘治十六年以后事例。万历年间，又增嘉靖二十八年（1549）以后事例，万历十三年成书，十五年刊行[13]。两个时期刊本中的犀牛补纹基本相同，体态似鹿，万历版犀角由弯变直且多了纹路，犀牛上唇也由鸟喙式变为鹿唇式（图10右）。《大明会典》是几代帝王倾举国之力编修的官方典籍，但犀牛重构情况比药书中的还要严重，《明史》记嘉靖三年鲁迷国进献犀牛，五年后开始复修《大明会典》，具有辨别功能的补纹是在朝臣工作中日日见到的纹样，并非易于忽视的小事，然而嘉靖朝在复修《大明会典》时显然没有在乎补纹中的犀牛形象是否真实，以及犀角到底长在哪里。

图10 《大明会典》中的犀牛花样

左：正德四年刊本；右：万历十五年刊本

左图来源于中国国家图书馆藏《大明会典》

右图来源于美国哈佛大学图书馆藏《大明会典》

又或者，明代补纹中的犀牛在设定服制之初就已被“再造”，其描绘的并非真实犀牛，因而复修典籍时自然不会对犀牛纹有较大改动。补纹品级设立最晚在洪武二十六年（1393）就已完成[14]，“公、侯、驸马、伯用麒麟、

1 明代晚期才出现真正具有“补”之意的补子，《大明会典》中称区分品级的纹样为“花样”，本文为论述方便均称为“补子”或“补纹”。

白泽……武官一品、二品狮子。三品、四品虎豹。五品熊罴。六品、七品彪，八品、九品犀牛、海马。”[15]嘉靖十六年（1537）改定仅八品武官用犀牛补。今虽很难见到犀牛补实物，但修《大明会典》时若想找洪武时期犀牛补还不是件难事，因而除非弘治帝或正德帝重定补纹（官方典籍中并无此类事件记录），不然正德版犀牛纹与洪武时期应相差不多。此外，在编修、校改《大明会典》期间宫廷药书《本草品汇精要》和《食物本草》已经完成，二者中的犀牛形象差别仍如此之大，也说明《大明会典》描绘的很可能是明初就定下的补纹。武官实际用的犀牛补并未完全采照《大明会典》，图11即源自一方缂丝犀牛补，图中犀牛体态似羊，仍与真实犀牛相去甚远。

图11　明朝缂丝犀牛补上的犀牛花样

图片来源：孙机，《从历史中醒来：孙机谈中国古文物》，29

3. 似猪的犀牛图像

这类犀牛图像见于万历十年刊本的《新刻太乙仙制本草药性大全》（图12左）和万历十五年刊本的《本草纲目》（图12右），两个文本中的犀牛皆头顶一角，一个头型似猪，一个体态似猪，显然是受《尔雅》中“犀，似豕”的影响。

明代并非所有文本都不“识”犀牛真面目，马欢曾随郑和下西洋，见过真实的犀牛，并记录在《瀛涯胜览》中：“其犀牛如水牛之形，大者有七八百斤，满身无毛，黑色，生鳞甲，纹癞厚皮。蹄有三跲，头有一角，生于鼻梁

图12　左:《新刻太乙仙制本草药性大全》中“犀角”插图
右:《本草纲目》中“犀”插图
左图出自明代积善堂刊本，东京国立博物馆资料馆藏
右图出自万历二十四年金陵刻本，美国国会图书馆藏

之中，长者有一尺四五寸。不食草料，唯食刺树刺叶，并食大干木，抛粪如染坊黄栌楂。”[10]但明代像这样准确记录犀牛形象的文本少之又少，古时信息传播速度慢、传播途径少，如马欢这般的言论在当时似乎并未起太大作用。

结　语

犀牛图像失真经历了一个漫长的过程，汉唐间犀角位置开始错乱，进而至宋代犀牛体态完全变形。其中原因可能有两层：首先犀牛分布区域南移和数量减少，使得书写者难以见到真实犀牛，其形象自然模糊不清；[8]其次，正如尹吉男教授所言，知识存在生产现象。[16]例如，唐代头顶一角的犀牛形象在宋明文本中不断出现，尽管书写者并未见过此类犀牛（因为现实中不存在）。唐代（或者更早）的书写者在特有知识背景下臆想出一个犀牛形象，后世书写者将其奉为“知识”不断扩散流传，当然扩散过程中还会添加自身理解。这样在一代代的书写者笔下，便形成了关于犀牛形象的“知识”。这些“知识”累积至明代，使得明代犀牛图像种类较多。补纹中的犀牛其实也是一种知识生产的结果，在统治阶级推动下其影响更加深远，可武官补纹本应以凸显勇猛之气为主，明廷在有贡犀的情况下将魁梧的犀牛身体替换为纤巧的鹿身显得颇为矛盾，显然有其特定的知识生产规则。

此外，这种层层叠加下的犀牛“知识”越走越远离真实，使得书写者即便见到真实的犀牛，迫于认知压力，往往也认为传统观念中的错误犀牛是真实存在的。这可能就是头顶长角或三角的犀牛形象在明代依旧出现的原因。

参考文献

[1] 刘洪杰.全新世的中国犀类及其地理分布[J].动物学杂志,1993,（6）:37-42.

[2] dailymail[EB/OL].https://www.dailymail.co.uk/news/article-3380358/Mutant-black-rhinoceros-THREE-horns-Extremely-rare-animal-spotted-Namibia-bizarre-defect.html.

[3] 班固.汉书·王莽传[A]，百衲本二十四史[C]，第四卷，台湾：商务印书馆，1937，1254.

[4] 范晔.后汉书 [A]，百衲本二十四史[C]，第五卷，台湾：商务印书馆，1937，87.

[5] 郭璞注.尔雅注疏[M].北京：北京大学出版社，1999，328.

[6] 陶弘景.本草经集注[M].北京：人民卫生出版社，1994，412-413.

[7] 何正璜.石刻双狮和犀牛[J].文物，1961（12）：49.

[8] 陈元朋.传统博物知识里的“真实”与“想象”：以犀牛角与犀牛为主体的个案研究[J].台湾政治大学历史学报，2010（33）：33-35.

[9] 李云泉.明清朝贡制度研究[D].广州：暨南大学，2003，115.

[10] 马欢著、万明校.明本《瀛涯胜览》校注[M].广州：广东人民出版社，2018，44.

[11] 侯倩.剑桥大学图书馆藏明刊《异域图志》考[J].中国历史地理论丛，2018，33（4）：155-157.

[12] 郑金生. 食物本草[A]，中国文化研究会：中国本草全书[C]，第二十七卷，北京：华夏出版社，1999，1-4.

[13] 原瑞琴.《大明会典》版本考述[J].中国社会科学院研究生院学报，2011，181（1）：136.

[14] 王渊.补服形制研究[D].上海：东华大学，2011，77.

[15] 明太祖实录[A]，中央研究院历史语言研究所：明实录[C]，第290卷，上海：上海书店出版社，1962，3113-3114.

[16] 尹吉男、黄小峰.美术史的知识生产——中央美术学院人文学院院长尹吉男访谈[J].美术研究，2016（5）：8-12.

极乐鸟在中国：由一幅清宫旧藏“边鸾”款花鸟画谈起

王　钊

有关极乐鸟（Birds of Paradise，又称天堂鸟），无论是它的发现史还是文化史，都已有了很多不错的研究。[1]尤其是当16世纪欧洲人由海路来到东南亚，将产自巴布亚新几内亚的极乐鸟标本带回欧洲后，这种无翅无脚的标本便激起了欧洲人无限的想象。无论是有关极乐鸟的传说，还是对其博物学的描述分类都深深地打上了西方知识的烙印。近来纳塔莉·劳伦斯（Natalie Lawrence）对欧洲现代早期有关极乐鸟的文本和图像进行研究，认为极乐鸟形象从早期无脚的天使般的神鸟转变为有脚的食肉鸟类，实则反映出欧洲人对东印度地区想象的变化——这里由寓言中的天堂变为了一个充满敌对和危险的地方。[2], p.107虽然中国距离极乐鸟的产地更近，也很有可能在欧洲人到来之前就已经参与到极乐鸟的贸易之中，但在中文史料中极难找到有关极乐鸟的历史线索，当有心人试图查阅中国文献寻找极乐鸟与中国的联系时，很多时候也是收获寥寥。胡文辉通过对南洋与中国之间羽毛贸易的分析，推测中文所说的“翠羽”“翠毛”不单指翡翠鸟的羽毛，应该也包括天堂鸟的羽毛，[3]但作者也只是以“臆考”的形式给出一种解释，文中难于找到有说服力的证据。之后王颋考证古籍中常提到的“倒挂鸟”就是极乐鸟，[4]但此种说法受到了赖毓芝[5], p.160和欧佳等人的质疑。后两者都通过清宫《鸟谱》中的“倒挂鸟”等图像证实古人所说的“倒挂鸟”并不是极乐鸟，欧佳进一步指出“倒挂鸟”实则是短尾鹦鹉属（*Loriculus*）的若干种类。[6], p.22虽然对极乐鸟的考证看似进入僵局，但实际上后两者利用图像材料进行考证给了我们启发，笔者正是通过图像材料找到了考察极乐鸟流入中国的线索。在台北“故宫博物院”数以万计的藏画中，有一幅题款为“边鸾”的清宫旧藏花鸟画轴值得注意。

一、“边鸾”款花鸟画的分析

台北“故宫博物院”所藏“边鸾”款的花鸟画挂轴为绢本设色，尺幅为58.1厘米×57.4厘米，画的左下角题有篆体“边鸾制”，画面上部盖有“宣统御览之宝”和“缉熙殿宝”等鉴藏印章。

画面由右下角自左上方描绘杏花一枝，在最上端的枝头停栖着一只羽毛发达的鸟雀，鸟的描绘采用了侧身回顾的姿态，鸟的额部、颊部为绿色，头部为黄色，上体及尾部为褐色，翅膀及腹部为黄色；从背部末端生长出丰富的修长饰羽，蓬松地向尾部伸展开来。（图1）虽然有部分形态特征描绘不符合现实，但从鸟身上显著的特征可知画家描绘了一只雄性的极乐鸟。[1]

画家应该是对极乐鸟繁茂的饰羽印象深刻，画面着重刻画了极乐鸟饰羽向后散开的样子，但正常情况下极乐鸟的饰羽会从翅下两肋自然下垂，稍微遮盖尾部（图2），并不会出现画面中的饰羽形态。从画面来看，作者已然意识到饰羽并不是着生在尾部，但他按照从背部开始向后描绘饰羽的方式，很容易将尾部完全遮盖，造成一种饰羽成为尾羽的假象，因此画家在此仍然描绘出了极乐鸟的褐色尾部，这样就呈现出画面里尾部从饰羽中冒出来的奇怪造型（图3）。加之极乐鸟的腹部和翅羽颜色描绘错误，笔者推测画家是在观察了极乐鸟

---

1 现实中的大极乐鸟（*Paradisaea apoda*）和小极乐鸟（*Paradisaea minor*）雄鸟身体为棕褐色，饰羽由翅下生出，但画中鸟的下腹及翅羽为黄色，饰羽由背部末端生出。

图1 “边鸾”款极乐鸟图轴 台北“故宫博物院”藏

图2 大极乐鸟 源自约翰·古尔德的《新几内亚及其邻近的巴布亚鸟类》

实物后再行默绘创作了此幅作品。在默绘的过程中，画家将极乐鸟塑造为中国传统花鸟画中典型的俯身后顾式造型，这种造型常用于尾羽较长的鸟类，以上扬的长长尾羽展现鸟儿不凡的气质（图4）。极乐鸟在现实活动中并不会出现画面中的造型，雄性极乐鸟在求偶期间会将饰羽上扬到翅膀以上，尾部压低，呈现出饰羽蓬勃伸展的样貌。这幅画作的画家很难有机会见到这样的景

图3　“边鸾”款极乐鸟图轴局部

图4　［明］孙克弘《花鸟图册》之一　上海博物馆藏

图5　小极乐鸟油画　威廉姆·哈特约作于1875年
转引自*Drawn from Paradise* (Davia Attenborough, 2012), p.64

象，但他用传统的绘画方式创造出了心目中极乐鸟展示其饰羽的美好形象。[1]

传统中国花鸟画以擅长描绘禽鸟著称，经常出现在画面中的有具有美好寓意的孔雀、锦鸡等，或是日常习见的麻雀、鸭鹅之类禽鸟，描绘异域的陌生禽鸟特别少见，但中国自古与周边国家和地区有着源远流长的朝贡关系，周边藩属国经常会向中国的统治者进贡一些本地区的珍禽异兽。统治者为了政治上的赞颂，常常要求画师将这些进贡的动物描绘下来。台北“故宫博物院”藏有一幅传为阎立本所绘的《贡职图》(图6)，描绘了藩属国的使臣携

1　实际上不仅中国画家出现这种错误，19世纪英国画家威廉姆·哈特（William Hart）的画作也出现过错误，因为他没见过极乐鸟求偶期的造型，仅仅依靠标本和文本描述，将极乐鸟蓬勃向上的饰羽错误地画在了高耸的翅膀之下（图5）。

图6 （传）阎立本《贡职图》局部 台北“故宫博物院”藏

图7 北宋 赵佶《五色鹦鹉》图卷 美国波士顿美术馆藏

带着香料、象牙、羽扇和各种动物等来向中国统治者朝贡的画面。在画卷的最后一段，画家精心描绘了由两个仆从抬着的精美鸟笼，笼中饲养着献给统治者的域外鹦鹉。北宋时期的徽宗赵佶更是身体力行地将产自岭表的五色鹦鹉描绘了下来（图7），这只鹦鹉实际是产自印度尼西亚群岛的华丽吸蜜鹦鹉

（*Trichoglossus ornatus*），赵佶在画面的右半部还以他独具特征的瘦金体书法将这只鹦鹉的来历描述了一番，从其中的“天产乾皋此异禽，遐陬来贡九重深”一句就可看出徽宗对番人千里迢迢将美丽的鹦鹉送达自己宫廷的得意之情，这实则是他以绘画的形式对王权的一种展示。

最初将极乐鸟这类少见的域外珍禽描绘下来，实际是源于统治者的政治需求，此幅画作署名“边鸾”，而边鸾正是曾为唐德宗完成过这类政治性绘画创作的唐代花鸟画画家。[7]在后世的画史记载中，边鸾被认为是唐代一流的花鸟画画家，他善于在画面中捕捉动植物的生趣，创作毫无斧凿之痕，精于设色而浓艳如生。[8]令人遗憾的是，由于年代久远，边鸾并没有绘画作品传世，而此幅“边鸾”款的极乐鸟作品很显然是后人作伪的一幅画作。作伪者显然是了解到边鸾在画史上的名气，利用边鸾真迹稀少和古代鉴别知识信息不通畅的条件，伪造了此幅作品。画作上钤盖的“缉熙殿宝”是南宋宫廷书画收藏印款，说明此幅画要么被南宋宫廷收藏过，要么仍是后世所钤的伪印。通过与流传有序的书画作品上的“缉熙殿宝”文字款识比较，可知这幅“边鸾”款绘画上钤盖的印章与流传有序的印文并不一致（图8、图9），很有可能是作伪者按照文献记载，在没有参考真实款识的情况下伪造的印章，这样做的目的就是可以使观者更确信此幅画的真实性。

图8　画中“缉熙殿宝”印款

图9　黄庭坚《花气诗帖》中的“缉熙殿宝”印款　台北“故宫博物院”藏

图10 （传）宋徽宗真迹《耄耋图》卷局部　台北“故宫博物院”藏

以“缉熙殿”为标志的伪作并不止于这幅“边鸾”款的画作。台北“故宫博物院”藏有大量冠以唐宋知名画家的绘画，其中仍有采用“缉熙殿”标榜作品真实性的画作。一幅托名宋徽宗真迹的《耄耋图》卷，就有作伪者以生涩的笔触模仿宋徽宗瘦金体所题的“宣和六年春二月缉熙殿御笔”的题款（图10）。而在乾隆时期编纂的清宫书画录《石渠宝笈续编》中，更记载有一幅托名宋徽宗的《翠禽荔子图》，画中题款“宣和二年夏日缉熙殿御笔”，并钤有一方“缉熙殿宝”的印款。[9]先不提上述两幅画作的作伪者由于历史知识的不足，将南宋时期的宫廷建筑名称错置于赵佶名下，在作伪者看来单是“缉熙殿”三个字就可以使人相信此幅画作历史脉络的真实性，“缉熙殿”已经成为特定时期伪画创作的一个特征性元素。这类托名宋徽宗、黄筌、徐熙、王渊等名家的花鸟画大量出现在明代后期，尤其是以文化繁荣的苏州为这类作品的创作中心，长久以来学术圈将这类作品命名为“苏州片”。赖毓芝则指出：“与其说‘苏州片’是一种区域商品，还不如说其乃是一种文化现象，因为

即是作品本身无法确定是否为苏州当时所作，但其必标榜苏州品味与苏州选择。”[10], p.388

明末随着商业快速发展，书画作品成为富裕阶层青睐的文化消费型商品，这一时期书画伪作生产达到一个空前繁荣的阶段，消费者热衷于购买托名前代知名画家的伪作，这类作品较稀缺的真迹更容易获得且价钱低廉，多数消费者并不对其加以鉴别选择而购买收藏，他们需要的只是一种对文人阶层书画品位的追逐，“苏州片”风格的作品正是融合了文人阶层的品味与大众阶层的审美而形成的一类商品绘画，这类作品保留了文人阶层追慕的知名画家风格中的文化元素，又满足普通大众对画面构图饱满、设色艳丽的实际需求，因此在作伪者和消费者的互动中大量生产创作。以这幅“边鸾”款的作品来分析，首先它具备了文人阶层推崇的古代名家绘制和南宋宫廷鉴藏的文化元素；其次画面的创作风格也在模仿当时流行的花鸟画：画面中采用了勾勒设色的传统绘画技法，在树干的描绘上，画家采用浓墨点出较大的苔点，再用石青在其上做装饰性的点染，这种点苔法常出现在明代以后的绘画作品中；另外题款的“边鸾制”小篆，笔画转折方正、笔触锐利，这并不符合唐篆圆转顺畅的风格，反倒更像晚明时期的书写风格（图11），因此结合整幅画的画风以及篆字题款的样式，可以大致推断此幅画创作于明代后期，属于托名古代名家的一类商品绘画。这幅画之后能成为清代宫廷收藏品，很有可能是清代官员将这类绘画作为贡品进献给清帝而保留在了宫廷。[10], pp.388—389

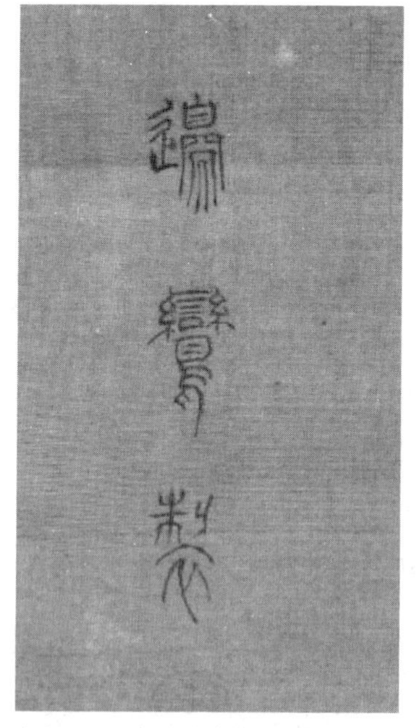
图11　画中“边鸾款”篆书题字

域外珍禽极乐鸟是中国绘画中很少见到的题材，它能够出现在明代后期的绘画作品中，实际上反映出了当时商品贸易网络的发达，许多遥远地区的物产在流通的贸易网络中可以容易地汇集到贸易繁荣的城市。利玛窦在《中国札记》中就描述了途经苏州时见到的商业繁荣场面：“经由澳门的大量葡萄牙商品以及其他国家的商品都经过这个河港。商人们一年到头和国内其他贸易中心在这里进行大量的贸易，结果是在这个市场上样样东西都没有买不到的。”[11],p.338商品贸易的繁荣扩展了消费者对商品的选择范围，而许多商品更是优质的收藏品，这些来自外地的物产逐渐成为收藏家的关注对象。明代张岳编纂的《惠安县志》就将许多稀有的植物列于收藏目录中，将其看作精英文化圈需要掌握的知识类别。[12]除了收藏和记录鲜活的动植物，对这类物品最重要的收藏手段就是通过绘图记录其形貌，将三维实体的物品转化为展示其主要形态特征的二维图像。这不仅可以使不同的收藏品跨越时空汇集在一起，对于生命短暂的动植物个体来说，这种图像保存的收藏形式还可以使它们的形态特征更长久地保存和流传。明代佚名作者所作的《异域图志》就展示了当时中国周边各国的物产以及流入中国的域外鸟兽图像（图12）。

图12　明《异域图志》中的鹤顶（即犀鸟）

收藏品的范围随着商品贸易的兴盛而扩展，使更多人有机会见到产自域外的稀有动植物，另一方面也促进了大众对博物学的爱好和关注。在这种情况下，以稀有性和特性见长的域外动植物形象，就很容易进入大众热衷的绘画图像之中。这极有可能就是这幅“边鸾”款花鸟画中出现极乐鸟形象的一个重要原因，由此这幅画也成为现阶段可以找到的最早有关极乐鸟流入中国的图像证据。与早期欧洲人认为极乐鸟是无翅无足的神奇生物不同，在这幅“边鸾”款的花鸟画中，画家有意采用中国程式化的禽鸟造型，将这只稀有的异域鸟类塑造成中国人熟悉的鸟类图像，这实则反映出中国人并未像欧洲人一样将其视作神奇生物，而是将其理解为一种域外珍禽，进行了相对客观的观察和描绘。

二、极乐鸟流入中国的考证

在晚明商品贸易的繁荣景象中出现了以极乐鸟为主题的绘画，是否意味着极乐鸟曾经流入中国？答案自然是肯定的。但是在浩瀚的历史长河中，除了这仅有的一幅画作证明极乐鸟曾流入中国，历史的文献中是否隐藏着其他信息，还有待我们解读。

现在可查阅到有关中国和极乐鸟联系的最早记载是8世纪马来群岛的室利佛逝国王室利多帕诺（Indrawarman）曾向唐王朝进献过极乐鸟羽毛。[1],p.59室利佛逝在10世纪之后又被称为三佛齐，该国位于马六甲海峡的海运要道上，此地是东西海上商品贸易的重要集散地，从新几内亚获取的极乐鸟羽毛也成为运往该国的贸易商品。当16世纪初葡萄牙人进入印度洋和东南亚进行贸易时，他们也逐渐发现了极乐鸟羽毛贸易。1517年葡萄牙第一次遣派使节多默·皮列士（Tome Pires）前往中国觐见正德皇帝，他在去中国之前于1512—1515年在马六甲撰写了《东方志：从红海到中国》一书，这是欧洲第一本记录马六甲以东海域各国地理与民俗学信息的书籍。皮列士在记录“班达诸岛附近的三个岛”时记载了以下信息：“……还有一些受珍视的鸟来自叫阿鲁（Daru）的岛屿，一些人贩运死鸟，叫作天堂鸟，他们说这种鸟来自天堂，他们不知道怎样饲养。土耳其和波斯人用它来制作羽饰，这种鸟羽很适合用作装饰，孟加拉人购买它。它是不错的商品，但只是少量运来卖。”[13], p.175从以上描述来看，阿鲁岛上受珍视的鸟类极有可能就是大极乐鸟。据华莱士描述，大极乐鸟只分布在阿鲁群岛的主岛上，没有出现在主岛周围的小岛上（新几内亚南部低地也有存在）。由于极乐鸟无法饲养，所以很难作为活体观赏，人们捕获极乐鸟主要利用它的饰羽，售卖的商品以剥制的鸟皮为主。华莱士曾经记录下当地人剥制鸟皮的方法：“……砍下翅膀和脚，然后把鸟皮连嘴剥下，把头骨取出来。用一根硬棍穿入鸟皮。里面用一些树叶塞满，整个用棕榈叶包起来，放在多烟的小屋中熏干。用这种方法，鸟原来很大的头缩小很多，身体也减小缩短很多，那些平滑的翅膀变化最显著。”[14]以这种方式处理的鸟皮成为当时售卖给亚洲各地人的商品，皮列士当时已经观察到极乐鸟羽毛主要卖给土耳其人、波斯人以及孟加拉人，后来孟加拉人又将羽毛转卖给了尼泊尔人，直到今天尼泊尔国王的王冠上还装饰着极乐鸟的饰羽。[1], p.62当麦哲伦的船队在1521年首次到达摩鹿加群岛时，班达岛的苏拉就赠送给他们五张以上述方式处理加工过的小极乐鸟鸟皮，这些鸟皮于1522年由船队唯一幸存的“维多利亚号”带回西班牙。欧洲人第一次见到这种不寻常的稀有标本，并听到了幸存的水手讲述当地有关极乐鸟是神之鸟的神话，这种不寻常的视听经历就逐渐形成了欧洲早期博物志中对极乐鸟传奇般的描述。

加工过的极乐鸟鸟皮在当时也通过东南亚朝贡贸易进入中国，皮列士在《东方志》中讲到东南亚朝贡国进献的礼物时说道：“没有进贡义务，只献礼的藩属国王有：爪哇王、暹罗王、巴昔王、马六甲王……他们被命令从马六甲带去胡椒、白檀香、一些上等宽布以及加洛，即药房的沉香木，还有宝石戒指、班达的死鸟及类似羽缎的东西，携带这些礼物，使臣们可以进出中国。”[13], p.114很显然“班达的死鸟”就是产自毗邻班达岛的新几内亚岛上的极乐鸟鸟皮。从上述资料可知，当时的明代皇帝已经关注到极乐鸟鸟皮这一类贡物，这些带有饰羽的鸟皮很可能先从产地汇集到马六甲，然后由各个藩属国采购带入中国。半个多世纪之后，当利玛窦进入中国肇庆的时候，万历皇帝似乎对极乐鸟的羽毛仍旧很有兴趣，利玛窦在他的《中国札记》中记录下了一个插曲：1585年两广总督吴文华接到朝廷的信息，命令他向澳门商人购买精美的羽毛，并尽快呈送皇帝，于是总督委托传教士罗明坚乘坐官船去澳

图13 《梅园禽谱》中的极乐鸟　日本国立国会图书馆藏

门采办。[11], p.190万历皇帝感兴趣的精美羽毛需要在澳门葡商那里获得，可想而知这并不是传统意义上东南亚藩属国进献的孔雀或翠鸟羽毛，因为那些更常见一些，结合皮列士记载的“它（极乐鸟）是不错的商品，但只是少量运来卖”，可知这种“精美的羽毛”极有可能就是极乐鸟的饰羽。

极乐鸟的羽毛在土耳其和尼泊尔都被用来做头巾或帽冠上的饰羽，在中国似乎并没有这种使用习惯，已有的文献很少能找到有关中国人使用极乐鸟羽毛的信息，但通过日本有关极乐鸟的图像和文献记录，可以找到一些有关极乐鸟羽毛使用的线索。

日本江户时期的博物学家毛利梅园（1798—1851）曾在天保十年（1839年）绘制了一部《梅园禽谱》，在这部记录日本境内外各种鸟类的图谱里，有一幅描绘了一只极乐鸟（图13）。画中描绘的极乐鸟很显然已经不是欧洲早期无翅无足的形象，画家将极乐鸟的形态特征大致准确地描绘了出来，不足之处是画家将一种栖息在树冠顶层的林禽描绘成了走禽的样貌，而且错误地将极乐鸟两条线状的中央尾羽画在了两肋处。值得关注的是画面右上方的题记：“风鸟，《大和本草》云‘鹲鹴’，俗云风鸟，又云风切；燕之类，雨燕云稀有之鹔鷞，与风鸟有别，风鸟短嘴，与风切混说，详见鹔鷞条。”[15]极乐鸟在题记中被视为与燕为同一类鸟，称为“风鸟”。风鸟在日文典籍中最早见于小野兰山（1729—1810）于享和三年至文化二年（1803—1805）初刊的《本草纲目启蒙》，但当时风鸟是指寿带鸟（*Terpsiphone* sp.）。[16], pp.81—82题记中的信息主要来自日本江户时期本草学家贝原益轩（1630—1714）的《大和本草》“鹔鷞”条，贝原益轩并没有明确指出鹔鷞是哪种更具体的鸟类，白井广太郎进行考注时，认为鹔鷞即白腰雨燕[1]。

《梅园禽谱》中极乐鸟的图像已经和“风鸟”的名称对应，而在中文世界直到1843年才在麦都思（W. H. Medhurst）编纂的《汉英字典》（*Chinese and English Dictionary*）中将风鸟与极乐鸟对应上，更早可以确定是极乐鸟这一物种的是南怀仁在1674年刊印的《坤舆全图》中提到的无对鸟，[17]图中描绘了源自16世纪意大利博物学家乌利赛·阿尔德罗万迪（Ulisse Aldrovandi）博物学著作中的极乐鸟图像。1791年南洋经商的中国商人王大海则在其所著的《海岛逸志》中将极乐鸟称为“雾鸟”。[18]

《大和本草》所说的“鹔鷞”，首先引用了唐代段成式《酉阳杂俎》第十六卷中有关鹔鷞的描述：“鹔鷞，状如燕，稍大，足短，趾似鼠。未尝见下地，常止林中，偶失势控地，不能自振，及举，上凌霄。出凉州。”[19]从鹔鷞从来不降落地面，以及降落地面不能飞起的描述来看，很像欧洲早期描述极乐鸟终生漂浮在空中，只有在死亡的时候才落地的传说，毛利梅园极有可能基于欧洲传说，将《酉阳杂俎》中记载的鹔鷞与极乐鸟对应在了一起。

传统中文典籍中有关鹔鷞的记载还提到了它的羽毛。李时珍在《本草纲目》中记载：“鹔鷞，按罗愿《尔雅翼》云：鹔鷞，水鸟，雁属也。似雁而长颈，绿色，皮可为裘，霜时乃来就暖。”[20]此处所知鹔鷞为一种雁形目的水鸟，它的羽毛可以制成裘衣，此种说法在清代汪森的《粤西丛载》“鹔鷞”条

1 原书所记白腰雨燕拉丁学名为*Micropus pacificus pacificus*，现已修改为*Apus pacificus pacificus*.

也有记载:“林邑有鸟，其飞肃肃，必兆陨霜，织而为裘，可以御凉，人多不知其名，余谓即古鹔鹴也。”[21]鹔鹴具体是什么鸟在中文文献中已不可考，但是这种鸟有一个特征就是羽毛可以用来织造裘衣，乃至后世流传有“鹔鹴裘”的说法。中国古人采用鸟羽制作服装由来已久，人们想象能够获取鸟类飞行的能力而“羽化而登仙”，鸟羽除了用于装饰，同时还可以转化人的存在，激发人的想象力。[22], pp.289—290这种以羽毛制作的衣服现今仍能在一些展现神仙世界的传世画作中看到，早期道家就用仙鹤的氅羽制作披肩类的“鹤氅”，将有关羽化的思想外化为服装展示，之后这种用羽毛制成的披风逐渐改用布料制作，成为士大夫中流行的氅衣。

《旧唐书·五行志》记载:“中宗女安乐公主，有尚方织成毛裙，合百鸟毛，正看为一色，旁看为一色，日中为一色，影中为一色，百鸟之状，并见裙中。”[23]唐代安乐公主用羽毛来装饰衣裙，具体如何将羽毛织入衣料中已不可知，但在日本正仓院所藏的一件《鸟毛立女屏风》里，画中唐代仕女所着的衣裙是直接将鸟羽贴在衣服上面。这就提示我们唐代以鸟羽制作的服饰可能是直接将整个羽毛固定在衣料上，完整的羽毛可以折射光线，所以不同角度会出现不同的颜色。明清时期广东地区也流行鸟羽织造的服饰，而且具有多种织造技法。据麦高恩记录，一直到18世纪末期广州的非汉族居民仍在制作羽毛服装，具体做法是将羽毛精巧而又熟练地交织编织进衣服，他还记录过广东地区一种用孔雀羽毛制作的女用斗篷。[22], p.298这种羽毛织造技艺很可能源于欧洲人传入广东地区的天鹅绒织造工艺，明末清初广东学者屈大均在其所著《广东新语》的《鸟服》一篇中记载:“夷人剪天鹅细管，杂以机丝为之。其制巧丽，以色大红者为上。有冬夏二种。雨洒不湿，谓之雨纱、雨缎。粤人得其法，以土鹅管或以绒物，品既下，价亦因之。”[24]由以上可知鹔鹴裘即用上述某种织造工艺制成，结合日本人用鹔鹴来指称极乐鸟的事实，可以想到极乐鸟羽毛进入中国之后，很有可能也按照中国人传统的羽毛处理方法制成了某种服饰。

三、清末广州口岸极乐鸟图像外销艺术的形态

历史上极乐鸟鸟皮通过海上贸易陆续流入中国，随着16世纪以来全球海上贸易网络的发展，越来越多的中国人参与到极乐鸟鸟皮的贸易之中。1775年中国人成为荷兰东印度公司唯一允许在新几内亚北部沿海活动的贸易者，在他们的采购清单中就有极乐鸟鸟皮。[1], pp.122—123 20世纪初美国旅行家卡奔德（F. G. Carpenter）曾前往荷属新几内亚旅行，他发现当时的极乐鸟羽毛贸易大部分掌握在定居当地的中国人手中，他们在此定居已有二百多年，以廉价的商品从原住民那里换取极乐鸟鸟皮。[25]由中国人获取的极乐鸟鸟皮占据了当时贸易的很大比例，这些鸟皮不仅仅提供给中国国内市场，很大一部分转卖到西方世界，而在这个贸易过程中广东的通商口岸很有可能就是极乐鸟鸟皮的贸易集散地。[5], p.160至今有关广东口岸极乐鸟贸易的具体信息已经很难找到，但是当时的广州外销艺术品为极乐鸟流入中国提供了证据，尤其在19世纪各种外销艺术品中，时常会出现极乐鸟的图像。这些图像本身就是当时的艺术家对所见到的极乐鸟形象的艺术加工，之后再被当作具有域外奇珍特征的视觉元素，大量复制到各类外销的艺术品当中，同鸟皮标本一起输送到西方世界，以满足当时西方社会对异域博物学不断增长的兴趣。

在这些有关极乐鸟图像的外销艺术品中，最符合西方人对博物学图像科学性追求的当属现藏英国自然博物馆的一件水彩画作，它由当时的英国东印度公司茶叶监察员约翰·里夫斯（John Reeves）于19世纪前期雇请中国画师绘制而成。画面中准确描绘了一只小极乐鸟雄鸟（图14）：鸟体被置于一枝枯木顶端，俯冲式地注视着另一树枝上的剑角蝗（*Acrida cinerea*），极乐鸟后拖的肋部饰羽掩盖住了尾巴，两条线状的中央尾羽醒目地超出饰羽。此外英国伦敦动物学会仍藏有两件由里夫斯收藏的小极乐鸟雄鸟水彩画，画面风格与上述画作一致，据安·达塔考证，里夫斯是在澳门的英国富商托马斯·比尔的鸟舍里见到他饲养的活的小极乐鸟，然后聘请中国画家依照

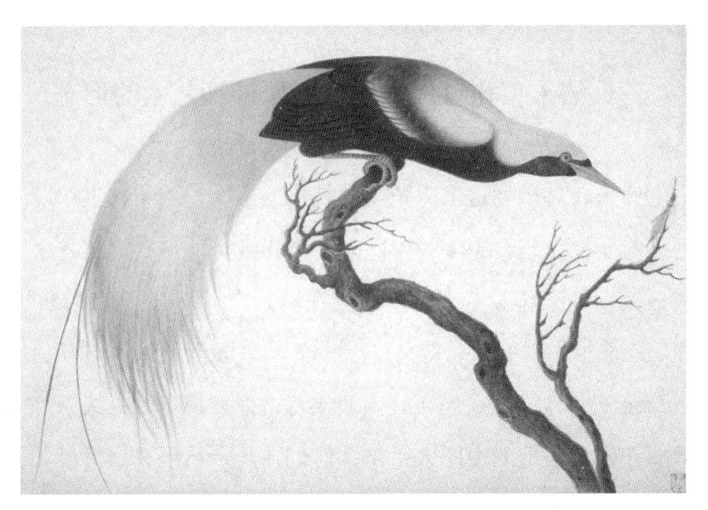

图14 约翰·里夫斯聘请中国画家绘制的小极乐鸟水彩画
英国自然博物馆藏

活鸟绘制了这几幅水彩画。[26], p.365里夫斯订制的这些中国博物绘画是那个时代制作最为精良的一批作品之一，绘制这些作品的目的是替代实物标本来充当可视化的视觉材料，直接应用于当时的博物学研究。可以想象此幅小极乐鸟的作品正是画家对着真实的极乐鸟绘制的写生作品，它同里夫斯在华南地区搜集的其他物种图像一起，汇集为当时西方探究中国博物学的视觉资料。

西方博物学家对中国博物学图像的关注，也引起许多来华西方人对这类作品的兴趣，但他们大多只是受到此种博物学风气的影响，而将这类作品视为了解东方物产和艺术的视觉载体。旺盛的消费需求促使广州口岸的画家生产这类符合普通西方买家品位的博物绘画作品，其中最为独特的就是盛行于19世纪后半叶的博物学主题蓪草画。蓪草画描绘在通脱木茎髓切割的片状蓪草片上，这种蓪草片比中国传统绘画的宣纸更适合展现西方人熟悉的光影透视效果，而又比进口的水彩纸廉价。极乐鸟的形象在这个时期频繁出现在蓪草画中，间接说明当时极乐鸟标本时常出现在广州口岸，已经成为西方人和画家们经常可以见到的博物学视觉元素，它们对西方人来说代表着东方的神秘和物产的珍奇，画家将其大量画在蓪草画中更能获得西方买家的青睐。只是此时流水线式创作的极乐鸟形象更像是一个图案符号，它们在画作中趋于图案化和模式化，在笔者搜集到的描绘有极乐鸟的蓪草画中，描绘单只极乐鸟的画面无一例外呈现为鸟体水平站立，大量饰羽后垂的造型（图15—17），很显然众多画家使用了近乎相似的图像模板，而这个模板最有可能源自于单一形态的标本实物。在画幅较大的蓪草画中，画家会描绘出两只极乐鸟，其中一只仍然是上述造型，另一只则通过景物遮盖一部分，通常也是按照前者的形态由画家创造而来（图18）。

图15　清末广州生产的单只极乐鸟蓪草画（一）　笔者藏

图16　清末广州生产的单只极乐鸟蓪草画（二）　私人藏

图17 清末广州生产的单只极乐鸟蓪草画（三） 法国国家图书馆藏

图18 清末广州生产的双只极乐鸟蓪草画 私人藏

处于广州通商口岸的艺术家很善于吸收新的视觉元素，当极乐鸟的形象大量出现在蓪草画上时，外销的广绣织品中也出现了极乐鸟的形象。广绣是以广州为中心的珠江三角洲地区出现的地方刺绣工艺，随着明清以来广州地区海上贸易的繁荣，这种以色彩艳丽、构图饱满著称的刺绣逐渐成为热销的外销艺术品。传统广绣融合了明清以来世俗文化中追求吉祥喜庆的愿望，经常将各类鸟雀花卉设计为繁密复杂的作品，其中最常出现的题材就是百鸟朝凤、孔雀开屏等热闹欢腾的场景。在这类刺绣作品中，凤凰、孔雀占据中心位置，周围环绕各类小型鸟雀，许多都是广东地区常见的鸟类，或东南亚热带地区所产的鹦鹉。极乐鸟的形象就时常出现在这些鸟雀之中，与蓪草画中模式化的造型不同，广绣中的极乐鸟形态更加丰富多样。广州十三行博物馆藏有一幅构图繁密的花鸟类广绣作品（图19），在这幅作品中，数十种鸟类聚集在各类植物交织的空间中，一只极乐鸟停栖在画面右上部的柏树枝丫间，鸟儿回头俯视，恰好与柏树左侧枝头上的两只锦鸡呼应，构成稳定的构图。这只极乐鸟与“边鸾”款画面中的造型极为近似，而广绣中绣工更准确地绣出了极乐鸟饰羽的着生部位和尾部中部后拖的线状尾羽，饰羽的形态和颜色变化也以刺绣针法的艺术变换呈现出来。另一套藏于广东省博物馆的黑缎广绣花鸟四屏则将一只极乐鸟的形象融入到中国传统的四季花鸟图像设计中（图20），极乐鸟出现在一幅描绘冬季景色的绣屏中，在画面斜出的梅树上栖息着一只朝右下方俯视的极乐鸟。这只极乐鸟的饰羽与上幅极乐鸟造型近似，只是饰羽的形态更加图案化，后拖的饰羽呈现出一种规律的波浪形，由此写实性的形态逐渐演变为适合刺绣技法展现的图案化处理。这种对极乐鸟形态的刻画除了归因于绣工出色的技艺，参照极乐鸟形体创作的设计稿也起到了很大的作用。这些设计稿有意将极乐鸟这一新颖的视觉元素与传统花鸟素材融合在一起，以传统的艺术形式将极乐鸟形象深化为外销广绣里一种别具特色的视觉景象，这种处理方式也呼应了“边鸾”款花鸟画中被中式传统风格塑造的极乐鸟形象。

图19 广州十三行博物馆藏花鸟类广绣

图20 广东省博物馆藏黑缎广绣花鸟四屏之一

极乐鸟的形象能从外销绘画扩展到广绣之中，一方面是其饰羽的形态和颜色具有极强的感染力，很适合用艺术形式展现出来；另一方面则与当时西方人对这种珍奇鸟类的关注和利用有莫大的关系。早期西方人获得的极乐鸟标本多作为博物学家和贵族阶层的自然物收藏而存在，但随着19世纪以来西方世界逐渐流行用鸟羽装饰女帽，尤其是20世纪初期这种装饰时尚高潮的到来，极乐鸟标本也越来越多从自然收藏品转变为了女帽制造商的制作材料，参考当时的贸易数据可知，极乐鸟的饰羽在1863年就成为欧洲最受欢迎的装饰性羽毛，到了1908年极乐鸟饰羽已经成为鸟羽贸易的支柱产品之一。[1], p.84-85由于女帽制作对极乐鸟饰羽的大量需求，每年有数万只极乐鸟标本从新几内亚出口到西方，哈佛大学动物学教授阿加西·恩斯特·迈尔（Agassiz Ernst Mayr）估计出口峰值可以达到一年八万只。[1], p.91清末外销艺术品中的极乐鸟图像正是在西方人热衷于极乐鸟饰羽装饰的高潮时期出现的，可以想象随着极乐鸟贸易高峰的到来，作为全球贸易重要集汇点的广州口岸也涌入了更多的极乐鸟标本，由此开启了当地画家对一种新型视觉元素的加工创造。这些画家将中国传统艺术和新颖的极乐鸟形象加以融合，作为一种东方式情调输送到西方世界。无论是时尚女帽上华丽的极乐鸟饰羽，还是被当作装饰品悬挂在居室里的极乐鸟图像中国艺术品，它们都以异域奇珍的视觉感观影响着西方民众对东方博物学乃至艺术与文化的认知。

总　结

此篇文章以一幅创作于明末的极乐鸟托伪画作为起点，试图探究极乐鸟流入中国的吉光片羽，随后以广州贸易口岸本土艺术家创作的极乐鸟图像为例，揭示全球化的物质与文化交流对中西方社会产生的影响，在这种交流互动中，很显然西方世界因为积极主动的探索获得了更多的收益，而中国作为交流中重要的汇集点，更多地扮演输出者的角色。极乐鸟虽是一羽之微，并在数千年前就已输入中国，但基于传统文化重道轻器的观念，这类异域的名物并没有引起我们更多的关注，有关它们的知识也仅仅是传统文献在介绍域外地理时荒诞不经的点缀。19世纪以来，伴随着中国与西方贸易的活络，更多的极乐鸟标本和知识传入中国，处于文化交融前沿的广州口岸很自然地将这种域外元素吸收到当地的艺术创作过程中，但这种文化艺术的交融仅仅被当作服务于西方人的谋生手段，极乐鸟图像艺术品与绝大多数外销艺术一样，在蓬勃发展的时代并没有介入到本土文化的传播和发展之中，待到黄金时代消退，也未给中国的文化发展留下一丝丝涟漪。极乐鸟来到中国，中国人以它为素材创作的艺术却大量留存西方，这种辗转传播的文化之路，留给我们深深的思考。

致谢：文中有关画面苔点画法的分析得到苏雅芬女士的帮助，在此深表感谢。

参考文献

[1] Swadling, Pamela. *Plume from Paradise: Trade Cycles in Outer Southeast and Their Impact on New Guinea and Nearby Island until 1920* [M]. Robert Brown & Associates (Qld) Pty Ltd.1996.

[2] Lawrence, Natalie. Making Monsters [A], Curry, H. A. et al. (edit).*Worlds of Natural History* [C],Cambridge University Press, 2018, 94–111.

[3] 胡文辉."翡翠"及"翠羽""翠毛"的问题：天堂鸟输入中国臆考[J].中国文化，2015，41（1）：106–110.

[4] 王颋.凤薮丽羽：海外珍禽"倒挂鸟"考[J].暨南学报（哲学社会科学），2003，25（4）：108–117.

[5] 赖毓芝.知识、想象与交流：南怀仁《坤舆全图》之生物插绘研究[A]，董少新编.感同身受：中西文化交流背景下的感官与感觉[C]，上海：复旦大学出版社，2018，141–182.

[6] 欧佳、王化平.倒挂绿毛幺凤：古籍所见"倒挂鸟"考辨[J].自然科学史研究，2017，36（1）：22–33.

[7] 朱景玄.唐代名画录[M].吴企明注，合肥：黄山书社，2016，201.

[8] 汤垕.画鉴[M].马采注，北京：人民美术出版社，1959，14.

[9] 王杰等辑.钦定石渠宝笈续编第五：乾清宫藏历朝名人书画[M].

[10] 赖毓芝."苏州片"与清宫院体的成立[A]，邱士华等编.伪好物：16–18世纪苏州片及其影响[C]，台北：台北"故宫博物院"，2018，386–409.

[11] 利玛窦、金尼阁.利玛窦中国札记[M].何高济等译，北京：中华书局，2012.

[12] 卜正民.纵乐的困惑：明代的商业与文化[M].方骏等译，桂林：广西师范大学出版社，2018，152–156.

[13] 多默・皮列士.东方志：从红海到中国[M].何高济译，北京：中国人民大学出版社，2012.

[14] 阿尔弗雷德・罗素・华莱士.马来群岛自然科学考察记[M].彭真等译，北京：中国人民大学出版社，2004，483–484.

[15] 毛利梅园.梅园禽谱[M].1839年手抄本，编号：寄别4224，日本国立国会图书馆藏.

[16] 邢鑫.《遐迩贯珍》载《生物总论》及其术语[J].或问，2014，26：69–84.

[17] 南怀仁.《坤舆全图》第十三幅[M].康熙十三年刊本，日本东洋文库藏.

[18] 王大海.《海岛逸志》[M].姚楠、吴琅璇校注，香港：香港学津书店，1992，103.

[19] 贝原益轩.考注大和本草卷十五[M].白井光太郎注，东京：日本春阳堂书店，1936，247.

[20] 李时珍.本草纲目[M].太原：山西科学技术出版社，2014，1139.

[21] 汪森.粤西丛载校注[M].南宁：广西民族出版社，2007，947.

[22] 薛爱华.撒马尔罕的金桃：唐代舶来品研究[M].吴玉贵译，北京：社会科学文献出版社，2016，289−290.

[23] 刘昫等.旧唐书卷三十七[M].北京：中华书局，1975，1377.

[24] 屈大均.广东新语卷十五[M].北京：中华书局，1985，427.

[25] 卡奔德.爪哇与东印度群岛[M].丘学训译，上海：商务印书馆，1934，194.

[26] Datta, Ann. Nineteenth-century Chinese watercolours of Paradisaea minor in the library of the Zoological Society of London[J]. *Archives of Natural History*, 2018, (45) 2: 363−366.

写生与想象的杂糅

——赵之谦的博物画研究

李屹东

“博物”一词，最早见于先秦典籍《左传》，《左传·昭公元年》的释经中称子产为“博物君子”。[1]“博物”即博学多闻之意。今日学界所谓的“博物学”或“自然史”皆源于对西方“Natural history”一词的翻译，日本人在明治之后首次将其翻译为“博物学”，之后中国又从日本引入博物学的概念和学科。西方所谓“博物学”字面意思可理解为对自然的描述和记录，可宽松地定义为对动植物、矿物及其他自然现象的研究。在这种对自然的模拟中，图像起到了很大的作用，因此就有了“博物画”的称谓，朱迪斯·玛吉（Judith Magee）认为“博物画”，即与博物学相关的绘画，专指用于博物学研究的、描绘各类动植物或自然现象的图谱绘画。[2]世界各地都有描绘自然的绘画传统，但并不都是用于博物学研究，很多时候这些画有着其他方面的作用和价值。比如在中国古代，符合西方定义的博物画并不多见，但这并不影响中国古人采用博物画的形式记录现实可感的自然世界。这篇论文里讨论的清末画家赵之谦就创作了几幅在中国绘画史上较为少见的博物画作品。

清代末期，海派绘画崛起，赵之谦作为海派画家的代表人物，在避居瓯中

（今温州地区）期间创作了三件“博物画”，即《瓯中物产卷》（今藏荣宝斋）、《瓯中草木图》（今藏东京国立博物馆）与《异鱼图》（私人藏）。本文首先考证赵之谦《异鱼图》和《瓯中物产卷》中的海洋生物种类，明确指出其博物学特色，在此基础上探究赵之谦如何处理写实与想象之间的关系，同时研究画者如何在图谱创作中结合文人画的形式和技巧，营造出富有创意、充满文人趣味的“博物画”；最后分析这类博物画的创作原因及其在赵之谦文人圈子中的影响。

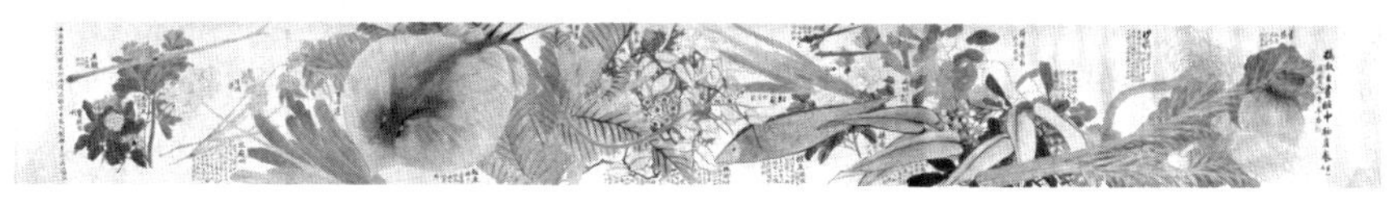

图1 〔清〕赵之谦《瓯中物产卷》
纵35.6厘米、横290厘米
北京荣宝斋藏

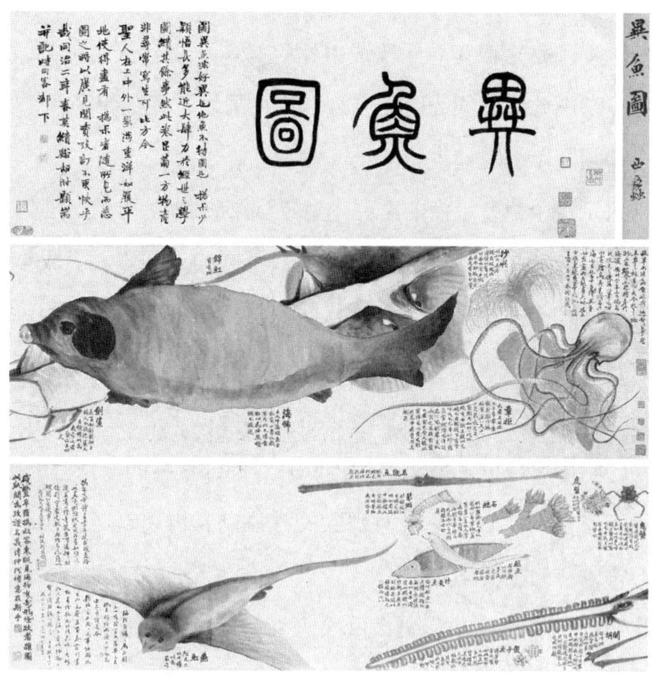

图2 〔清〕赵之谦《异鱼图》
纸本设色，手卷，纵35.4厘米、横222.5厘米
私人藏

一、三幅绘画创作介绍

赵之谦这三件作品中的各类动植物均是温州地区所产。咸丰十一年（1861），赵之谦时年33岁，为避江南太平军之乱，受故人之邀，去往温州瑞安。[3], p.76这几件博物画即绘于这一时期。他先是于1861年七月十三日作《瓯中草木图》四条屏，赠永嘉令陈宝善。《瓯中草木图》绘有琪树、仙人掌、铁树、金莲宝相四种，均是少见于中国传统花鸟画的植物题材。当年九月赵之谦准备离开瑞安前往福建，于此时绘制《瓯中物产卷》，十月时将此画赠著名诗人江湜。《瓯中物产卷》中有作者题跋云："十月十五日赠长洲江弢叔（江湜），时方束装入闽，俾累行箧。"[4], pp.19—21可知是他去往福建临行前的作品。

《异鱼图》虽然没有明确绘制日期，但由题跋可知与《瓯中物产卷》大约作于同一时期。赵之谦在卷后题跋中称："咸丰辛酉抝叔客东瓯，见海物有奇形怪状者，杂图此纸，间为改正名义，传神阿堵，意在斯乎。"[4], pp.19—21可知三件"博物画"作于同一年。

赵之谦生于一个祖辈经商的家庭，童年读书时就常常"出新意以质塾师，塾师不能答"。[3], p.10可见少时就显露出与众不同的思维方式。成年之后的赵之谦宦游各地，他秉承了乾嘉以来文人阶层注重考证各地风土的传统，关注民生和现实世界，将自己金石韵味的绘画运用到对现实自然物的考证性描绘当中。赵之谦绘制这三件有关温州地区的博物画，正是因为他身处一个充满奇异动植物的陌生环境，触发了他童年以来对外部世界的好奇心与创作灵感，故而形之于笔端。所以说赵之谦对现实的关注以及再现新奇之物的欲望，是他创作"博物画"的主要动力。

不过也有研究者对比了赵之谦所绘鱼类与日本江户时期的鱼谱，推测他有可能接触过日本相关的材料，不过这一想法仍需考证。[5]赵之谦的《异鱼图》中各类海洋生物是在他有意的设计下组合搭配，不同大小、形状的生物穿插布局，许多动物只能看到一部分。整个画面具有明显的传统绘画位置经

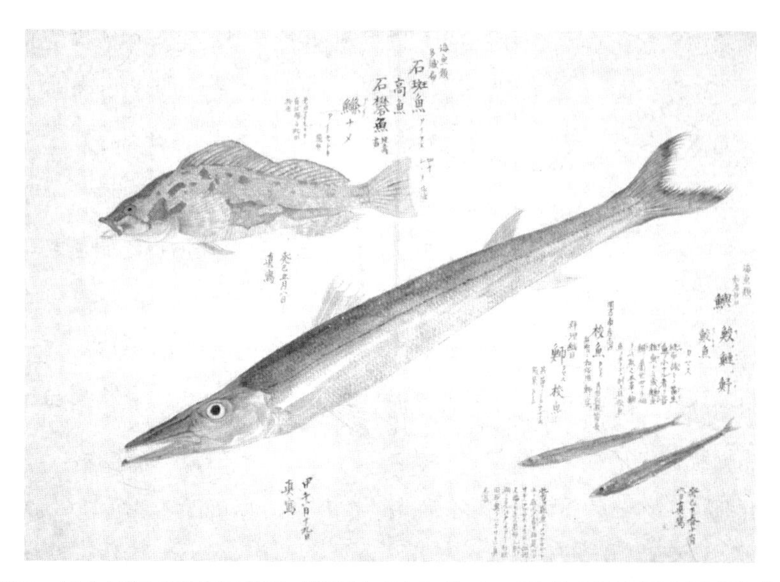

图3　江户后期毛利梅园撰辑《梅园鱼品图正》之一开 日本国立国会图书馆藏

营的美学考量，而日本鱼谱无论是册页类，还是手卷类，所绘的鱼类均是孤立出现（图3），前后保持距离，互相不遮挡影响，这明显是受到西方博物绘画影响，画面尽可能展示鱼类的所有细节特征。由这一点观之，赵之谦受到日本图谱影响的可能性就极小。

除了这三件博物画之外，赵之谦还有一套《闽中草木图》(洪承德旧藏)四条屏传世，这套四条屏大概是他由浙入闽之后的作品。[6]除此之外，以目前所见赵之谦存世作品而论，他似乎再也没有画过类似的动植物博物画，但他描绘新奇之物的兴趣一直贯穿其绘画生涯。1864年他曾作《端阳八景》册，绘制端午老虎、午时条、香牌、米袋、粽子、蒜头等物，并题长款，形制与《瓯中草木图》类似，题材亦与传统文人画不同。1871年他作《积书岩图》，画中山石形貌亦属罕见。

二、真实的记录与文人的想象

《瓯中物产卷》与《异鱼图》虽然创作于同一时期，但赵之谦在两件作品中描绘物象存在差异。对比二图可以发现，《瓯中物产卷》中所描绘的海物形态，大多比较写实，但《异鱼图》中的海物有的比较写实，有的则完全出于臆想和传说。

《瓯中物产卷》中的海产包括沙噀、石砝、鳎鱼、阑胡、魟鱼、马鞭鱼，共计6种。这些海产均是浙东沿海地区常见之物。赵之谦所描绘的形象与真实的生物比较相似，应是根据写生而来。《异鱼图》中的海产则包括沙噀、章拒、海豨、锦魟、剑鲨、鬼蟹、虎蟹、石砝、鳎鱼、竹夹鱼、琴虾、骰子鱼、马鞭鱼、燕魟、阑胡，在《瓯中物产卷》的基础上增加9种，共计15种。

下面我们先来讨论《瓯中物产卷》与《异鱼图》中相同的海物。

1.鳎鱼（在《异鱼图》中名为“竹夹鱼”）。鳎鱼即舌鳎（*Cynoglossus* sp.），属鲽形目、舌鳎科鱼类，古代文献中常称其为鲽鲨、漯沙、江箬、箬漯（《闽中海错疏》），版鱼、左鲒（《广东新语》），风板鱼（《上海县志》），牛舌头鱼（《福山县志稿》）。[7], p.97赵之谦在画题中称其为“竹夹鱼”，此名称并未见于其他史料中。后续的题记有“每潮长时，渔者以手平浅涂如榻，标以竹，潮至鱼上则贴其间，以锥按标取之，一锥必七八”，由此看来“竹夹鱼”的名称源自渔民对这种鱼的捕捉方式，赵之谦通过实际观察将这些未见于文字记载的博物学知识记录了下来。中国海域共分布有34种舌鳎，东海分布有19种。[8], p.184《异鱼图》中究竟是哪一种舌鳎，难以考证。这种鱼身体扁长，双目长在身体一侧。赵之谦虽然描绘出鳎鱼扁薄的身形，却未能正确描绘出鱼眼的位置，很有可能是他在观察到这种鱼之后通过传统默绘的方式描绘，在这个过程中丢失或绘错了一些细节特征。

2.石砝，即石蜐（*Capitulum mitella*）。它还有其他俗名：佛手贝、狗爪螺、鸡冠贝、观音掌、笔架、紫蜐……它在科学界的中文名称叫作“龟足”，属于甲壳动物亚门，蔓足纲，围胸目，铠茗荷科。赵之谦《异鱼图》的画题云：“《南越志》云得春雨则生华（花），惜未之见也，亦名石鲑。疑错出者即华（花）。”《南越志》中所说的花，赵之谦怀疑就是龟足头状部分错叠生长的花瓣状壳板。由于龟足造型奇特，古人将其视作一种可以开花的生物，明人屠本畯《闽中海错疏》亦袭此说。[9], p.66而且石蜐共有8块较大的壳板，不似赵之谦描绘的那么多。[10]

3.沙噀，即海葵（*Actiniaria* sp.），民间又称其为石乳、海腚根、沙蒜。《瓯中物产卷》与《异鱼图》所描绘的沙噀画法几乎一致。赵之谦称此物“形如牛马藏兴，长短视水浅深，以须浮水面，吸食鱼虾，出水即缩，无目无皮骨，有知觉”。形象地描述了海葵的形态和生理变化，显然是画家在见过活体海葵之后的观察记录。

4.阑胡，即弹涂鱼（*Periophthalmus cantonensis*），属虾虎鱼科。弹涂鱼多见于闽浙沿海地区，喜栖息于底质为烂泥的低潮区或海口滩涂上，民间又称跳鱼。赵之谦所绘的很可能是东南沿海一带常见的大弹涂鱼，这种大弹涂鱼可以长到20厘米左右，身上零星分布翠蓝色亮斑，赵之谦谓其“头上点如星”。落潮时，常见弹涂鱼在滩涂上跳跃，这也是其名字的来源。弹涂鱼的两个胸鳍很长，可以帮助它在陆地上爬行。但从画中描绘的弹涂鱼形象来看，赵之谦以俯视的视角作画，明显将弹涂鱼的身形画得过分细长，而未能突出其鼓目、大鳍、侈口的特征。

5.马鞭鱼，即鳞烟管鱼（*Fistularia petimba*），属烟管鱼科。赵之谦在画题中怀疑这种鱼即鞘鱼，李时珍《本草纲目》“䲗鱼”条载：“藏器曰：出江湖，形似马鞭，尾有两歧，如鞭鞘，故名。”[7], p.49从描述看䲗鱼即赵之谦在此描绘的马鞭鱼，他的推测是正确的。

6.魟鱼（*Dasyatis* sp.），属软骨鱼纲，下孔总目，燕魟目，魟科，魟属，是中国沿海一带常见鱼类。《异鱼图》与《瓯中物产卷》所描绘的魟鱼颜色稍异。《瓯中物产卷》中赵之谦称魟鱼有五六十种，《异鱼图》的《燕魟》画题中也称“魟凡五六十种”，由此可知他是将魟鱼和燕魟视为一类进行统计的，实际上全球魟科鱼类有三十多种，中国仅有十余种。他所见到的“大如车轮”的魟鱼很可能是赤魟（*Dasyatis akajei*），赤魟成体体盘可以长达一米，大小与车轮近似。他在《异鱼图》的注释中又称“锦魟背有斑”，符合此特征的魟鱼为中国魟（*Dasyatis sinensis*），此种鱼背部黄褐色，分布有深色斑点。明

代屠本畯的《闽中海错疏》载："鲛鲨，似鲛而鼻长，皮可饰剑靶，俗呼锦魟。"也有人考证其为中国魟。[7], p.15

《异鱼图》着重描绘奇异的海产，除以上6种海产之外，又描绘了9种比较奇特的海洋生物。这9种海洋生物，有的是根据当地人的传说描绘的，有的则是根据实物写生的。

7.鳑鱼，即龙头鱼（*Harpadon nehereus*），近岸河口性鱼类，民间又称其为水淀、狗吐鱼、鼻涕鱼、豆腐鱼。这种鱼滑嫩无鳞，几乎无骨。其口较大，密布尖细的牙齿。赵之谦称其"能食琴虾"，因此画家在创作时有意使龙头鱼朝向琴虾口大张。赵之谦笔下的龙头鱼，与自然界中真实的龙头鱼形态是非常接近的，应是写生得来。

8.章拒，即章鱼（*Octopus* sp.）。赵之谦称"大者名石拒，又名章举"。章鱼是很常见的海产品，因此赵之谦可以对其进行深入的观察和了解。他在《异鱼图》中花了最多的笔墨对章鱼的形态和行为特征进行了文字记录，不过这些记录很有可能参考了《阳江县志》："章鱼，足数寸，独二足长尺许而名，密缀肉如臼，臼吸物绝有力。就浅水佯死，鸟信而啄之，则举其足以取……"[9], p.56

9.海豨。《异鱼图》中，此物最为奇特。按照赵之谦的描述，这种生物猪首鱼身，当地人称其为"海猪"，重数百斤，肉不能食用，但可以取油脂点燃，蚊虫不能靠近。从这些描述来看，这种生物的原型应该是海豚。其实"豚"与"豨"本都是猪的意思，"海豚"原本的意思就是"海里的猪"。赵之谦所描绘的海豚（*Delphinidae* sp.），是想象和现实的杂糅，可以推知赵之谦在温州停留期间并未见过海豚，但从见过海豚的当地人那里获得了海豚"鱼身豕首"的信息。在这种只有语言信息的情况下，他在头脑中构建出了自己想象中的海豚样貌，并将其绘于长卷之上。有意思的是赵之谦细心而错误地画出了背鳍、尾鳍和腹鳍，海豚最重要的胸鳍状前肢他却未画，或许是出于美学考虑，为海豚画上一对猪耳替代前肢。

清代中期文人李调元在《然犀志》中描述海豚："形如豚……其中有油

脂，可燃灯。”[11]可见赵之谦所描述的海豚，与清代文人笔下的海豚并无二致。他并未进行实际的考察和写生，而是根据前人的描述，将海豚的形象画了出来。

10.燕魟。中国海域的燕魟共有4种，浙东、福建海域常见的是日本燕魟（*Gymnura japonica*）和双斑燕魟（*Gymnura bimaculata*）。[12]赵之谦所绘燕魟，最有可能是日本燕魟。赵之谦题跋中称："魟凡五六十种，此为最奇。"以其所描绘的燕魟形象对比日本燕魟，可以发现画家突出表现了燕魟的尖吻。由于赵之谦是从侧面的角度来描绘燕魟的，因此两翼与躯干更显得狭长。

11.琴虾，即虾蛄。虾蛄在民间又称为皮皮虾、虾爬子、螳螂虾、琵琶虾等。虾蛄属于节肢动物门，甲壳动物亚门，软甲纲，掠虾亚纲，口足目。中国分布最广者为口虾蛄（*Oratosquilla oratoria*），[8], p.678画中描绘即是此种。赵之谦称其为“琴虾”，同时代的施鸿保在《闽杂记》中称“其形如琴，故连江、福清人称为琴虾”，[9], p.69赵之谦所画即此种虾蛄。画题中记有“琴虾，形类蜈蚣，古称管虾”，这些知识很可能来自于《酉阳杂俎》《闽中海错疏》等前代文献，查诸文献多记录虾蛄“能食诸虾”“喜食虾”[9], p.69，而赵之谦在题跋中称琴虾常被龙头鱼吞噬，这在之前的文献中并未见记载。其实琴虾在海中是比较凶猛的生物，同等大小的龙头鱼并不是其对手，赵之谦的记录很可能仅源于耳闻。

12.鬼蟹，即关公蟹（*Dorippe* sp.）。属于甲壳纲，关公蟹科。关公蟹头胸甲赤褐色，背面有大疣状突和许多沟纹，形似古戏中的关公脸谱，故得名。科学分类中的“鬼蟹”是另一种不同于关公蟹的螃蟹。中国沿海常见的关公蟹是日本关公蟹。赵之谦在题跋中称此种螃蟹在民间又称“关王蟹”，由此看来，赵之谦画中“鬼蟹”应为关公蟹无疑。关公蟹的第二、第三对足发达，用以爬行，第四、第五对足短小，转向背面，赵之谦将其特征表现得非常明显。

13.虎蟹。赵之谦声称此种螃蟹又称“花蟹”“和尚蟹”。但今日俗称之虎蟹、花蟹（兰花蟹）及和尚蟹（*Mictyris brevidactylus*，一种沙蟹）的形态与图中所描绘的螃蟹差别较大。[13]中国南方沿海（尤其是福建一带）所产的另两种螃蟹锈斑蟹、方形大额蟹（*Metopograpsus thukuha*r）与图中描绘的形象有一定的相似之处。[14]然而，锈斑蟹的背甲花纹比较宽大，方形大额蟹背甲花纹又过于细碎，均与图中的形象略有区别。因此，赵之谦所画之“虎蟹”，究竟是哪一种螃蟹，还有待继续研究。

14. 骰子鱼，很可能是箱鲀（*Ostracion* sp.）。赵之谦描述这种鱼“通身皆骨，大仅如此，周匝幺二三四五六点皆备……”，自然界中没有与之对应的鱼类，但箱鲀与赵之谦的描述部分符合，这种鱼身形方正，形状如骰子一般，民间又称为“盒子鱼”。其身躯坚硬，确如赵之谦所言“通身皆骨”。有些品种的箱鲀周身遍布斑点，若将其视为骰子的点数，似乎也是合理的，进一步附会出了如同骰子点数“幺二三四五六点皆备”的离奇样貌。但赵之谦显然将这种鱼的形体夸张处理了，他极可能根据当地人的传闻，直接将其躯干描绘成骰子的形状。

15. 剑鲨，应为尖齿锯鳐（*Anoxypristis cuspidata*）或日本锯鲨（*Pristiophorus japonicus*）。尖齿锯鳐和日本锯鲨的形态相当接近，二者都有锯子一般的吻部。但尖齿锯鳐一般体长六七米，日本锯鲨只有一米左右；尖齿锯鳐的锯齿排列整齐，日本锯鲨的锯齿大小不一；尖齿锯鳐的鳃裂在腹，日本锯鲨的鳃裂在体侧；尖齿锯鳐的吻部无须，日本锯鲨的吻部却有两根长须。据此来看，赵之谦所描绘的“剑鲨”非锯鲨，而正是尖齿锯鳐。赵之谦显然把锯鳐视作鲨鱼之一种，他在题跋中称：“鲨凡百余种，此为最奇大者。”他在画题中的描述参考了明代彭大翼的《山堂肆考》：“鲨鱼中有剑鲨，长嘴如剑，对排牙棘，人不敢近。”[7], p.13

三、绘画史中的《异鱼图》

赵之谦所绘制的《瓯中物产卷》《异鱼图》以图文并茂的形式，向观者展示出浙东地区的物产。这种描绘当地物产的绘画在明清时期颇为流行，它们的创作是画者对当地物产的兴趣使然，但若向更久远的中国绘画传统追溯，便会发现赵之谦所绘之“博物画”的观念与主题，早在唐代时期就已经开始建立。

公元9世纪中叶，张彦远的《历代名画记·述古之秘画珍图》中就列举了几件特殊的图画，如《神农本草例图》《灵秀本草图》《本草图》等。[15]这些图画更注重知识的传播，而非艺术性的表达。可以说，这些图谱虽然有审美的价值，但更重要的是其承载的自然知识。唐代以后，类似的图谱性的绘画作品多出现于书籍插图之中。在宋代的一些医书药典中，能够看到图谱类的插图版画，如著名的南宋刘甲本《大观本草》，就有不少制作精美的草药图谱。有学者认为这些博物画体现出宋代人将研究与赏鉴相融合的探究方法。[16]

然而，宋代以后因为本草学图像主要通过木刻版画技术呈现，绘画中很少有《历代名画记》中所记载的本草图谱一类画作。画家们描绘的博物类绘画更加凸显出艺术性和对物本身的关注，比如南宋佚名的《百花图》卷，在数米长的画卷上纯用水墨精细地描绘出近百种植物，其中既有庭院里的观赏花卉，也有阶边随处可见的野草。清代中期词臣画家蒋廷锡为康熙皇帝创作的《塞外花卉图》卷描绘塞外野生花卉66种，有论者以为是一件充满传统文人画风格的博物画。[17]当时的清宫更是大量创作具有博物学风格的动植物图谱，宫廷画师在乾隆皇帝的授意下创作了数套动植物图谱。[18]其中如《鸟谱》《兽谱》等作品，通常为数位画家合力之作。这些图谱大多受到了传教士画家郎世宁中西折中风格绘画的影响，以中国的构图设计融合西洋绘画技巧，形成了中国传统时期新型的博物绘画。

赵之谦所描绘的海洋生物图传承自中国传统的水族类绘画，《宣和画谱》中就在“龙鱼”条添加“水族附”，详细介绍了善于描绘鱼类的刘寀等几位画家及他们的作品。元代的周东卿所绘的《鱼乐图》卷更是以数米长卷展示了各种游弋于水中的鱼类，鱼类游姿各异、呼之欲出。描绘海洋生物的古代绘画作品存世较少，但明清以来中国东南地区的画家仍对这一主题有所涉猎，例如台北“故宫博物院”现藏有一卷托名南宋刘松年的《海珍图》卷（图4）。依据画风推测，这幅画极有可能完成于明代晚期的江南地区，属于“苏州片”一类的商业性绘画，画中以极具装饰性的技法描绘了各种海洋物产，有许多均为画家臆想的产物。这类绘画的出现表明随着当时的商业交往，海洋物产逐渐成为人们可以经常见到的商品，画师由此可以对其进行艺术化的创作表现。明末清初浙江籍画家聂璜更是借助游走于中国东南沿海的便利条件，将自己见到和听闻的海洋生物都一一描绘并加以文字注释，最终形成四卷本的《海错图》册，堪称中国古代海洋博物图谱的典范之作。

图4 （传）〔南宋〕刘松年《海珍图》卷局部 台北“故宫博物院”藏

19世纪中期，居住在广州地区的英国博物学家曾聘请过不少当地画师制作博物图画。其中最为著名者当属约翰·里夫斯。里夫斯带回英国的博物学图画表明中国广东的民间画师可以熟练地运用西方绘画的造型手法。范发迪认为这些绘画是“一种中国民俗画与西方写实主义的混合”。[19]在里夫斯雇佣中国画师完成的博物画作品中，有一件描绘了老虎蟹、琴罗蟹和虾蛄，其中老虎蟹和虾蛄在赵之谦的《异鱼图》中也曾出现。二者比较，里夫斯请民间画师所绘制的博物画显然更加写实，它的主要用途是替代难以保存的海洋标本，充当图像化的信息传输至欧洲，以供博物学家对这些物种进行命名、分类等严肃的博物学研究；而赵之谦的《异鱼图》则充满了中国文人绘画色彩，它在笔墨韵味的塑造下烘托出画者传统“博物君子”的形象，画面的表象是以写意技法展示稀有奇异的海洋生物，但其最终目的是向观者传达出画者儒雅的人文修养。

图5 约翰·里夫斯聘请广州画师所作的博物画（局部），约1826—1831年
英国自然博物馆藏[20]

赵之谦是清代末期著名的文人画家。他创作的这几件博物画，若置于整个中国文人画史中，实属特殊案例。其特殊之处即在于画家在温州地区的这段特殊经历，耳闻目见的博物学实践激发了新的艺术创作，他将文人遣兴抒怀的绘画笔墨运用到博物式图像的描绘中——这在中国古代似乎是两个相悖的发展方向，表现博物图像需要采用写实精细的院体画法，而展示文人旨趣则需要舍形悦影的自由意笔。正是来源于生活经验的博物学实践，使赵之谦采用文人绘画的形式展现出博物学的内涵，这种情形在传统文人绘画中是不多见的。

从形式来看，以长卷对陌生的动植物作图谱式的描绘，在赵之谦之前比较具有代表性的画作是蒋廷锡的《塞外花卉图》，但赵之谦所绘的长卷构图更加多变、灵活。在《瓯中物产卷》与《异鱼图》中，不同种类动植物相互穿插组合，配以简短的文字题跋，带给观者一种轻松而富有跳跃性的阅读体验。考证动植物的文字如同金石学校勘中的小字注解，富有文人的趣味。这种形式上的创造，也是之前的图谱绘画中未曾出现过的。作为海派绘画的开派之祖，赵之谦的作品不同前人，他大胆取材，画前人所未画，又吸收了陈淳、李鱓、恽南田的花鸟画技法，且参以篆隶笔法，创造出富有金石趣味、题材怪异、形式独特的博物画。

四、赵之谦所作博物画的影响

同治二年（1863），胡澍在《异鱼图》卷首题道：

> 图异鱼，非好异也，他鱼不待图也。㧑叔少颖悟，长多能，近大肆力于经世之学，图绘其余事，然此卷足备一方物产，非寻常写生可比。方今圣人在上，中外一家，涉重洋如履平地，使得尽有。㧑叔者随所见而悉图之，将以广见闻、资考订，不更快乎哉！同治二年春暮，绩溪胡澍题端并记，时同客都下。[4], pp.19—21

依胡澍所述，赵之谦所描绘的诸多海产，虽然是“经世之学”之外的“余事”，却有“广见闻、资考订”之用。《论语》中记载孔子论读诗的好处：“迩之事父，远之事君，多识于鸟兽草木之名。”[21]“多识于鸟兽草木之名”也正是博物画之功能。所以胡澍试图将赵之谦这件《异鱼图》的价值归于传统儒家的道统，也是有根据的。

然而，在当时的大多数文人看来，描绘“异鱼”的博物画题材，仍然是不够严肃的游戏之作。赵之谦的另一个朋友刘焞在《异鱼图》卷后题跋道：

> 㧑叔文奇、诗奇、画奇，从戎瓯东，绘此卷奇形怪状，非故好奇，

知胸次间具有一种奇气，不可遏抑，驱使精灵奔走腕下。雨窗展玩，借以破闷，一大快事。同治纪元秋七月望前日，秣陵刘焞识。[4], pp.19—21

在刘焞看来，赵之谦的《异鱼图》，是其胸次间奇气不可遏制，形之笔端的结果。即便刘焞认为这是一件“精灵奔走腕下”的奇画，也只是将其归之于“雨窗展玩，借以破闷”的随兴之作。

胡澍、刘焞都在题跋中强调赵之谦所作异鱼非是纯粹的猎奇之作。胡澍在跋文开头就强调：“图异鱼，非好异也，他鱼不待图也……”而刘焞则道：“绘此卷奇形怪状，非故好奇……”二人似乎都在为赵之谦的猎奇之举进行辩解。其实胡澍、刘焞的观点可以代表当时大多数文人对于“博物画”的态度。在专研经史的文人看来，专注于“异鱼”，是闲暇时候的随兴之举。一味求新、求怪、求异，并不是值得提倡的行径。在明清以来传统文人画的语境中，这一类绘画，并不被视为格调高雅、符合大道的作品。也正是因此，清代末期创作类似题材的文人画家，仅有赵之谦一人。赵之谦的这几件作品，在文人画的圈子中并未掀起多大的波澜，民国时期的京津画派名家金城曾经临摹过赵之谦的《瓯中物产卷》，此外笔者并未见过其他画家临摹或创作过类似作品。

赵之谦所作的博物画，将文人的趣味融入博物画的创作之中，游弋于写实与想象之间的模糊地带，并无严谨的“科学精神”。他之所以创作此类绘画，主要是源于再现新奇之物的冲动。从涛认为赵之谦的《异鱼图》描绘的内容和方式突破了19世纪传统艺术史的普遍经验，因而成为一种“奇趣”，这种奇趣既有画家个人性格的成分，更是在晚清的现实环境和学术潮流的影响下形成的。此幅画在题材上突破传统，最终完成了赵之谦艺术形式的变革。[22], p.126但从画上的题跋文字来看，这类博物画在当时的文人圈子中被视为不够严肃的遣兴之作。在笔者看来，这几件作品实际上是中国文人画家将文人画的技法和形式运用于博物画创作的经典案例，具有独特的艺术价值。

参考文献

[1] 杨伯峻,春秋左传注[M]，北京：中华书局，1990，1221.

[2] 朱迪斯·玛吉.大自然的艺术[M].杨文展译，北京：中信出版社，2017，前言VII.

[3] 邹涛.赵之谦年谱[M]，北京：荣宝斋出版社，2003.

[4] 赵之谦书画集[M].第二集，天津：天津古籍出版社，1996，19-21.

[5] 何辉煌、林珮菱，赵之谦（1829—1884）艺术中的好奇与博古[J].台湾大学艺术史研究所澳门艺术博物馆高等院校书画研习交流计划.2015，5-6.

[6] 齐渊.赵之谦书画编年图目[M].下卷，上海：上海古籍出版社，2005，187.

[7] 杨德渐.孙瑞平.海错溯古：中华海洋脊椎动物考释[M]，青岛：中国海洋大学出版社，2013.

[8] 黄宗国.中国海洋生物种类与分布[M]，北京：海洋出版社，2008.

[9] 杨德渐.孙瑞平.海错鳞雅：中华海洋无脊椎动物考释[M]，青岛：中国海洋大学出版社，2013.

[10] 张玺等.中国动物图谱[M].第一册《软体动物》，北京：科学出版社，1964，69.

[11] 李调元.然犀志[M].《蟹谱（及其他二种）》，北京：中华书局，1985，4.

[12] 刘敏、陈骁、杨圣云.中国福建南部海洋鱼类图鉴[M].第一卷，北京：海洋出版社，2013，66.

[13] Tin-Yam Chan等.Crustacean fauna of Taiwan: brachyuran crabs[M]. Volume 1. *Carcinology in Taiwan and dromiacea, raninoida, cyclodorippoida,* 基隆县：台湾海洋大学，2009，168.

[14] 刘烘昌、王嘉祥.台湾海岸湿地常见47种螃蟹图鉴[M]，台北：社团法人台北市野鸟学会，2017，28.

[15] 张彦远.《历代名画记》[M]，俞剑华注.北京：人民美术出版社，1964，80，82.

[16] 许玮.从“秘画珍图”到博物图谱——《证类本草》插图风格考略[J]，新美术，2016，09：75.

[17] 刘华杰.西方博物学文化[M]，北京：北京大学出版社，2019，435.

[18] 郁文涛.皇帝的博物图——余省、张为邦绘《摹蒋廷锡鸟谱》《兽谱》研究[J]，中国美术，2016，03：100.

[19] 范发迪.知识帝国——清代在华的英国博物学家[M].袁剑译，北京：中国人民大学出版社，2018，56.

[20] 朱迪斯·玛吉.《可装裱的中国博物艺术》[M].许辉辉译，北京：商务印书馆，2017，86.

[21] 张燕婴注.论语[M]，北京：中华书局，2007，268.

[22] 从涛，赵之谦《异鱼图》的奇趣[J].美术史学，2019,(09): 123-127.

专题3：博物学实践

唐宋时期牡丹栽培技术的传承与发展

——兼论栽培牡丹的出现时间

陈 涛

牡丹（*Paeonia suffruticosa*），原系中国特有植物，后传播至世界多地。可是，关于牡丹缘起何时，现已无从可考。至于牡丹的栽培时间，更是说法各异，迄今仍无定论。

有关牡丹的栽培时间，目前学界大体上有六种不同观点：其一认为始于（或可能始于）先秦时期，如《中国牡丹全书》提及“早期的牡丹药用与观赏栽培，距今3000年左右是有可能的”；[1]其二认为始于汉代，如李保光的《曹州牡丹史话》提出“牡丹是中国特产花卉，在我国已有1900多年的栽培历史”；[2] 其三认为始于东晋时期，如王莲英、袁涛主编《中国牡丹与芍药》[3]以及李嘉珏主编《中国牡丹与芍药》[4]都提出牡丹观赏栽培始于东晋时期；其四认为始于南北朝时期，如喻衡的《牡丹》提出“牡丹作为观赏植物栽培，始于南北朝”[5]；其五认为始于隋代或唐初，如戴蕃瑨提出“牡丹作为观赏植物见于记载是六朝的南朝时期”，“但它作为观赏植物，据推测，早一点应在隋朝，晚一点应在唐初太宗时代”[6]；其六认为始于唐代，如李树桐的《唐人喜爱牡丹考》提出“牡丹至唐时始有”[7]。上述观点中，尤以认为牡丹的栽培时间始于南北朝的看法在学界流传最广。

众所周知，牡丹作为一种观赏植物，到唐代才著称于世。因此，毋庸置疑，唐代是牡丹栽培发展史上的一个关键时期。有鉴于此，本文拟首先从科技史的视角分析医书中区分野生牡丹与栽培牡丹的时代，进而辨正栽培牡丹出现的时间，最后探讨唐宋时期牡丹的栽培技术，以期对牡丹栽培技术史的研究有所裨益。

一、医书中区分野生牡丹与栽培牡丹的时代

中国古代利用对野生牡丹的历史悠久。自甘肃省武威汉滩坡东汉墓出土的医简中提及用牡丹治疗血瘀病[8]起，东汉张仲景《金匮要略》、东晋葛洪《肘后备急方》、南朝龚庆宣《刘涓子鬼遗方》、唐代孙思邈《千金方》、王焘《外台秘要》、昝殷《经效产宝》等医书中皆有野生牡丹入药的记录。

此外，《唐六典》《通典》《元和郡县图志》《新唐书》中也有唐代土贡野生牡丹的记载（表1），其中《唐六典》《通典》反映的是唐代前期玄宗开元天宝年间的情况；《元和郡县图志》除了提及开元土贡外，主要反映的是唐代后期宪宗元和年间的情况；《新唐书》则反映的是唐代后期穆宗长庆年间的情况。土贡物品往往都是各地质量优良的土特产品，土贡的野生牡丹皮显然是供给皇室的珍贵药材。

表1　唐代牡丹土贡资料统计表

地名	土贡内容	资料来源	备注
合州（巴川郡）	贡牡丹皮	《唐六典》卷3《尚书户部》	
	贡牡丹皮十斤	《通典》卷6《食货六·赋税下》	
	开元贡牡丹皮一斤 元和贡牡丹皮	《元和郡县图志》卷33《剑南道下》	“一斤”当为“十斤”之误
	土贡牡丹	《新唐书》卷42《地理志六》	
渝州（重庆府）	元和贡牡丹皮	《元和郡县图志》卷33《剑南道下》	

至北宋时，唐慎微《证类本草》中同时记载了野生牡丹与栽培牡丹，其文如下：

> 《图经》曰：牡丹，生巴郡山谷及汉中。今丹、延、青、越、滁、和州山中皆有之。花有黄、紫、红、白数色，此当是山牡丹，其茎梗枯燥，黑白色。二月于梗上生苗叶，三月开花。其花、叶与人家所种者相似，但花只五六叶耳。五月结子黑色，如鸡头子大。根黄白色，可五七寸长，如笔管大。二月、八月采，铜刀劈去骨，阴干用。此花一名木芍药。近世人多贵重，圃人欲其花之诡异，皆秋冬移接，培以壤土，至春盛开，其状百变。故其根性殊失本真，药中不可用此品，绝无力也。[9]

唐慎微将野生牡丹称为"山牡丹"，将栽培牡丹称为"人家所种者"；不仅列举了野生牡丹的分布地域，而且对野生牡丹的花色、生物学特性及采摘时间与处理方式等都做了详细记述；还对栽培牡丹的移植、培育及生物学特性加以简要介绍；更为可贵的是，明确揭示了栽培牡丹在药用价值方面与野生牡丹的差异。

另需说明的是，《太平寰宇记》《元丰九域志》《宋史》《宋会要辑稿》中也有宋代土贡牡丹的记载（表2），其中既有野生的牡丹皮，也有栽培的牡丹花。宋代的合州（巴川郡）、渝州（重庆府）、广安军土贡野生牡丹皮，其实是承袭唐代旧制，供给宫廷以作药用，而北宋前期河南府贡牡丹花则反映出当地栽培牡丹的高超水平。

表2　宋代牡丹土贡资料统计表

地名	土贡内容	资料来源	备注
合州（巴川郡）	土产牡丹皮	《太平寰宇记》卷136《山南西道四》	
	土贡牡丹皮五斤	《元丰九域志》卷7	
	贡牡丹皮	《宋史》卷89《地理志五》	

续表

地名	土贡内容	资料来源	备注
渝州（重庆府）	土产牡丹皮	《太平寰宇记》卷136《山南西道四》	
	土贡牡丹皮十斤	《元丰九域志》卷8	
	贡牡丹皮	《宋史》卷89《地理志五》	
	贡牡丹皮	《宋会要辑稿》食货五六	
广安军	土产牡丹皮	《太平寰宇记》卷138《山南西道六》	毗邻合州
河南府	贡牡丹花	《宋会要辑稿》食货四一	北宋仁宗天圣六年（1028）五月二十六日诏：河南府每年进牡丹花、樱桃，自今止。

从上可见，由唐到宋，野生牡丹与栽培牡丹在药学上的功效被逐渐区分开来，而这与牡丹栽培技术的发展又直接相关，因为栽培牡丹更侧重观赏性而非药效。我们据此可以推知，在唐代及其以前的医书中所提及的牡丹或木芍药，当是指野生牡丹。

二、栽培牡丹出现的时间

关于栽培牡丹出现的时间，学界已有六种不同观点，究竟孰是孰非？笔者从文献学的视角略加辨正。

有学者指出“秦以前牡丹、芍药不分，统称芍药”，[1]而《山海经》《诗经》中已提及芍药之名，那么距今3000年前出现栽培的牡丹似有可能。此种观点并无文献佐证，故不可取。

有学者认为汉代出现栽培牡丹，主要理由是《神农本草经》中明确载有“牡丹”，而秦汉之际安期生《服炼法》也载有药用的木芍药。这种看法显然是误将《神农本草经》与《服炼法》中所言的野生牡丹当作栽培牡丹了。正如前文所述，医书中明确区分野生牡丹与栽培牡丹始于唐宋时代。

有学者提出“宋余仁中本《顾虎头列女传》有画面描绘了庭院中栽植的木芍药”，[4], p.5遂将此视为栽培牡丹出现于东晋的有力证据。该观点其实经不起推敲，理由如下：其一，以往学者所言的“余仁中”，本应该写作“余仁仲”，此人是南宋著名刻书家，他所刻《顾虎头列女传》是否为顾恺之原作，本就有疑问；其二，唐代裴孝源《贞观公私画史》、张彦远《历代名画记》、北宋米芾《画史》中记载顾恺之有《列女仙》画传于后世，不过，《历代名画记》中记载有“边鸾画《牡丹》”，[10]《画史》中提到“今士人家收得唐摹顾笔《列女图》，至刻板作扇，皆是三寸余人物”，[11]却都未提及顾画中有牡丹。此外，中国古代其他著述中也未见谈及顾画中有牡丹的。因此，所谓余仁仲本《顾虎头列女传》图中描绘庭院中栽植木芍药的场景并不可信。后又有学者提出顾恺之《洛神赋图》中有栽培牡丹，同样不符合时代背景，不足为凭。为什么呢？因为魏晋时期士人们崇尚纵情山水的生活方式（所谓的“魏晋风度”），《洛神赋图》描绘的多是自然之美，所以就算有牡丹，那也当是野生牡丹。

部分学者认定栽培牡丹始于南北朝，所依据文献主要有两条：其一是唐代段成式《酉阳杂俎》中记载“牡丹，前史中无说处，唯《谢康乐集》中，言竹间水际多牡丹”；[12]其二是唐代韦绚《刘宾客嘉话录》中记载“杨子华有画牡丹处，极分明，子华北齐人”。然而，笔者查阅今本《谢康乐集》后，发现并没有此内容。这里一种可能是《酉阳杂俎》所记有误，一种可能是今本《谢康乐集》中的相关内容亡佚。假使《谢康乐集·山居赋》中真有“竹间水际多牡丹”之语，我们在分析该史料时也应该注意到时代背景，即谢灵运作为士家大族子弟，遨游于自然山水之间，所作诗赋中当是指野生牡丹，绝非栽培牡丹。至于杨子华，本为北齐宫廷画师，“非有诏不得与外人画”，[10], p.157《贞观公私画史》《历代名画记》中记载其画作《斛律金像》《北齐贵戚游苑图》《宫苑人物屏风》《邺中百戏狮猛图》传于世，但是对杨子华画牡丹之事只字未提。仅凭唐后期笔记小说中所记文字，很难断定确有其事。倘若当时杨子华确实画了牡丹，也应是北齐宫廷中的栽培牡丹。如果此事成立，那么为何其他史料中又没有留下任何信息呢？这不能不存疑。

也有学者据《隋炀帝海山记》中“易州进二十箱牡丹”，推断栽培牡丹始于隋代。可是，《隋炀帝海山记》出自北宋刘斧的笔记小说《青琐高议》，在此之前未见有其他文献提到易州进贡牡丹之事，故不可信。事实上，早在明代，谢肇淛对此已经提出质疑：“《海山记》乃言炀帝辟地为西苑，易州进二十箱牡丹，有赭红、赪红、飞来红等名，何其妄也？”[13]

至于有学者提出唐代始有栽培牡丹，显然是指唐代长安首次出现栽培牡丹，二者完全不能等同。然而，如何才能科学合理地确定栽培牡丹出现的时间呢？考察唐代前期牡丹引种到长安城的过程，有助于我们更好地探讨该问题。

唐代舒元舆《牡丹赋序》反映了栽培牡丹移植到都城长安及此后长安牡丹繁盛的景况，其文云：

> 古人言花者，牡丹未尝与焉。盖遁于深山，自幽而芳，不为贵者所知，花则何遇焉。天后之乡西河也，有众香精舍，下有牡丹，其花特异。天后叹上苑之有阙，因命移植焉。由此京国牡丹，日月寖盛。今则自禁闼洎官署，外延士庶之家，弥漫如四渎之流，不知其止息之地。每暮春之月，邀游之士如狂焉，亦上国繁华之一事也。[14]

由上文可知，作为药用植物的野生牡丹本是生长于山林之中，只是像高宗、武后及达官显贵等所谓“贵者”的社会上层不了解罢了，至于普通民众、僧道之人还是知道的。魏晋隋唐时期是典型的贵族社会，普通民众生活困苦。当时宗教流行，信仰道教、佛教者众多，山林之中多有佛寺道观。僧人、道士往往熟悉植物的药性，连许多医学家都是修道之人，他们在传道布教的同时会为民众疗伤治病，故而道教、佛教与花卉之间有着不解之缘。也因如此，为求生计的普通民众不会有闲情雅致来驯化野生牡丹，真正能够做到的只有僧道。经过僧道之手，野生牡丹才驯化成为可以观赏的花卉，最先出现在寺院之中。

中国古代有“事死如事生”的观念，墓志及其纹饰往往反映着墓主的宗教信仰与当时的社会风尚，所以通过相关考古出土墓志可以对牡丹与佛教信仰之间的关系有所了解。例如隋文帝仁寿四年（604）《李静暨妻曹氏墓志》志盖四刹上下方各绘刻半朵牡丹，四刹左右亦各绘半朵牡丹；隋炀帝大业九年（613）《赵觊暨妻樊氏墓志》志盖四刹各刻三株牡丹；[15]唐高宗永徽二年（651）《牛进达墓志》志盖四刹刻有牡丹纹饰；高宗显庆四年（659）《尉迟敬德暨夫人苏氏墓志》志盖四盝和四刹都刻划牡丹纹。[16]上举诸例墓志的时间都在显庆五年（牡丹引种到长安的时间）之前，当然此后墓志中的牡丹纹饰就更多且更精美了。因此，我们将传世文献与考古资料结合起来进行分析，可以得出如下结论：栽培牡丹至少在隋代时已经出现，稍早一点可能会在南北朝时期。

另需补充说明的是，《酉阳杂俎》中记载“成式检隋朝《种植法》七十卷中，初不记说牡丹，则知隋朝花药中所无也”，[12], p.185岂不与我们的结论矛盾吗？恰恰相反，这不仅不矛盾，而且从另一个角度证明了我们的结论。一方面，隋代农书以及北魏贾思勰《齐民要术》等都是记载关系国计民生的作物与植物，均未涉及观赏植物；另一方面，《酉阳杂俎》的记载表明栽培牡丹作为观赏植物在隋代尚不出名，因为此时的栽培牡丹还生长于山林中的寺院，多为下层民众所知。

三、唐代的牡丹栽培技术

唐代以前，未见到任何关于牡丹栽培技术的文献记载。至唐代，牡丹被誉为“国色天香”“花王”（如唐诗中称“唯有牡丹真国色”“雅称花中为首冠”“万万花中第一流”等）。不过，高宗、武后之时，牡丹“始自汾晋移植于京师。当开元天宝之世，尤为珍品。至贞元元和之际，遂成都下盛玩。此后乃弥漫于士庶之家”，[17]有关记述也越来越多，因而我们可以从中管窥当时的栽培技术。

1.移植技术

舒元舆《牡丹赋序》中提及高宗、武后时期，牡丹由河东汾州众香寺移植到都城长安，这就表明唐代前期牡丹移植技术已经相当先进，可以做到远距离移植。

至于具体的移植方法，唐诗中就有描述。白居易《买花》诗云：“上张幄幕庇，旁织巴篱护。水洒复泥封，移来色如故”；李贺《牡丹种曲》诗云：“莲枝未长秦蘅老，走马驮金斸春草。水灌香泥却月盆，一夜绿房迎白晓”。两首诗中提到的移植器具虽然有所不同，一个是用篱笆，一个是用花盆，但是都突出了保湿的重要性，即“水洒”“水灌”，而且白诗中还言及用“幄幕”来保温。唐代的移植方式，可以使牡丹保持原来的生长状态，说明移植技术颇为成熟。

正是因为具备成熟的移植手段，所以推动牡丹向更大范围传播。国内传播的事例，如白居易初到钱塘时，“令访牡丹花，独开元寺僧惠澄，近于京师得此花栽，始植于庭”。[18]国际传播的事例，即在唐代中叶，牡丹就漂洋过海传到日本。

2.栽种与嫁接技术

唐代中期，郭橐驼《种树书》中对牡丹的栽种、嫁接有具体记载，比如栽种时间，“凡花皆宜春种，唯牡丹宜秋社前后接种”；最适宜的生长环境，“菜园中间种牡丹、芍药最茂”；嫁接方法，“凡接牡丹须令人看视之，如一接便活者，逐岁有花。若初接不活，削去再接，只当年有花”；嫁接时间，“立春若是子日，于茄根上接牡丹花，不出一月即烂漫”。可见，当时牡丹的栽种、嫁接技术已逐渐趋于成熟。[19]

3.培育技术

郭橐驼《种树书》中对牡丹的培育技术也有具体记载，比如施肥，“凡种花欲得花多，须用肥土”；防治虫害，“牡丹花上穴如针孔，乃虫所藏处，花工谓之气仓，以大针点硫黄末针之，虫乃死，或以百部草塞之”；精选花朵，“牡丹着蕊如弹子大时试捻，十朵中必有三两朵不实者，去之，庶不夺他花力”。此外，《种树书》还提到用牡丹花制作瓶花的方法，“牡丹摘下烧其柄，插瓶中后入水，其柄以蜡封之，尤妙”。[19]

4.催花技术

据李濬《松窗杂录》记载，唐玄宗开元年间，牡丹有红、紫、浅红、通白四种颜色。然而，随着催花技术的出现，唐代牡丹的颜色和类型变得更加丰富。据柳宗元《龙城录》记载，洛人宋单父有高超的催花本领，“凡牡丹变易千种，红白斗色，人亦不能知其术。上皇（按：指唐玄宗）召至骊山，植花万本，色样各不同”。[20]《酉阳杂俎》中记载韩愈的一个子侄也擅长催花，“竖箔曲，尽遮牡丹丛，不令人窥。掘棵四面，深及其根，宽容人坐。唯赍紫矿、轻粉，朱红，旦暮治其根。……牡丹本紫，及花发，色白红历绿”。[12], pp.185—186到唐代后期，催花技术臻于成熟，如兴唐寺的牡丹“着花一千二百朵。其色有正晕、倒晕、浅红、浅紫、深紫、黄白檀等，独无深红。又有花叶中无抹心者，重台花者，其花面径七八寸”。[12], p.186

随着牡丹栽培技术的不断精进和社会需求的日益增加，唐代不仅涌现出宋单父、郭橐驼等园艺巨匠，而且出现了专业花农。唐代后期的诗人、农学家陆龟蒙就曾提及苏州城外有位卖花翁以“十亩芳菲为旧业”，[21]就种植面积来看，显然是颇有规模的专业花农。

在中国农学史上，有唐一代出现了花卉园艺的专著，目前已知的有唐代前期王方庆《园庭草木疏》、佚名《开元天宝花木记》，唐代中期郭橐驼《种树书》，唐代后期李德裕《平泉山居草木记》、罗虬《花九锡》等多部（篇），而段成式《酉阳杂俎》中《广动植》《支植》等篇也多有涉及。可以说，唐代牡丹栽培技术的进步，既与传统农学知识的积累密不可分，又与当时花卉园艺学的发展直接关联。

四、宋代的牡丹栽培技术

宋代牡丹栽培技术一方面承袭前代，另一方面又有创新和突破。具体呈现如下特点：

1.移植范围愈加广泛，移植技术更为先进，移植时间显著缩短

宋代的移植范围愈加广泛，欧阳修《洛阳牡丹记》开篇就明确指出“牡丹出丹州、延州，东出青州，南亦出越州，而出洛阳者今为天下第一。洛阳所谓丹州花、延州红、青州红者，皆彼土之尤杰者，然来洛阳才得备众花之一种”。[22]后来提及名花鞓红时，欧阳修又介绍了其移植过程，“单叶，深红。花出青州，亦曰青州红。故张仆射齐贤有第西京贤相坊，自青州以骆驼驮其种，遂传洛中。其色类腰带鞓，故谓之鞓红”。[22], p.1099

宋代的交通较唐代更为发达，有利于缩短移植时间，如徐州进献牡丹花，“乘驿马，一日一夕至京师”，而为了保证运输安全，当时的移植技术更为先进，“以菜叶实竹笼子藉覆之，使马上不动摇，以蜡封花蒂，乃数日不落”。[22], pp.1101—1102

2.精选野生牡丹，细心驯化培育

北宋时人已经对野生牡丹的种群分布有相当了解，如《证类本草》中记载“丹、延、青、越、滁、和州山中皆有之”。

在此基础上，当时精选野生牡丹品种加以驯化培育。欧阳修《洛阳牡丹记》中提到，“细叶、粗叶寿安者，皆千叶肉红花，出寿安县锦屏山中，细叶者尤佳”。[22], pp.1099—1100这种千叶肉红花后为“樵者于寿安山中见之，斫以卖魏氏”，经过细心驯化成为著名的“魏家花”，“出于魏相仁浦家”，“人有欲阅者，人税十数钱，乃得登舟渡池至花所，魏氏日收十数缗”。[22], p.1099

3.关注变异，选育良品

北宋时期，花匠不仅注意到牡丹的自然变异，而且利用变异来选育优良品种，如欧阳修《洛阳牡丹记》记载名花“潜溪绯”时，特别提到“本是紫

花，忽于丛中特出绯者，不过一二朵，明年移在他枝，洛人谓之转枝花，故其接头尤难得”。[22], p.1100

除此之外，当时还通过人工变异的方式来选育良品，如欧阳修《洛阳牡丹记》提到的“朱砂红”，只因“有民门氏子者，善接花以为生”，“花叶甚鲜，向日视之如猩血。”“叶底紫者，千叶紫花，其色如墨，亦谓之墨紫花。在丛中，旁必生一大枝，引叶覆其上，其开也，比他花可延十日之久。”[22], p.1100

4. 嫁接技术日趋职业化

随着嫁接技术日趋专门化、职业化，北宋已经出现“接花工”群体。据欧阳修《洛阳牡丹记》所载：“大抵洛人家家有花，而少大树者，盖其不接则不佳。春初时，洛人于寿安山中斫小栽子卖城中，谓之山篦子。人家治地为畦塍种之，至秋乃接。接花工尤著者，谓之门园子，豪家无不邀之。”[22], p.1102

5. 催花技术极为精湛

宋代，催花技术较唐代更为精湛，甚至能使花反季生长。据周密《齐东野语》记载：“马塍艺花如艺粟，橐驼之技名天下。非时之品，真足以侔造化，通仙灵。凡花之早放者，名曰堂花。其法以纸饰密室，凿地作坎，緶竹置花其上，粪土以牛溲硫黄，尽培溉之法。然后置沸汤于坎中，少候，汤气熏蒸，则扇之以微风，盎然盛春融淑之气，经宿则花放矣。若牡丹、梅、桃之类无不然”。[23]

6. 形成完善的牡丹栽培技术体系

宋代还出现牡丹谱录十余部（篇），传世的有欧阳修《洛阳牡丹记》、周师厚《洛阳牡丹记》、陆游《天彭牡丹谱》、邱濬《牡丹荣辱志》、胡元质《牡丹记》、张邦基《陈州牡丹记》。其中最典型的就是欧阳修《洛阳牡丹记》，该文对牡丹栽培过程中的接花之法、种花之法、浇花之法、养花之法、医花之法都有明确记载。这既表明宋代的牡丹备受瞩目，又反映出当时的牡丹栽培技术已经形成完善的体系。

结　语

早在隋代时，栽培牡丹就已出现。自唐代起，随着牡丹逐渐为世人所重，牡丹栽培技术开始不断发展进步。由唐到宋，不仅野生牡丹与栽培牡丹的药用价值明确区别开来，牡丹栽培技术体系也渐趋完善。唐宋时期牡丹栽培技术的传承与发展，不仅反映着花卉园艺学的进步历程，而且昭示着社会、文化的转型。

参考文献

[1] 中国牡丹全书编纂委员会. 中国牡丹全书（上）[M]. 北京：中国科学技术出版社，2002，5.
[2] 李保光. 曹州牡丹史话[M]. 济南：山东友谊出版社，1987，4.
[3] 王莲英、袁涛. 中国牡丹与芍药[M]. 北京：金盾出版社，1999，1.
[4] 李嘉珏. 中国牡丹与芍药[M]. 北京：中国林业出版社，1999.
[5] 喻衡. 牡丹[M]. 上海：上海科学技术出版社，1998，1.
[6] 戴蕃瑨. 中国牡丹的起源、培育及其分布的探讨——为牡丹输入英国二百周年而作[J]. 西南师范大学学报（自然科学版），1987，12（4）：95-101.
[7] 李树桐. 唐人喜爱牡丹考[A]，黄约瑟：港台学者隋唐史论文精选[C]，西安：三秦出版社，1990，124.
[8] 甘肃省博物馆、武威县文化馆. 武威汉代医简[M]. 北京：文物出版社，1975，2.
[9] 唐慎微. 证类本草[M]. 北京：华夏出版社，1993，257.
[10] 张彦远. 历代名画记[M]. 上海：上海人民美术出版社，1964.
[11] 米芾. 米芾集・画史[M]. 武汉：湖北教育出版社，2002，144.
[12] 段成式. 酉阳杂俎[M]. 北京：中华书局，1981.
[13] 谢肇淛. 五杂俎[M]. 北京：中华书局，1959，290.
[14] 李昉等. 文苑英华[M]. 北京：中华书局，1982，692.
[15] 周晓薇、王菁. 隋墓志所见山水花草纹饰与古代早期绘画史论的印证[J]. 考古与文物，2008，15（1）：102-109.
[16] 徐志华. 昭陵博物馆藏唐代墓志纹饰研究[J]. 艺术百家，2013，29（4）：220-234.
[17] 陈寅恪. 元白诗笺证稿[M]. 北京：生活・读书・新知三联书店，2001，245.
[18] 范摅. 云溪友议[M]. 上海：古典文学出版社，1958，31.
[19] 陆宗义.《说郛》卷一〇六下《种树书》[M]. 景印文渊阁四库全书，第882册，台北：台湾

商务印书馆，1983，187-189.

[20] 柳宗元. 龙城录[A]，曹中孚：唐五代笔记小说大观[C]，上海：上海古籍出版社，2000，151.

[21] 皮日休、陆龟蒙. 松陵集[M]. 台北：台湾商务印书馆，1985，227.

[22] 欧阳修. 欧阳修全集[M]. 北京：中华书局，2001.

[23] 周密. 齐东野语[M]. 北京：中华书局，1983，304-305.

晚明的“农业炼丹术”

——以徐光启著述中“粪丹”为中心

杜新豪

珀金斯（Dwight H. Perkins）在《中国农业的发展（1368—1968）》中认为：在1957年之前，中国人口的增长与单位面积投入劳力的增加是农业产量得以增长的主要原因，而农业技术在这漫长的时期内却基本没有变化，技术对农业增产的贡献甚微。但他意识到在肥料技术领域似乎出现了某种程度的进步，并大加赞赏地认为：“豆饼中潜藏的肥料的发现，确实是技术普遍停滞景象中的一个例外。”[1]珀金斯并不知晓，中国早在明代就有一批学者在从事世界上最早对浓缩肥料——“粪丹”的尝试性研究工作，其在肥料技术史上的地位要远远超过他所推崇的对豆饼中潜藏肥料的发现与饼肥的使用。然而由于这项技术几乎没有被应用于具体农业生产实践中，所以没有进入经济史家的研究视野。同时，受辉格史观的影响，一项没被应用的、失败的技术发明也难以引起科技史家的兴趣，所以对这项技术创新并无专门、系统的研究成果。[1]本文拟从技术史的视角对这项“失败”的技术发明进行审视与研究，

1 曹隆恭、曾雄生、周广西等都曾对粪丹有所提及，周广西在《论徐光启在肥料科技方面的贡献》第二部分中论及徐光启研制的粪丹，认为徐氏的粪丹思想是受前人医药方的影响，但并未进一步解读与研究。

厘清粪丹的制造技术及其思想理论来源，分析促使它出现的社会推动力，同时对其在农业生产中没有得到应用的原因进行简要分析。

一、晚明文献中的“粪丹”

徐光启的《北耕录》是目前发现的唯一载有“粪丹”技术的文献，此书记录徐氏在天津垦种的心得，又兼及工艺之事，众人皆以为其已佚失。清康熙年间，徐光启后嗣徐春芳发现此书草稿，并将其呈给他的表叔许缵曾，许氏“择行楷数纸涂改无多、易于成诵者”装潢成帙，称为《农书草稿》，其实此书便是徐氏的《北耕录》。[2], p.437此书中有八篇记载肥料与施肥方法，被胡道静誉为“古典农书论肥料学者，此称第一矣”，[3]其中有三篇即对“粪丹”这种不见于他处的技术做了详细的记载与说明。

徐光启记载了先前或同时代曾任龙阳知县的王淦秋与徽州士人吴云将所炼制的粪丹，阐明他们所使用的原料及炼制方法，并对其功效及使用方法做了简单的叙述，原文兹录于下：

王淦秋传粪丹：干大粪三斗，麻糁三斗或麻饼（如无，用麻子、黑豆三斗，炒一、煮一、生一）；鸽粪三斗（如无，用鸡鹅鸭粪亦可）。黑矾六升，槐子二升，砒信五斤。用（牛羊之类皆可，鱼亦可）猪脏二副，或一副，挫碎，将退猪水或牲畜血，不拘多寡，和匀一处入坑中，或缸内，泥封口。夏月日晒沤发三七日，余月用顶口火养三七日，晾干打碎为末，随子种同下。一全料可上地一顷，极发苗稼。[2], p.454

吴云将传粪丹：于黄山顶上作过。麻饼二百斤，猪脏一两副，信十斤，干大粪一石，或浓粪二石，退猪水一石。大缸埋土中，入前料斟酌下粪，与水令浥之，得所盖定。又用土盖过四十九日，开看上生毛即成矣。挹取黑水用帚洒田中，亩不过半升，不得多用。[2], p.455

同时，徐光启还记载了他本人在此基础上所研制的粪丹，详述其具体原料与制作方法如下：

自拟粪丹：砒一斤，黑料豆三斗（炒一斗，煮一斗，生一斗）。鸟粪、鸡鸭粪、鸟兽肠胃等，或麻糁豆饼等约三五石拌和，置砖池中。晒二十一日，须封密不走气，下要不漏，用缸亦好。若冬春月，用火煨七日，各取出入种中耩上，每一斗可当大粪十石。但着此粪后，就须三日后浇灌，不然恐大热烧坏种也。用人粪牛马粪造之，皆可。造成之粪就可做丹头，后力薄再加药豆末（用硫黄亦似可，须试之）。[2], pp.446—447

从以上史料中可以看出，所谓粪丹即是利用植物、动物、矿物和粪便等按照一定比例混合制成的复合肥料，配置所需要的原料大多是人畜粪便、麻子和黑豆等粮食作物，以及动物尸体、内脏、血水、煺毛水等，有时还加以砒霜、黑矾之类的无机物。将这些原料经过密封、加热腐熟等处理，施用在田地中。古文献中与粪丹相类似的肥料还有耿荫楼在《国脉民天》中记载的“料粪”，其制作方式如下：

每配一料，大黑豆一斗，大麻子一斗，炒半熟碾碎，加石砒细末五两，上好人、羊、犬粪一石，鸽粪五升，拌匀。遇和暖时，放瓷缸内封严固，埋地下四十日，取出，喷水令到晒至极熟，加上好好土一石拌匀，共成两石两斗五升五两之数，是全一料也。每地一小亩止用五斗，与种子拌匀齐下，耐旱杀虫，其收自倍。如无大麻子，多加黑豆、麻饼或小麻子或棉子饼俱可，如无鸽粪，鸡鸭粪亦可，其各色糠皮、豆渣俱可入粪，每亩只用五斗，一料可粪田四亩五分。第一年如此，第二年每亩用四斗，第三年只用三斗，以后俱三斗矣。如地厚再减，地薄再加，加减随地厚薄，在人活法为之。如无力之家，难办前粪，只将上好土团成块，砌成窖，内用柴草将土烧极红，待冷，碾碎与柴草灰拌匀，用水湿遍，放一两日，出过火毒，每烧过土一石，加细粪五斗拌匀。[4]

耿荫楼与徐光启大约是同时代的人，徐光启的《北耕录》应是徐氏在天津屯垦之时所撰写，时间大约在1613—1621年，而耿氏的《国脉民天》写成于1630年，两书时间相差并不是很久，而徐氏的《北耕录》在清康熙年间之前只作为一沓被埋没的草稿而没有刊印出来，所以二人的新型复合肥料都应是独立研制的，并不存在参考与承袭的问题。这也似乎暗示着，高效复合肥料的研制在当时已是众多农学家共同关注的重要议题。

二、“粪丹”思想的理论来源

“粪丹”一词由“粪”和“丹”组成，粪指的是农业所用之肥料，而丹则是古代道家炼制的“丹药”。从粪丹的词源即可看出，它的出现与中国古代农学、医学及炼丹术，乃至道家学说和哲学思想都有着密切的关系。中国古代哲人十分推崇“天人合一”的理念，类比方法是士人们所青睐的一种思维方式。在医学领域，他们把人体比作小型宇宙或是比作井然有序的等级社会，把治病用的药材按照封建社会的等级分为君、臣、佐、使。同样，在农学领域，士人也经常把土地比喻为个体的人，把种地称作“治地”，丰饶的土壤被视作机体健康的人，而贫瘠、生产力低下的土地便被视作“生病”了，需要使用肥料等“药物”来进行治疗。宋代农学家陈旉在此基础上更明确地提出用粪如用药的“粪药说”，认为“土壤气脉，其类不一，肥沃硗埆，美恶不同，治之各有宜也”。而治地的关键在于用粪调理，“皆相视其土之性类，以所宜粪而粪之，斯得其理矣。俚谚谓之粪药，以言用粪犹药也。”[5], pp.33—34 “粪药说”主张用粪肥像中医治病用药材一样：首先要对症下药，对不同类型土地用不同的粪肥，“地性有骍刚、坟壤、咸潟之异，故取用者亦有牛、羊、鹿、豕之不同，皆所以助其种之生气，以变易地气，则薄可使厚，过可使和，而稼之所获必倍常”；[6]其次需要像进行炮制中药药材那样来对粪肥进行处理，因为人的粪便在腐熟过程中会产生热量，不但会灼伤农作物，甚至会出现“损人脚手，成疮痍难疗”[5], p.45的严重后果，宋代以后的农学家一般都建议施用前先在粪屋、土坑或窖中进行发酵；另外还需要把握粪肥的用量，不可多用，由于用粪过多而烧死作物或令作物徒茎叶繁茂而不结实的记载在史料中很常见。“粪药说”明确主张把为人治病的医药学引入为土地治疗的农学中，是“粪丹”思想的理论来源之一。

炼丹术是“粪丹”思想的另一个理论来源，炼丹术是由很早的采矿和冶金中脱离出来的一门学科，虽然内容大多在道教内部流传，却对世俗科技产生了重要的影响，同时也对中国古代士人的思想产生了很大的影响，促使他们去用炼丹术的思想来探究外界事物，而粪丹的研制正是源于“粪药说”和中国古代炼丹思想的结合。古代炼丹术有两种含义：一是炼制长生不老或包治百病的丹药，二是在贱金属中加入某些发酵的贵金属“酵母”，使得贱金属变为昂贵的真金白银。传统肥料有体积大而单位面积含有的肥效较少的缺点，这样每块田地就要使用很多的肥料，不但运输传统肥料会损耗农民的很多劳动，而且施肥过程大大不便，这便促使古代农学家思考是否可以像炼丹术那样，通过特殊的配置过程来研制出极具肥效的“丹粪”，仅用一点便能起到很大的作用，于是他们便兢兢业业地投入到炼制高效肥料的实验中。粪丹炼制过程与炼丹术有很多相似之处，它们都需使用一定的设备，炼丹术用丹炉、丹鼎，而粪丹炼制需要缸、窖或砖池；都需要一些促使事物性质产生变化的“酵素”，如炼丹术中的丹砂，粪丹中的粪便由于热量大也很适合作为酵母，而动物的骨头因为具有“用牛马猪羊骨屑之，每一斗当粪百石，以壅水田”[2], p.443这般强的肥效，也适合当作炼制粪丹的一种酵素或酵母；都需要对一定物质进行定量、配伍的融合，炼丹术会用一些具体重量的不同物质来配合，如水银、雄黄等，而粪丹也是按比例配合鸽粪、豆饼、动物尸体之类；都需要对物质进行密封，用火加热等方式来进行催化，如炼丹术中有“养火七日”“酢煮”“曝干七遍”等处理方式，粪丹炼制中也有“火养三七日”“晾干”“火煨七日”等工序，甚至炼制粪丹对火候的要求也如炼制丹药一般，王淦秋传粪丹里提及的“顶口火”“丹头”，原本就是炼丹术专有词汇。

从农学方面来说，粪丹是在先前肥料制造技术的基础上发展起来的，其制造方法与浓缩肥料的思想显然受到堆、沤肥技术的影响。堆、沤肥是一种由多种物质堆积腐败而成的肥料，一切植物、动物和矿物，只要是可以腐烂发酵以作肥料的都可利用。堆、沤肥至迟在南宋就已应用于农业，陈旉的《农书》便记载了这种肥料及其所用的物质，称“凡扫除之土，烧燃之灰，簸扬之糠粃，断槁落叶，积而焚之，沃以粪汁，积之既久，不觉其多”。[5], p.34 堆、沤肥通过对肥料进行腐熟、发酵等处理，极大地提高了肥效。虽然此类造肥技术早已有之，但复杂配方浓缩肥料的炼制应当是从明代袁黄开始，袁黄于万历年间在北直隶宝坻任县令时期，撰写《劝农书》，书中提及熟粪法，自称此法也是得自于古书。他建议用火煮粪，这样可使作物耐旱，具体方法是：把各种动物的骨头和粪便同煮，牛粪便加入牛骨煮，马粪加入马骨同煮，人粪便可以加入人的头发代替骨头来煮；第二步是把田内的土壤晒干后，用鹅肠草、黄蒿、苍耳草三种植物烧成灰，拌到土中；然后在土上撒入煮的熟粪水，晒干后用些粪土盖之。地里庄稼丰收，能达到“其利百倍”的效果，据说可以达到亩收三十石的高产。[7], pp.7—8袁黄的熟粪法比堆、沤肥制作有两大进步：首先，它引入了几种具体的制作物质，而堆、沤肥的配方比较杂乱，任何有肥力的东西都可以利用；其次，袁氏用火来对肥料进行人为加热，提高了温度，缩短了成肥的时间，使得原本需要三五个月腐熟的肥料可以随时煮随时使用。在明代，还有一种液态浓缩肥料，称为“金汁”，制作方法和熟粪法大致相同，但这种肥料制作过程比较烦琐，需数年而成。毫无疑问，粪丹就是在堆、沤肥，熟粪法与金汁的基础上制成的更高效的肥料，只是粪丹在师承的同时又有了些进步，不但有了具体的配比材料，还对各种原料有了严格的定量。

从上文叙述中可以看出，徐氏书中记载的“粪丹”在思想上显然受到前人的许多影响，其中最典型的代表当属陈旉与袁黄。陈、袁二人不但皆为著名农学家，而且皆受到道家思想的影响，陈旉自称“西山隐居全真子”，并在序言中多次提及精通炼丹术的葛洪与陶弘景；袁黄对道家术数极为精通，并撰写了内丹术的著作《摄生三要》及《祈嗣真诠》，所以他们有了把农学与炼丹术融合的尝试，徐光启正是在此基础上又进一步，融合“粪药说”、炼丹术以及古代农学家的思想，制造出粪丹这种新型肥料。

三、粪丹出现的社会背景

粪丹出现在明代后期是有特殊背景的，它不是个别农学家心血来潮而研制的新奇玩意，而是由当时强烈的社会需求所推动。面对明代后期社会生齿日繁而地不加广的现象，如何从有限的土地上取得更多的收获就变成社会各界所面临的重要议题。为了增加粮食产量，农民开始加大对肥料的投入，使得肥料成为一种稀缺的资源，而传统肥料的缺点在此时也有了被修正的必要和契机，炼制粪丹正是士人层面对这些社会问题的一种尝试性应对措施。

宋代以降，江南地区就走上了一条精耕细作的农业发展道路，其中肥料技术扮演了重要的角色。从南宋陈旉《农书》中就可以看到当时人们对肥料积攒的用心，元代王祯《农书》中记载了苗粪、泥粪、火粪等多种南方肥料，还提出了“惜粪如惜金”的概念。明清时期的肥料技术在前代的基础上有了更大的突破，甚至有学者认为从明代中期到清代中前期江南地区出现了一场“肥料革命”。[8]

随着江南地区施肥的精细化和肥料技术的进步，施肥次数越来越多，农民不但会在种植大田作物之前先给土地施用底肥，在作物生长的过程中施加追肥（接力）也成为惯例，而且在有些地区有时追肥还不止一遍。同时，明清时期，江南地区桑、棉等获利甚大的商业作物排挤着传统作物水稻的种植空间，纺织业的发达使得桑争稻田、棉争粮田的现象愈演愈烈，在有些地区甚至90%的耕地都被用来种植棉花，而粮食却只能依靠外地输入。[9] 据李伯重估计，棉对肥料的需求量并不少于水稻，而桑树对肥料的需求量则是水稻的好几倍。[10]加上明末还不像后来那样有大量来自满洲的大豆和豆饼运输过来供应江南农业生产，豆饼价格又很昂贵，所以江南农人，特别是财力不足的“下农”，经常陷入肥料缺乏中。多方搜集肥料一直是明末江南农民日常生活中的重要活动。明末清初的《沈氏农书》在按照月份进行的农事中，就充满“罱泥”“罱田泥”“窖垃圾”“窖磨路”“买粪”“窖花草”“买粪谢桑”“挑河泥”“租窖各镇”“换灰粪”等涉及肥料的农事安排，可见搜集肥料的艰辛。[11]即使在这种强度积肥的情况下，肥料需求依然得不到满足，导致有些地区地力逐渐下降。嘉庆时，松江人钦善的《松问》中记载“八十以上老农之言曰：‘往昔肤苗，亩三石粟；近日肤苗，亩三斗谷。泽革内犹是，昔厚今薄，地气使然’”，[12]其实就是肥料不足导致的地力下降，即清人所言的“暗荒”。

同时，华北农业生产在明代也有一定程度的进步。特别是明代中叶以后，随着社会的稳定与人口的增长，人地矛盾开始凸显，两年三熟制开始在华北逐渐形成。两年三熟制比起一年一熟制对土地所造成的压力更大，显然需要补充更多的肥料来恢复地力。当时华北有些地区施肥量也较大，如“北京城外，每亩用粪一车”、“京东人云，不论大田稻田，每顷用粪七车”、“山东东昌用杂粪，每亩一大车，约四十石”、“济南每亩用杂粪三小车，约十五六石”、“真定人云：每亩壅二三大车”。[2], pp.441—444在华北的某些地区，还形成了高超的用肥技术，如徐光启记载“山西人种植勤用粪，其柴草灰谓之火灰。大粪不可多得，则用麦秸及诸康穗之属，掘一大坑实之，引雨水或河水灌满沤之，令恒湿。至春初翻倒一遍，候发热过，取起壅田”。[2], p.446新作物棉花也在明代引入到华北，并得到迅速的扩展，如明末山东，棉花“六府皆有之，东昌尤多，商人贸于四方，其利甚博”。[13]河北等地也在明末广泛种植棉花，即使是比较落后的地区，如冀州和滦州，也都在嘉靖和万历年间开始植棉。[14]棉花比起其他旱地作物需要投入更多的肥料，尤其是在漫长的开花与吐絮期。华北的棉花施肥技术相当先进，多用熟粪壅棉田，这样能使得“势缓而力厚，虽多无害”，甚至比当时的南方更先进，因为“南土无之（熟粪），大都用水粪、豆饼、草秽、生泥四物”。[2], p.416作物轮作制度的变化与新经济作物的种植，大大加剧了华北对肥料的需求，由于肥料不足，陈年炕土、多年墙壁甚至熏土肥料等所含养分少得可怜的东西都被拿来用作肥料，可见华北地区肥料缺乏的程度。

南北方同时缺乏肥料，是以徐光启为代表的士人学者试图发明高效肥料的原因之一，另一个重要的原因则是传统肥料的弊端越来越凸显出来。传统肥料体积大，所含的肥效不高，导致每亩地需要很多肥料，运输起来极为麻烦。如“南土壅稻，每亩约用水粪十石”，[2, p.441]按明清一石等于今120斤，那么明清一亩稻地就需要1200斤的水粪，按照对明清江南普通农户经营规模最模糊的估计“人耕十亩”的标准来计算，即便采用最落后的三年一壅的原则，每个劳动力每年也得把4000斤肥料运送到田中，这需要消耗极大的劳动力。所以历代《耕织图》里都把施肥当作农作的重要一环，历代为《淤荫图》所题的诗词都感慨运肥、施肥的劳累，南宋皇帝就曾为《淤荫图》题诗曰：“敢望稼如云，工夫盖如许。”[15]由于挑粪、施肥工作艰辛，所以经常会出现靠近村落的农田使用粪肥多，而有些离居处较远的田地由于人力稀缺而不得不少施肥甚至近于抛荒的现象，即俚语所谓“近家无瘦田，遥田不富人”。对这种现象，徐光启也有认识，他认为：“田附郭多肥饶，以粪多故。村落中居民稠密处亦然。”[16]明清两代传统肥料价格的高昂，加之粪肥运输对人力要求过于苛刻，导致肥料危机与地力下降，如《补农书》中云：“但近来粪价贵，人工贵，载取费力”，正是造成这些弊端的原因。虽然大豆、麻等榨油后的枯饼是一种重要的肥料，具有单位体积含养分多的特点，比其他肥料包含更多对作物生长十分重要的氮肥，而且可以快速施用到土壤中，堪称现代化肥发明前最先进的肥料。豆饼具有替代传统肥料的优势，但其价格不菲，一般有雄厚资本的“上农”才可以用得起，而贫农只能赊欠来使用，或利用其他肥料代替。明代《便民图纂》中的《下壅图》附的“竹枝词”中就显示了豆饼等的昂贵，诗曰：“稻禾全靠粪浇根，豆饼河泥下得匀。要利还须着本做，多收还是本多人。”[17]而且豆饼可以作为家畜的饲料，在荒年甚至可以当作贫人的食物，因此尽管豆饼具有比传统肥料更好的肥效，但是由于经济原因而不能成为传统肥料的替代品。肥料危机和传统肥料自身的缺点，使得士人们思索如何能制取肥效高且体积小，而且价格也可以接受的高效肥料，粪丹正是在这种背景及社会需求下出现的。

四、粪丹在农业实践中应用失败及其原因分析

以徐光启为代表，关注农学的士大夫们倾注了大量心血来研制粪丹这种新型浓缩肥料，使其具有相当高的肥效。据徐光启称，用王龙阳（即王淦秋）炼制的粪丹来施肥，每亩仅用成丹一升即足够，这可比同时期江南稻田亩用水粪十石的庞大数量要少得多。但即便有这样的显著优势，粪丹似乎也并没有被投入到实际使用中，更遑论取代传统肥料。其制法和工艺仅仅在徐光启的草稿中存有吉光片羽，后来的农学家甚至没有人记录或提及粪丹。传统肥料依旧处在供应危机中，小农依然“惜粪如金”地收集着一切可以当作肥料的东西。粪丹虽然没有被下层农民所接受而用在大田作物的种植中，但是其主要制作方法与思想却在上层士人的层面流传，在清代观赏花卉的谱录中，很多处都有与粪丹类似的浓缩肥料思想的体现，如《艺菊新编》中的酿粪部分与《艺菊琐言》中的肥料部分都记载了与粪丹制作方法类似的制肥法。

粪丹没有在文献上流传，可能归咎于《北耕录》存于徐光启长房孙所，陈子龙等在整理《农政全书》时没有将其收录，直至清康熙年间才被发现。这可能是粪丹没有流传的文本原因之一。[3]但作为一种制作高效肥料的方法，粪丹思想没有被应用在农业实践中应该是受到多方面条件的制约。阻碍粪丹在实践中发挥作用的首先应该是经济原因：制造粪丹需要极多的原料，如猪脏，还需要极高的条件，如“火养三七日”“用火煨七日”等，小农没有足够的原料和燃料，这些都难以实现。其次，为了保存肥效，粪窖或大缸是制造粪丹的重要器具之一，但这种设备都是大型的，在当时的条件下，小农受经济条件所限，也难以办到。[18]再次，农民在技术上喜欢因陋就简，而制造粪丹的程序及其烦琐、复杂，从制作到使用需要花费大量的精力与时间。这

些原因都使得粪丹与实践脱节，而仅仅停留在学者士人思辨的层面上，仅在精细的名贵花卉的培育上略有体现。同时，粪丹的失败或许也可以从技术本身来寻找原因。首先粪丹是浓缩肥料，肥力巨大，徐光启在制造粪丹时建议"着此粪后，就须三日后浇灌，不然恐大热烧坏种也"，[2], p.447农学家尚且如此慎重，普通百姓更是无法预料使用后浇水不及是否会烧坏庄稼。其次粪丹是种肥，在种子上或播种时直接施肥的农法在《氾胜之书》与《齐民要术》等早期农书的时代大受欢迎，主要是为了保证出苗，但此种方法在后世逐渐不受重视，因为后来的施肥不只是为了出苗，而主要是为了促进农作物的后期生长。明代后期，全国作物以水稻为主，宋应星曾提及"今天下育民人者，稻居什七"，[19]水稻在育秧前需要用粪来壅秧田，但是很少用种粪，这也是粪丹没得到利用的原因之一。再次，宋代以降，农学家在施肥方法上一直坚持的是还原论的原则，主张不同的作物对肥料应有着不同的需求，在施肥时应该因地制宜。陈旉就认为"土壤气脉，其类不一，肥沃硗埆，美恶不同，治之各有宜也"。[5], p.33王祯也认为善于种庄稼的人在施肥时应"相其各处地理所宜而用之"，[20]而粪丹思想则主张用综合论的方法来制作对一切土质的田地都可用的"万能肥料"，这在当时也不容易被农家所接受，或许这也是导致粪丹思想没有流传和被应用的原因之一。

参考文献

[1] 德・希・珀金斯. 中国农业的发展（1368-1968）[M]. 宋海文等译，上海：上海译文出版社，1984，90.

[2] 朱维铮、李天纲主编. 徐光启全集[M]. 第五册，上海：上海古籍出版社，2010.

[3] 胡道静. 徐光启农学三书题记[J]. 中国农史，1983（6）：48-52.

[4] 耿荫楼. 国脉民天[M]. 续修四库全书976册，子部・农家类，上海：上海古籍出版社，2002，620-621.

[5] 陈旉著、万国鼎校注. 陈旉农书校注[M]. 北京：农业出版社，1965.

[6] 吴邦庆撰、许道龄校. 畿辅河道水利丛书[M]. 北京：农业出版社，1964，520.

[7] 郑守森、況清楷、翟乾祥校注. 宝坻劝农书・渠阳水利・山居琐言[M]. 北京：中国农业出版

社，2000.
[8] 李伯重. 江南农业的发展：1620-1850[M]. 王湘云译，上海：上海古籍出版社，2007，53-57.
[9] 魏丕信. 18世纪中国的官僚制度与荒政[M]. 徐建青译，南京：江苏人民出版社，2003，147.
[10] 李伯重. 发展与制约——明清江南生产力研究[M]. 台北：联经出版事业股份有限公司，2002，310.
[11] 张履祥辑补，陈恒力校释，王达参校、增订. 补农书校释（增订本）[M]. 北京：农业出版社，1983，11-24.
[12] 贺长龄. 皇朝经世文编[M]. 第一函，卷二十八，光绪已亥年，中西书局校阅石印本.
[13] 陆釴等纂修. 嘉靖山东通志[M]. 卷5，嘉靖十二年，山东省图书馆藏明嘉靖版本.
[14] 黄宗智. 华北的小农经济与社会变迁[M]. 北京：中华书局，2000.115.
[15] 王红谊主编. 中国古代耕织图[M]. 下册，北京：红旗出版社，2009，355.
[16] 朱维铮、李天纲主编. 徐光启全集[M]. 第六册，上海：上海古籍出版社，2010，137.
[17] 邝璠著，石声汉、康成懿校注. 便民图纂[M]. 北京：农业出版社，1982，6.
[18] 曹隆恭. 肥料史话（修订本）[M]，北京：农业出版社，1984，61.
[19] 宋应星著、钟广言注释. 天工开物[M]. 广州：广东人民出版社，1976，11.
[20] 王祯撰，缪启愉、缪桂龙译注. 东鲁王氏农书译注[M].上海：上海古籍出版社，2008，64.

民国时期南瓜的加工、利用

李昕升　王思明

南瓜，学名*Cucurbita moschata*，葫芦科南瓜属一年生蔓生性草本植物，起源于美洲。在哥伦布发现美洲大陆后不久，即辗转传入我国，之后推广迅速，清初已经基本上传遍我国。清代南瓜的加工、利用有了初步发展，到民国时期，南瓜的加工、利用更加成熟，加之近代西方农学的传入，也促进了新的加工、利用技术和方式的出现。

目前学术界对南瓜史的研究很少，只涉及南瓜传入中国的时间、南瓜在国内引种推广的历程等，[1]本文从科技史的角度探讨民国时期南瓜的加工、利用。这方面的记载主要集中在民国方志和民国报刊上，相关记载都与生产、生活息息相关。

一、贮藏

关于南瓜的贮藏，民国与明清相比变化不大。民国《辉南县志》载：“倭

1　参见李昕升、王思明、丁晓蕾：“南瓜传入中国时间考”，《中国社会经济史研究》，2013（3）：88–94；李昕升、王思明：“南瓜在中国西南地区的引种推广及其影响”，《自然辩证法研究》，2014（7）：96–102。

瓜，种来自倭，形圆而扁，赤色者味尤甘，藏之可为御冬旨蓄。”[1]熊同和指出：“南瓜亦为一种普通蔬菜，需要甚广，味甘美，宜于煮食，且耐久藏，可以长期供给，距离都市较远之处，栽培此种甚宜。”[2], p.334均可见南瓜耐贮藏，采后可保存数月至次年，所以贮藏相对比较简单。民国《齐河县志》转引《本草纲目》的叙述：“经霜收置暖处，可留至春。”[3]同样的内容在方志中记载很多，仅民国方志中就有几十处，说明人们对南瓜耐贮藏的特性已经达成共识。

近代以来，华工大量出国谋生，乘坐轮船飘洋过海。这些华工出国总会携带几个大南瓜，不但可以果腹充饥和补充水分，更为重要的是南瓜可以在几个月的远洋航行中保持不坏，能够持久利用，可谓与华工的命运息息相关。

此外，在民国时期将南瓜切成瓜条后再晒干储存，越来越普遍。民国《辽中县志》载：“倭瓜，有长圆形不一，民间切片晒干谓之倭瓜干。”[4]民国《邢台县志》载：“南瓜刮条曝干名瓜条，可耐久食用。”[5]民国《沙河县志》载：“北瓜老熟后刮丝晒干名曰瓜条，耐久储。”[6]这种做法更加延长了南瓜的可利用时间，在救荒备荒中发挥了重要作用。南瓜做成南瓜汁也有同样的效果，“番瓜汁……藏久亦不生虫臭”[7]。

齐如山于1956年著《华北的农村》一书，主要反映民国时期华北地区的情况。书中指出南瓜[1]老嫩都可食，刚生长拳大便可吃，老成后摘下存放，随时可食，只若不冻，可以保存数月之久。齐如山尤其提到南瓜品种中的圆南瓜，因其皮厚质坚，容易保存，秋后摘下，埋于粮食囤中，可吃一冬。[8], p.237

二、食用

南瓜的加工、利用方式多样，体现在食用上则是丰富多彩。菜粮兼用的

1 书中记载：“北瓜亦曰倭瓜，古人称为南瓜，乡间则普遍名曰北瓜。”所以书中对“南瓜”的记载都是用“北瓜”来代替，民国时期华北一带确实常将“南瓜”称为“北瓜”，结合书中的描写，也确定本书中的“北瓜”是“南瓜”无疑。本文中笔者直接将原书中的“北瓜”换成“南瓜”。

作物南瓜，在民国多作粮食的替代品，但也常作为可口蔬菜。民国《光山县志约稿》载："嫩时色绿，充蔬味颇佳，老则色黄，大者重至一二十斤，煮食极甘美，可以济谷子以为食品。"[9]胡会昌认为："瓜嫩的充蔬食，老的刨去皮充蔬食，晒干和米煮粥，又可救荒。"[10]在革命战争时期，"南瓜汤"可谓家喻户晓。

南瓜基本食用方式是煮食、蒸食、熬食、炒食和晒干再食，南瓜不可生食是基本常识。民国《牟平县志》载："不可生食，唯去皮瓤煮食，味如山药。"[11]民国《黑山县志》载："煮熟可食，子亦为食品。"[12]民国《考城县志》载："或为菜或煮食蒸食均可。"[13]民国《磁县县志》载："南瓜，又名北瓜，为富于甘味巨大普通之果菜，煮食烹食皆宜，子可炒食。"[14]民国《万全县志》载："子色白，肉可熬食。"[15]民国《政和县志》载："煮熟或晒干可以充蔬，其仁亦可炒食。"[16]"炒南瓜，南瓜老熟者，以煮食为宜，但当其嫩时，皮色尚青，味亦不甜，以此切丝炒食，颇为可口，炒时加猪油与食盐，不可炒老。"[17]

南瓜可作羹茹。民国《岫岩县志》载："倭瓜，种出自倭，故名。味甜性寒，可作羹茹，亦曰窝瓜。"[18]民国《达县志》载："削皮烹之食羹作金色，子可炒食。"[19]民国《正阳县志》载："南瓜，配米面做羹饭。"[20]南瓜也可和肉煮食。民国《临泽县志》载："南瓜，俗名窝葫芦，秋熟，色黄，皮肤稍厚，不可生食，熟食则味面而腻，有客和肉作羹。"[21]民国《西丰县志》载："肉厚色黄，同肉煮食尤佳。"[22]南瓜与肉相宜相和，一起熟食味道颇佳。民国《献县志》载："南瓜，实圆而红，俗亦名腥瓜，谓配以腥则味愈美也。"[23]

南瓜除了果实，其他部分均可食用，利用方式各异。民国《沙河县志》载："肉质肥厚，若充分成熟可耐久贮，其味佳者甘而且面，早熟之种约在六七月间。其用途嫩者可煮食，可作羹作馅，老者蒸食，煮食可用以代饭，种子炒熟食之为嗜食品，嫩花油煎和糖食之亦佳。"[6]民国《邕宁县志》载："煮食味甜如糖，苗与雄花，均可作蔬，子可炒食。"[24]民国《上杭县志》

载："嫩则并皮煮食，老则去其皮，愈老愈甜，秋熟可收藏至春，取子盐浸炒食，松香适口，叶可作蔬，花和粉煎食极似炒蛋。"[25]民国《桦甸县志》载："倭瓜，蔓生叶盘许大，开黄色花，瓜黄皮长者似枕，圆者似斗，可作蔬，又可伴米作粥，花可佐酱，茎去皮寸断，炒食颇嫩脆适口。"[26]可见无论是南瓜花、南瓜苗、南瓜叶、南瓜茎还是南瓜子，无不可食用。以南瓜花为例，作为特种蔬菜，利用方式多样，"嫩花油煎和糖食"或"花和粉煎食"或"花可佐酱"。除上述之外，胡会昌还认为："花，鲜的充蔬食，可饲塘鱼，用作钓饵，可钓塘养的鲢鱼、胖头鱼。"[10]民国《桦甸县志》提到南瓜"伴米作粥"，民国《虞乡县志》也载："南瓜，能作菜吃，亦可和菜熬粥。"[27]是我们今天常见的南瓜粥的雏形。

南瓜制成的特色食品有南瓜糕、南瓜饼。民国《上海县志》载："饭瓜，有鹤颈合盘诸种，蓄至年冬和粉为糕团。"[28]民国《南汇县续志》载："煮熟味甜可作蔬，亦可和米粉作糕。"[29]因为南瓜干物质含量很高，所以经过加工容易制成南瓜糕。此外还有南瓜饼，民国《宝山县志》载："取以煮面及和粉为饼。"[30]民国《杭县志稿》载："捣叶和米粉作饼，色青葱可爱。"[31]民国《杭州府志》载："南瓜饼，杭人摘南瓜老黄者为饼，色香并胜东郊土物。"[32]也是利用了南瓜的可塑性。民国《杭州府志》还记载了文人专门歌颂南瓜饼的诗词："旨蓄谋御穷，阴瓜摘蔓梗，剖刃和粉华，蜡色制成饼，翠釜蒸浮浮，冰盘叠整整，何事夸红绫，风味擅乡井。"[32]沈仲圭指出："粉食中有所谓南瓜饼者，乃本品和糯米粉、白糖制成之一种扁圆形之粉饵也，色作嫩黄，味甚可口，晨起代点，胜于他物。"[33]非我更详细指出了南瓜饼的做法："南瓜粉饼，取烧熟南瓜和以白糖，调入粉内，（需糯米粉）拌之，然后团粉成饼，实以洗沙馅，剪小箬亲其底，置锅内蒸熟食之，甘美异常，色略带黄，亦颇美观。"[34]

南瓜非常适合作馅。民国《文安县志》载："蒸食作馅均可。"[35]民国《房山县志》载："倭瓜，平地蔓生，初生青色，可作馅，老则黄，可煮食……其子可充果品。"[36]按民国《房山县志》记载，似乎南瓜只有嫩时才可作馅，老熟南瓜用来直接食用，实际上，无论是嫩南瓜还是老南瓜，均可作馅。齐如山介绍包子的馅就专门阐述：“老南瓜馅，也名曰老倭瓜馅。南瓜嫩时作馅，本很好吃，亦可加猪肉，当然更好吃。这种说的是老南瓜，长大之后，糖质面质都很多，且可以保存，农家恒用以作馅，用擦床擦成丝，加些葱末、盐便妥。这是寒苦人解馋的食品，稍讲究些，则加上点酱、虾皮、香油，那都好吃得多，若能再加上些韭菜，就更提味了。城镇中在秋末冬初之际，恒有卖这种烫面饺之小贩，专供劳工人吃者，然亦可以算解馋，这种馅倒是各样都可以用，如包子、团子、饺子、烫面饺等，稍殷实之家，多加上些佐料多用以蒸包子、包饺子，贫寒者加上一些盐，便用以蒸团子。”[8], p.7274民国《完县新志》载：“南瓜，县产分红白绿三种，其形状圆扁者为最多，皮色至美丽，宜去皮切碎，加肉作馅则味美，故县志有腥瓜之称。”[37]南瓜和肉一起作馅，味道更佳，与齐如山的说法相同。

南瓜子是非常流行的零食，炒熟食之，很受欢迎。民国《赤溪县志》载：“包裹种子甚多，烘熟颇香，可供亲宝小品。”[38]民国《武安县志》载：“煮食或炒食子可佐酒。”[39]“子可炒食”[14]、“子亦可食”[40]等，方志中记载极多。齐如山提到：“南瓜所生之子，销路也极大，亦曰倭瓜子，因永与西瓜子同时食之，彼黑色，便名曰黑瓜子，此则色白，更名曰白瓜子；吃时加盐稍加一些水，入锅微煮，盐水浸入瓜子而干，再接续炒熟，或微糊亦可，味稍咸而干香，国人无不爱食者。故干果糖店中，无不备此，宴会上更离不开它，客未到之前，必要先备下黑白瓜子两碟，席间亦常以此作为玩戏之具，此见于记载者很多；因其价贱，且吃得慢，无论贫富皆食之，而且全国通行。不过乡间只年节下用之，平常则不多见，亦因农工事忙，不比城池中人清闲者多，故无暇多吃零食。”[8], p.7238详细介绍了南瓜子的特征、加工工艺、利用情况等。

南瓜子自然是可口的小点心，南瓜经过加工也可成为点心。民国《米脂县志》载：“味甘，调以糖尤佳。”[41]民国《西宁县志》载：“可榨油，筵席可作小口食品，近多用之。”[42]民国《宣汉县志》载：“肉最厚可煮可蒸，或作蜜饯。子炒食尤香美。”[43]此外，方志中还介绍了一些特殊的南瓜利用方式，如民国《首都志》载:“果实嫩绿时煮羹作蔬，黄熟时和豇豆煮食之，或去瓤皮蒸熟之捣烂和面作饼饵，子干之炒熟可食。”[44]

齐如山对南瓜的食用方式介绍颇多:“南瓜唯只可熟食，不能生吃，嫩者切片炒食，老者切块煮食，以熬食者为最多……南瓜分长南瓜和圆南瓜两种。其中长南瓜水分多，糖质少，一般作为菜蔬，皮薄可以连皮吃，有绿黄两色，全身都有花纹，绿的水分更大，多是切成片炒食，或加虾皮等卤食，亦可加豆角、韭菜、面疙瘩等物熬食，煮各种汤面，亦多如此，不但提味，亦可俭省面质，此为乡间汤面最俭省的吃法；最好是做馅子，稍加虾皮，味便很美，此亦为乡间极普遍的吃法……至于圆南瓜，面质糖质更多，水分稍少，最宜蒸食，切成厚片蒸熟，面淡而甜，爱吃者都说比甘薯还好吃，煮小米稀饭加此稍加盐，亦曰菜粥。总之秋后，其他菜蔬已过去，白菜正生长不肯拔食，在这个时期中可作菜蔬者，几乎是只有南瓜，因各种豆荚已经霜不能再生，茄子之类虽可保存但不能很久，除腌菜和干菜外，鲜者则只有此物。且所含面糖等质都很多，食此更可节省米面，所以说它是农家重要食品，虽然价格便宜，而贫家无不重视。”[8], pp.237—238

齐如山还认为:“老嫩兼食的瓜果有南瓜、冬瓜、西葫芦、辣椒、番茄等等，其中只有南瓜吃法不一，若用它作为饺子、包子之馅，或熬菜等，则水分大一些，口味也不会坏；若秋后入冬用它熬菜粥，或蒸食等，则水分一大，便不好吃，最好是甜而面，方为合格，北方有一句谚语：倭瓜老了卖白薯。这固然有种子的关系，但水分也极为重要，浇得太多，则水分便大，便不好吃，这是毫无意义的。”[8], p.52

焦东樵子介绍了“面拖南瓜片”:“南瓜配以面粉最为入味，所以一般人家烧南瓜，往往加入面疙瘩。但是南瓜挟疙瘩，只可当点心，或当饭吃，不能当菜吃，而且疙瘩太结实，也不能吸收南瓜的滋味，要烧得入味，可以当菜吃，最好面拖南瓜片。”[45]“面拖南瓜片”作为新发明的一种素菜，焦东樵子专门介绍了其做法。王从周介绍的“南瓜蟹”与“面拖南瓜片”有异曲同工之妙:“先将灰面和冷水搅和如糨状，再用老南瓜去皮，切成细丝，投入调匀，加食盐酱油等物，用锅铲盛入熬透油内，炸至能浮油面，老嫩合宜为度，味甘而酥，颇可适口。”[46]

还有人介绍了南瓜团子的加工：“南瓜团子又名黄金团，南瓜团即系用糯米粉及南瓜和合而做成皮子的团子，蒸熟后，其颜色成为金黄而灿烂，故美其名曰黄金团，其馅心分为甜咸二种，咸者可用猪肉或菜心，随心所欲，甜者，豆沙、麻蓉、百果皆可。”除了阐述南瓜团子的基本情况之外，重点介绍了南瓜团子的成分和做法。[47]

华铃认为：“南瓜煮法有很多种，最普通的，去掉外皮，挖去瓜瓤及瓜子，切成一方寸左右的瓜块，先在锅中注油少许，待沸，把瓜块倾入，略炒，加入盐屑及糖屑，盖着煮透，可作点心，其味极佳。冷却后，味更隽妙，农家们都在这种炒南瓜中，加入虾干少许，用以佐膳佐酒，也是别有风味的。”[48]

黄绍绪指出：“我国多以其嫩瓜或成熟之瓜煮食，或烹调为肴馔食之。亦有与米共饮或作为饼食之。更有切为薄片干燥贮藏之，或用糖蜜成瓜片者，其种子可炙食，为优良之消闲品。普通南瓜，多以作饲料之用，仅有一二种可以作瓜排（pumpkin pies）。”[49], p.196

王凌汉提出了“北瓜笋之制法”：“北瓜一物，皮青而表厚，富于养分，为农家要品，因瓜老之后，不唯可以作蔬菜，兼可以充饥，不知制为瓜笋，尤为美味。其法，将瓜之生长已成而尚嫩者摘下去其瓜瓤，用刀切为薄片，再用木灰拌匀置于日光下晒之，干燥后即贮藏之，无论何时取用皆可，而冬日为尤佳。用时以水洗去木灰，用清水浸透，而后调和之，清脆异常，饶有佳味，较南方竹笋，尤为甘美，且瓜未熟而摘下，可令瓜秧多结瓜，乘此北瓜累累之际，有菜圃者，盖尝试之。”[50]

三、药用

南瓜的药用方式很多，在清代就已经广泛应用，治病救人、医疗保健常见南瓜的身影。民国时期南瓜的药用更加具体而科学，并且应用广泛。与清代主要体现在医书、本草书的情况不同，民国方志记载颇多。

民国《铁岭县志》载："倭瓜，种出自倭，又名东瓜，皮老有白霜，故又曰白瓜，有解鸦片毒力。"[51]民国《阜宁县新志》载："南瓜，有长形晚生者，为本邑佳品，向不作药用，自鸦片流毒，有和白糖烧酒煮食之以治烟瘾。"[52]可见南瓜在鸦片流毒以来成为解毒妙品，是南瓜近代以来主要药用方式之一。当然南瓜"向不作药用"之说是不正确的，清代多部医书、本草书都提到了南瓜的其他药用方式。南瓜用来解鸦片毒，民国时期技术更加成熟，方式更加多样。民国《江阴县志》载："开花时截断其茎，滴出清水，可戒洋烟。"[53]沈仲圭认为："取生者捣汁，或切厚片，嚼食，为戒烟绝瘾妙方。"[33]民国《昆明县志》载："南瓜白糖烧酒煮服可以断鸦片烟瘾，煮食沙而烂，味不恶，县属田圃栽者多，尤以莲花池及羊堡头为最。"[54]南瓜常用于治疗汤火伤、枪炮伤。民国《滦县志》载："倭瓜，一名南瓜……煮食甚佳，能解鸦片烟毒，并汤火伤毒。"[55]民国《大田县志》载："圆而多棱，色有黄绿二种，可疗炮火疮毒。"[56]民国《德化县志》载："肉黄味甘，能拔火毒，炮伤砂子入肉，切片敷之立出。"[57]民国《闽江金山志》载："金瓜，有黄红二种，可疗饥并治火毒。"[58]在战争年代，尤其是战乱频发的民国时期，南瓜用途不可估量。

实践证明南瓜在治炸弹散片伤方面卓有成效："南瓜可治炸弹散片伤。近有人发明治疗炸弹散片药方一种，极有效验，凡被炸弹所伤，以新南瓜捣烂成饼，敷患处，俟南瓜水分干，即弃而再敷，重伤不过四五次，轻伤只需二三次，即可全愈，设有弹片陷入肉内，亦可托出。"[59]对南瓜的利用方法叙述非常详尽。胡会昌指出："捣融治炮子和一切杂物入肉，围敷伤处，隔日必出；瓜腐烂后，敷无名肿毒，易于消散，用坛装瓜，埋入土内，过几个月，必化成水，擦治汤火毒，极效，擦治打伤的眼睛，也有效，这瓜水做的方子，越陈越好。"[10]"番瓜汁，以结而未熟之番瓜，择其嫩黄色者摘下，贮坛内捣烂成汁，可作汤火伤之需"[7]。可见用南瓜治疗汤火伤、枪炮伤，无论是南瓜干敷，还是制成南瓜汁，都有奇效，不拘泥于一种加工方式，视具体情况而定。

民国有人第一次提出南瓜叶能止血："出血时最适当的处理，自然是用药品，普遍被应用的是涂上一点红药水，但是在今天，药价的昂贵已是尽人皆知的事实，现在介绍一种非常经济的止血药。夏天里，南瓜叶是很容易得到而被认为是卑贱不值一文的东西，可是它却是止血良药。先把摘来的南瓜叶用冷开水洗干净，然后曝晒在烈日下，等晒得干脆之后，放在洁净的器皿里研成细末，就可收藏起来，以备应用了。用法也极简单，只须把伤口用冷开水洗干净后，把研好的粉末敷在伤口，血即可止，而且容易结痂。"[60]详细论述了南瓜叶的加工、利用全过程。胡会昌还认为："叶，鲜的治癣，先用手搔癣，将叶有毛的一面，紧贴患处，以手拍之，数次必愈。"[10]

南瓜的其他药用方式又如治疗浮肿、生疮等。民国《建阳县志》载："有一人通身浮肿，乞钱医治仅乞得数十文，不敷延医购药自分俟死，见市中卖南瓜者买而食之，肿消病愈，盖浮肿症多因弱脾不能克水所致，南瓜味甘色黄为中土之药，故食之而效。叶茎水治火伤及解阿片毒极效，取水之法将蔓茎割断，以一端拧入瓦瓮之内，一日夜其茎中之水即吸流入瓮。"[61]可见也同南瓜食用的情况一样，不仅是南瓜果实，南瓜叶、南瓜藤都有药用功能。有人专门介绍了南瓜露（叶茎水）的获取方法："采南瓜时勿将瓜藤拔去，宜在离根一二尺处，用刀割断，以空坛一个，将瓜藤倒挂入坛口之内，上面用物盖好，勿使雨水渗入，经过数日，则藤上滋水滴于坛中，即为南瓜露，凡患咳嗽者，以碗取露，隔水炖热，连服数天，即有奇效，并去烟积。"[62]

"小儿腿部膝盖上生一疮，经许多医生诊治，皆不见效，有五年之久，去年经友言，须用南瓜之瓤，去其中瓜子，抹在疮口，每二小时须再换新药，昼夜如此，三礼拜即痊愈，此方能医治长久不合之疮，已有效验云。"[63]南瓜治疮，在临床已经取得不错的效果。"妇女发秃，可剪断瓜藤，以盎盛取其汁，汁涓涓不绝，蘸涂之自有生毛发之功。"[64], p.188当然不止女性，南瓜藤汁在各种人群中都有一定的疗效。

四、饲用及其他利用方式

民国时期南瓜加工、利用方式远比明清丰富，如民国《巴县志》概括的“宜蔬宜糖片宜饲豕，嫩蔓宜豆汁，子宜佐茗酒。”[65]南瓜虽然在清代已经应用于喂猪，但民国更加广泛。民国《华阳县志》载：“皮皱泡者曰癞瓜，宜食，不皱泡者曰光瓜，多以饲豕，长者曰枕头瓜，子白色佐茗酒。”[66]民国《嘉定县续志》载：“邑人多以饲豕，亦有销上海者。”[67]民国《麻城县志续编》载：“邑人种多者或以饲养猪。”[68]民国《新繁县志》载：“为蔬为饼或以饲豕，子白，炒食之佐茗酒。”[69]等等。

南瓜的硬皮品种，皮坚硬，可作小瓢或盆盂。民国《辑安县志》载：“南瓜，形如甜瓜而扁，熟时皮红肉黄，皮极坚硬，可作小瓢。”[70]民国《凤城县志》载：“南瓜，熟时红色，皮极坚，大如碗，可作小瓢。”[71]民国《安东县志》载：“南瓜，蔓延数丈，形如甜瓜而扁，熟时色红肉黄，皮极坚硬可作小瓢。”[72]民国《高台县志》载：“去其仁而干之可代盆盂。”[73]

今天我国的大宗出口商品南瓜粉——南瓜粉的商品率高于南瓜汁、南瓜脯等其他南瓜制品——在民国时期才刚刚起步。民国《都匀县志稿》载：“可澄粉。”[74]当时有人专门梳理出南瓜粉的制作工艺：“将成熟南瓜剖开，去其种子及瓤，切成厚二寸许的小块，蒸熟后用火力干燥，磨成细粉，可久藏不坏。用作饼馅或混入粉中作糕团，别具风味。”[75]

南瓜制糖，在部分地区比较兴盛。民国《息烽县志》载：“世之研讨植物者皆谓老瓜能制糖，信乎其能制糖也。”[76]民国《三台县志》载：“南瓜，种出南番，故名，形有长圆，可作糖。”[77]民国《来宾县志》载：“南瓜有青黄二种，黄者最大种二三十斤，可酿酒，味醇美，亦可熬糖，花与苗嫩者可食，置馅花中煮汤尤清香。”[78]除了制糖还可酿酒，民国《西乡县志》载：“南瓜多食发病，可作酒。”[79]南瓜子亦可煮酒，民国《南溪县志》载：“熟食炒食或以糖浸，子可煮酒。”[80]

南瓜的部分品种观赏性较强。如民国《宣汉县志》中的“金瓜”：“金瓜，亦南瓜类也，唯体较圆整，纹理较细密，凹痕较停匀，大于碗，老则黄如金，红如朱，或陈之客室神龛以为玩具。”[43]民国《溆浦县志》载：“又有金瓜，状类南瓜而小，不可食，用以陈设供玩。”[81]民国《泰县志稿》载：“南瓜……瀹食味如山药，邑人供玩赏，不恒食。”[82]除了南瓜的观赏品种本身具有观赏功能，还可加工南瓜用于观赏。民国《上海县续志》载：“未熟时以小刀刻其皮作书画，熟则凸起，至老撷下，供盆皿之陈设品。”[83]南瓜雕在今天更加流行，丰富了我国的食雕文化。

南瓜还有一些特殊、罕见的利用方式。“据化学家研究，南瓜含有养分丰富、甘美可口的油质，此油或可为橄榄油的部分代用品，以保藏沙丁鱼以及其他食物；其种子可为杏仁的代用品，油饼则为牲畜之饲料。”[84]南瓜是“夏季养蜂植物”。[85]即可利用蜜蜂为南瓜异花授粉，同时为蜜蜂提供丰富的花粉。民国《麻城县志续编》载：“络纬，一名莎鸡，俗呼纺织娘，又曰摇纱螂，六七月间振羽作声，连夜札札不止，如纺织，故名。捕养者饲以南瓜花最宜。”[68]可见南瓜花的饲虫功效。南瓜可用来制酱豉，民国《遂安县志》载：“俗人晒干，以制酱豉。”[86]南瓜叶可以染色，民国《宣平县志》载：“叶大如荷叶，汁可染绿。”[87]南瓜蔓结实、易得，在战争年代，“南瓜蔓，扯不断，中条山里都长遍，开黄花，结炸弹，炸死鬼子千千万。”[88]前文提到的华工出国漂洋过海，常有很多人随身带几个大南瓜，除了食用外，如果被人为地扔到海里或者发生海难，巨大的南瓜能充作漂流救生圈。[89]

参考文献

[1] 辉南县志[M]. 卷一，民国16 年（1927）铅印本.

[2] 熊同和. 蔬菜栽培各论[M]. 上海：商务印书馆，1935.

[3] 齐河县志[M]. 卷十七，民国22年（1933）铅印本.

[4] 辽中县志[M]. 五编，民国19年（1930）铅印本.

[5] 邢台县志[M]. 卷一，民国32年（1943）铅印本.

[6] 沙河县志[M]. 卷六，民国29年（1940）铅印本.

[7] 梦觉. 番瓜汁[J]. 家庭常识，1918（4）：144.
[8] 齐如山. 华北的农村[M]. 沈阳：辽宁教育出版社，2007，237，274，238，237-238，52.
[9] 光山县志约稿[M]. 卷一，民国25 年（1936）铅印本.
[10] 胡会昌. 南瓜栽培法[J]. 湖北省农会农报，1922，3（2）：45-49.
[11] 牟平县志[M]. 卷一，民国23 年（1934）铅印本.
[12] 黑山县志[M]. 卷九，民国30年（1941）铅印本.
[13] 考城县志[M]. 卷七，民国13 年（1924）铅印本.
[14] 磁县县志[M]. 章八，民国30年（1941）铅印本.
[15] 万全县志[M]. 卷二，民国23 年（1934）铅印本.
[16] 政和县志[M]. 卷十，民国8年（1919）铅印本.
[17] 孤星. 炒南瓜[J]. 家庭常识，1918（4）：30.
[18] 岫岩县志[M]. 卷一，民国17 年（1928）铅印本.
[19] 达县志[M]. 卷十二，民国27 年（1938）铅印本.
[20] 正阳县志[M]. 卷二，民国25 年（1936）铅印本.
[21] 临泽县志[M]. 卷一，民国31 年（1942）铅印本.
[22] 西丰县志[M]. 卷二十三，民国27 年（1938）铅印本.
[23] 献县志[M]. 卷十六，民国14 年（1925）铅印本.
[24] 邕宁县志[M]. 卷十八，民国26 年（1937）铅印本.
[25] 上杭县志[M]. 卷九，民国28年（1939）铅印本.
[26] 桦甸县志[M]. 卷六，民国21 年（1932）铅印本.
[27] 虞乡县志[M]. 卷四，民国9 年（1920）铅印本.
[28] 上海县志[M]. 卷四，民国25 年（1936）铅印本.
[29] 南汇县续志[M]. 卷十九，民国17 年（1928）铅印本.
[30] 宝山县志[M]. 卷六，民国10年（1921）铅印本.
[31] 杭县志稿[M]. 卷六，民国38年（1949）铅印本.
[32] 杭州府志[M]. 卷八十一，民国11年（1922）铅印本.
[33] 沈仲圭. 南瓜漫谈[J]. 医界春秋，1932（72）：27-28.
[34] 非我. 南瓜粉饼[J]. 家庭常识，1918（5）：62.
[35] 文安县志[M]. 卷一，民国11年（1922）铅印本.
[36] 房山县志[M]. 卷二，民国17 年（1928）铅印本.
[37] 完县新志[M]. 卷七，民国23 年（1934）铅印本.
[38] 赤溪县志[M]. 卷二，民国15 年（1926）铅印本.
[39] 合江县志[M]. 卷二，民国18年（1929）铅印本.
[40] 法华乡志[M]. 卷三，民国11年（1922）铅印本.
[41] 米脂县志[M]. 卷七，民国33 年（1944）铅印本.

[42] 西宁县志[M]. 卷十四，民国26年（1937）铅印本.
[43] 宣汉县志[M]. 卷四，民国20年（1931）铅印本.
[44] 首都志[M]. 卷十一，民国24年（1935）铅印本.
[45] 焦东樵子. 面拖南瓜片[J]. 机联会刊，1947（213）：21.
[46] 王从周. 南瓜蟹[J]. 家庭常识，1918（4）：30.
[47] 南瓜团子又名黄金团[J]. 俞氏空中烹饪：教授班，年代不详（3）：19-21.
[48] 华铃. 南瓜[J]. 紫罗兰，1945（18）：35-36.
[49] 黄绍绪. 蔬菜园艺学[M]. 上海：商务印书馆，1933.
[50] 王凌汉. 北瓜笋之制法[J]. 江苏省公报，1918（1550）：6.
[51] 铁岭县志[M]. 卷三，民国6 年（1917）铅印本.
[52] 阜宁县新志[M]. 卷十一，民国23年（1934）铅印本.
[53] 江阴县志[M]. 卷十一，民国10年（1921）铅印本.
[54] 昆明县志[M]. 卷五，民国28年（1939）铅印本.
[55] 滦县志[M]. 卷十五，民国26年（1937）铅印本.
[56] 大田县志[M]. 卷四，民国20年（1931）铅印本.
[57] 德化县志[M]. 卷四，民国29年（1940）铅印本.
[58] 闽江金山志[M]. 卷十，民国23年（1934）铅印本.
[59] 南瓜可治——炸弹散片伤[J]. 业余生活，1941, 1（5）：41.
[60] 南瓜叶能止血[J]. 济世日报医药卫生专刊，1947, 1（1）：7.
[61] 建阳县志[M]. 卷四，民国18年（1929）铅印本.
[62] 红树. 南瓜露[J]. 家庭常识，1918（4）：144.
[63] 南瓜瓤治愈五年疮[J]. 通问报：耶稣教家庭新闻，1936（1713）：26.
[64] 郑逸梅. 花果小品[M]. 上海：中孚书局，1936.
[65] 巴县志[M]. 卷十九，民国32 年（1943）铅印本.
[66] 华阳县志[M]. 卷三十二，民国23年（1934）铅印本.
[67] 嘉定县续志[M]. 卷五，民国19年（1930）铅印本.
[68] 麻城县志续编[M]. 卷三，民国24年（1935）铅印本.
[69] 新繁县志[M]. 卷三十二，民国36年（1947）铅印本.
[70] 辑安县志[M]. 卷四，民国20年（1931）铅印本.
[71] 凤城县志[M]. 卷十四，民国10年（1921）铅印本.
[72] 安东县志[M]. 卷二，民国16年（1927）铅印本.
[73] 高台县志[M]. 卷二，民国10年（1921）铅印本.
[74] 都匀县志稿[M]. 卷六，民国14年（1925）铅印本.
[75] 园艺品加工[J]. 新农，1949（3）：9.
[76] 息烽县志[M]. 卷二十，民国29年（1940）铅印本.

[77] 三台县志[M]. 卷十三，民国20年（1931）铅印本.

[78] 来宾县志[M]. 卷上，民国26年（1937）铅印本.

[79] 西乡县志[M]. 卷十二，民国37年（1948）铅印本.

[80] 南溪县志[M]. 卷二，民国26年（1937）铅印本.

[81] 溆浦县志[M]. 卷九，民国10年（1921）铅印本.

[82] 泰县志稿[M]. 卷十八，民国25年（1936）铅印本.

[83] 上海县续志[M]. 卷八，民国7年（1918）铅印本.

[84] 格. 南瓜之新种及其用途[J]. 科学世界，1933（9）:868.

[85] 黄县志[M]. 卷一，民国25年（1936）铅印本.

[86] 遂安县志[M]. 卷三，民国19年（1930）铅印本.

[87] 宣平县志[M]. 卷五，民国23年（1934）铅印本.

[88] 陈桥. 南瓜蔓[J]. 国讯，1944（374）：19.

[89] 佚名. 与美国铁路华工命运相连的南瓜简史[J]. 出国与就业，2008（5）：23.

民国时期橡胶树种植技术的环境限制与本土改良

杜香玉

19世纪后半叶，橡胶树从南美洲传至东南亚，直至20世纪上半叶，才由东南亚传至中国，相继引种到云南、海南、台湾地区，橡胶树种植技术也随之传入我国。这套技术是以现代科学知识为指导，追求标准化、商业化，片面强调经济效益，忽视了生态效益。在橡胶与环境的互动过程中，橡胶树种植加剧了人与自然之间的矛盾，时人开始基于本土知识经验反思橡胶树的生态适应性，以调试人与自然之间的关系。目前，学界关于橡胶树的研究主要集中于橡胶树引种、栽培，橡胶加工、制造技术传播与发展的历史梳理，较少从环境史、科技史视角对橡胶树引种与栽培技术进行专门探讨。本文立足于环境史，结合科技史，全面、系统总结民国时期橡胶树种植技术的具体实践，深入分析橡胶树依托现代种植技术所遭遇的新的环境限制，进一步思考本土改良及优化如何打破这些环境局限，以期推动环境史与科技史的结合。

一、民国时期的橡胶树种植技术

民国时期橡胶树种植技术的引入在一定程度上突破了本土生态环境的限

制，保证了橡胶树正常生长及产胶。橡胶树这一新物种与本土经济作物的种植方式不同，需要依赖于现代种植技术，而中国本土缺乏这一技术。民国初年，橡胶树种植技术开始传入我国，这主要得益于在南洋从事橡胶树种植的华侨，尤以海南地区从南洋回国的华侨工人居多，该岛橡胶树种植园（简称“橡胶园”）内工人“人数可以万计，其人多以种植胶树为业，其技术俱为侨居南洋时期所学习，对于育苗移植管理制胶法颇有经验”。[1]这为橡胶树种植技术在我国的具体实践奠定了重要基础。

1.橡胶树种植的育苗方式

民国时期的育苗方式有两种：苗圃地育苗和苗罗育苗。在苗圃地育苗，必须充分考虑该地的土壤土质、日照、通风、排水及灌溉等环境条件，最宜选择新地，并需要于农历六月间就准备好，等种子成熟后，及时播种，才能保证橡胶树种子的发芽率。

苗圃地需要在橡胶园附近选择土层深厚且平坦便于灌溉的地方，且需要通风好、日光充足，土质为沙质之地，“其面积约六十方尺，选好之后，将所有树木、茅草或杂草尽行除去，连根掘尽烧净，再用锄或犁深耕一尺半，风化半个月后，压碎土块，并将所有小石残根收拾干净，全圃平面须稍倾斜，以便排水。”苗圃地可“分为若干畦，两畦间之排沟，约阔六寸深六寸，每畦连排水沟阔二尺半（实畦阔二尺），长十尺”。[2]苗圃地确定之后便可播种，由于橡胶树种子含有丰富的油分，“发芽力之保有期极短，故采集后，以快播育为佳，播育种苗”。[3]播种时“每粒种子相距约六寸，播深一寸；之后，每畦可点播种子二百粒（即纵播五行横播四十行），全圃播种面积为五十方尺，分为六十，可播种子一万二千粒为中等规模适合之苗圃（大规模者三或五倍之种子）”。[2]种子入土后，“为横伏状，轻覆浮土，上蔽干禾叶，以防苗床干燥”。[4]此种育苗方式较为烦琐，而且人工成本较高。

苗罗育苗较之苗圃育苗更为简便，成本较低。苗罗是用竹子织成的箩筐，“直径2寸，高5—6寸”，[5]里面放满混合土壤，然后播入种子，排列成行，用木条或竹条挡住，以免倾倒，搭棚掩蔽并浇水。这与苗圃育苗方法略同，但较之于苗圃育苗，此法的移植速度较快，苗木长到半尺时，即可进行移植。移植时，选择其中最高者连罗栽植，[2]此种育苗方法比苗圃法简单且便于操作，不需要太高的人工成本。

2. 橡胶林地的选择、开垦及定植

橡胶林地的区域选择、开垦及定植方式需要极为重视周边自然环境条件，其对树木的发育状况、种植后的枯损情况、风害及病虫害之有无乃至于胶乳产量之多少等具有直接影响。

（1）橡胶林地的选择

橡胶树定植前需选择一定面积的林地进行垦辟，民国时期的橡胶林地“多于山岳之荒地为园地，间亦有于森林之地，开山砍木而为园地者”，[6]不论是原始植被还是灌木林或杂草地都要清除殆尽，其中橡胶林地的选择以乔木林地最佳，次为灌木林及杂草地，“然除灌木密林以外，亦有开垦灌木林及草地者。唯除河川流域及海滨膏腴地外，以乔木林地为佳。”[7]一定程度上橡胶林地的开垦破坏了原始森林，打破了原本的生态系统平衡。橡胶树从幼树定植至成熟割胶到停割将近50年之久，此期间，橡胶林主要为单一生态系统的人工林，无论是在物种多样性还是生态系统复杂性上，其生态功能都远不如垦植前的乔木林、灌木林。

（2）橡胶林地的开垦

一是开垦之前需要对橡胶宜林地的土壤、水源、生物进行考察，以确保具备橡胶树生长的环境条件，“对于道路河川之位置，土地起伏之状况，地上被植物之种类，以至土质及成分亦有宜注意者”。二是砍伐林木，“先垦荒，林垦之法，先于干季斩伐灌木，次将巨大树干于离地一丈前后处伐倒之”。三是在农历二三月间放火烧山，“俟二三月间，干枯后，放火烧毁，随后将余烬扫除，复堆置于巨树周围。”[7], p.23即将小灌木、杂草等纵火焚烧。四是整地并划定橡胶树栽植范围及距离，“就周围划定界线，以示线内为某人之园地，再就划定范围内分配行列，普通行间距与株间距离为十八尺至二十尺，亦有十四尺至十六尺者”。[6]

（3）橡胶树的定植

橡胶园经整地、区划就绪后，开始移苗进行定植。将苗圃中适于移植的幼苗小心掘起，将苗根及枝叶略加剪切，带土运到园内，[6]移植苗木时需要注意苗木的保护，“其过小者，保护不良，易过大者，掘取运搬困难，且苗木亦易受伤”。[7]橡胶林地的栽植距离极为重要，海南橡胶树的普通行间距及株间距约为20尺。植林形式有正方形法、长方形法、菱形法、三角形法等，以三角形法最为合宜，林距平均，日光照射普遍，[4]如图1、2 所示。确定栽植距离及方法后就要进行移植，移植时间多为春季或秋初，需要降雨2—3次，使土地充分湿润之后，由于季入雨季时进行移植，移苗之时，苗根“应略加修剪，根长尺许，干高五六寸许；栽植时，苗根周围应以松土覆之”。[8], p.199 “则苗木成长易，而枯萎率较少。”[4]先是挖穴，“掘一宽2平方尺、深1.5 尺许之穴”，[8], p.200 “将较为肥沃之表土，置于一侧，新土置于对侧，即俟一二周间，土壤经风化作用以后，将掘上及穴口附近表土锄入穴中。此时，如能将烧土混入埋之，效果尤佳；唯混入枯木根株石块等，则苗木发育不良”。[7], p.23

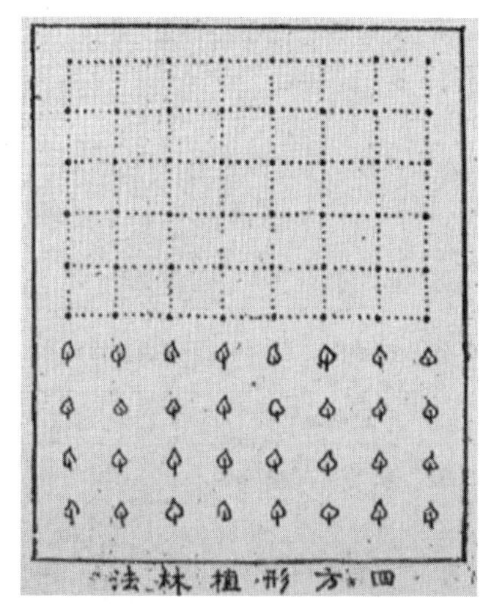

图1　橡胶林地四方形植林法

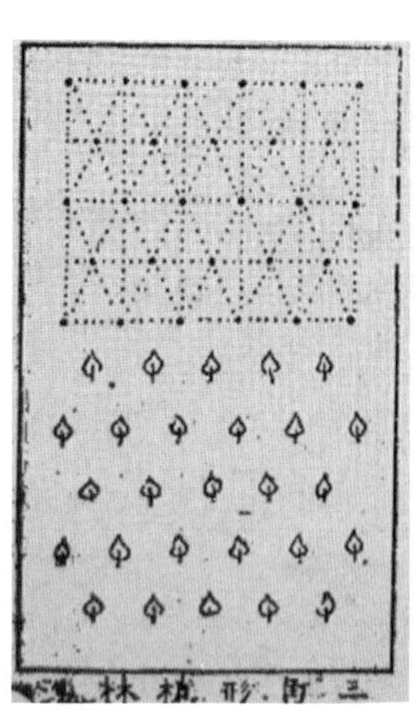
图2　橡胶林地三角形植林法

3.橡胶园的抚育管理

橡胶树苗木定植之后需要进行严格的抚育管理工作，包括定期浇水、除草、施肥，通过人为干预使橡胶树生长的环境接近于原生环境，保证橡胶树的正常成长。

一是浇水，“早晚分别一次，至发出新芽时灌水次数可以略减”；二是除草，“于植后二三月乃至六月行之，每年除草三四次即可，待生长到直径约半寸时割除”；三是修剪枝条，“树木生长后，枝条高下不齐，故须将离地十尺内外之枝条切去之”，并“迨生长七八尺高时，则剪截其顶芽，使旁发枝叶，以扩张其树冠”，以此使橡胶林通风透光，提高胶乳产量，使割胶后的树皮易于再生；四是间伐，“系于数年采液，间株伐之”，使得余下橡胶树发育良好；五是施肥，于年终施肥一二次，肥料的种类“以鱼盐及海棠麸［注：海棠麸为琼崖特产之海棠树种子榨取而成］为多，其分量普通多为一斤”。[6]橡胶树在不同生长阶段施肥量有所不同，如表1 所示。通过施肥可以更好地保持土壤的肥力，民国时期的农学家认为“栽培橡树本少施肥，然欲促进树势增加收量，除由上坏落叶等供给养分之外，亦往往有施与肥料者”。[7], p.23

表1　民国时期橡胶园在不同生长阶段施肥量统计表

不同生长阶段	施肥量
植后三至六月之幼树之施肥量	蓖麻油250磅；过磷酸石灰150磅；氯化钾50磅；骨粉50磅
植后六至八月之幼树施肥量	蓖麻油160磅；过磷酸石灰80磅；氯化钾120磅；骨粉40磅
植后一至二年者	硫酸亚70磅；骨粉105 磅；过磷酸石灰140磅；氯化钾35 磅
老树	碱性熔渣225磅；智利硝37.5 磅；硫酸钾37.5 磅

资料来源：丁颖，《热带特产作物学》，国立广东大学，1925年，第25页。

橡胶树作为外来物种，对气候、土壤、水源等自然环境条件的要求较高，需要科学选择橡胶树引种区域，还需科学合理规划橡胶树种植标准。选种、育苗、选地、开垦、定植以及抚育管理等现代种植技术一定程度上打破了温度、降水、土壤等本土环境限制，更好地保证了橡胶树的生长与产量。但这一外来物种及技术异于中国传统种植所遵循的“天人合一”的整体生态观，更多地追求种植作物的高产，忽略了作物与周围环境之间的整体生态平衡。可以说，橡胶树种植技术虽然成功打破了本土生态环境的限制，但遭遇了新的环境限制。这主要是由于20世纪初，国人在“民主”与“科学”的口号之下，极为推崇西方科学技术的推广及效用，而这一技术是在西方文化背景下生成的一种认识人与自然关系的理论范式，强调“主客二元”的哲学观，将人与自然对立看待，在这一观念指导下，德国的林业科学和几何学成功地将真实、多样且杂乱的原生森林变成了单一树种、同一树龄、利于管理的标准化、军团化商业林场。[9]

二、民国时期橡胶树种植技术遭遇的环境限制

直至晚清时期，传统思想认为我国处于温带地区，而橡胶树产自热带气候区，我国境内并不具备种植橡胶树的自然环境条件。然而，王丰镐较早提出我国具备种植橡胶树的环境条件：我国位于赤道北25º至28º的区域可以种植橡胶树，主要包括28º以南的江、湘、云、贵、闽、粤诸省。[4]橡胶树种植技术的引入在一定程度上保证了橡胶树的正常生长，但这一技术逐渐成为影响当地环境变迁的新因素，橡胶林地的选择与开垦使得原始森林面积减少，单一次生林代替茂密的原始植被，橡胶树种植更是遭遇了本土生态环境中大风、病虫等新的环境限制，这些新的环境限制因素转变为风灾、病虫害、兽害、火灾等，激化了橡胶树与环境之间的矛盾。

1.橡胶树种植所需的环境条件

橡胶树的生态特性是影响巴西橡胶树种植区域分布的重要因素，橡胶树对环境的适应性主要受到温度、降水、土壤等生态因子的影响。从晚清至民国时期，我国橡胶树种植区域主要为海南、云南及台湾地区，其中海南橡胶园的数量更多、规模较大，这是由于海南的自然环境最接近于南洋群岛橡胶

树主产区的自然环境。

民国时期，时人曾一度将海南视为我国唯一能种植橡胶树之地，“我国虽以地大物博著称，然以气候关系，胶树之产地，可谓直等方零——唯海南一岛，孤悬海外，位置于热带，气候温和，雨量充足，最适宜于胶树”。[1]而且，海南所种植橡胶树在当时不仅投入市场，“热带特产作物，如树胶……，为国内各地不能栽植者，在本岛试种，均著特效。凡此各种热带特产作物，本岛实具有天时地利之优越条件，既易发展，且有市场。”[3]海南岛地处“东经百十一度与百零九度，及北纬十八度与二十一度之间”，[10], p.5其“地接热带，气候温热，四时常花，三冬无雪。一岁之间，少寒多热；一日之内，气候屡变。昼则多热，夜则多凉；天晴则热，阴雨则寒。东坡所谓‘四时皆是夏’‘一雨便成秋’也。至于水土亦无他恶，即向称瘴雾之黎区山中”。[11], pp.110—119土壤肥沃，河流众多，面积广阔，适宜热带作物生长。[12], p.333这为橡胶树种植提供了优越的自然环境条件。

而云南仅在车里（今景洪市）、河口等自然环境条件较为优越的滇南地区进行了少量引种。台湾地区虽较之云南自然环境条件较为优越，终年气候温和、雨量充沛，适合橡胶树种植，但由于人稀地窄，橡胶树仅是零星种植，不成规模，多被当地用作柴薪砍伐。因此，海南橡胶树种植最为成功。海南、云南、台湾从橡胶树种植环境条件来看，在一定程度上可以满足橡胶树的正常生长及顺利产胶。但橡胶树种植在中国本土生态环境中又遭遇了新的环境限制，这些限制因素最终加剧了生态灾害。

2.橡胶树种植技术遭遇的环境限制

橡胶树这一外来物种及种植技术的引入成为导致中国本土生态系统失衡的新因素，橡胶树作为单一纯林，人工栽培的主要目的是实现经济价值，但忽视了单一化、商业化、简单化之后的林地面临的负面生态效应。橡胶树种植形成的单一生态系统较之原生生态系统具有更多不稳定性、脆弱性，导致当地生态系统抵御自然灾害的能力降低，最终加剧了风灾、兽害、病虫害、火灾等灾害。

（1）风害

民国时期，我国橡胶树种植区域受大风影响最为严重的属海南地区。因海南属热带季风海洋性气候，受台风影响最为频繁，这是橡胶树在海南种植所面临的主要环境限制因素。日本人市原丰吉在海南农业调查报告书中就论及海南岛不是“经营树胶之适地”，其主要理由之一就是“易受风害”。[6]橡胶树种植是单一纯林作业，树与树之间的间距较宽，较之原来茂密的原始森林及次生林地更难以抵御大风的侵袭，从而转化为风害，严重影响橡胶树的生长及产量。

根据民国二十三年（1934）海南各橡胶园的实地调查数据可知，琼安公司树胶园因风灾损失橡胶树半数，锦益公司因风灾损失橡胶树40%，亭父树胶公司因风灾损失25%，茂林公司树胶园因风灾损失20%，张家库公司、庞习成公司、合和公司、庞位乡、南兴公司、振兴公司、水口公司、益利公司等树胶园受风灾影响损失皆在10%—20%。[13]再如李文阁树胶园，飓风灾害特大，民国十六年（1927）植树千余株，民国二十六（1937）因大风损失巨大，“拔倒者三百余株，折断杆部者过半，其茎折断而能再生者十居五六，其余所以死亡之原因，系因拆口不知修补，至今雨水浸入而腐朽不能发芽。”[14]茂林树胶园“风害特巨，园中树木遭风害损折者几估100%，非倒即折，园无完树，计全园为风拔倒而致死者共约五百余株，风害之烈可见一斑矣”。[14]

（2）兽害

橡胶树种植一直面临着兽害的严重威胁。因橡胶园多邻近村落，村民习惯放养牲畜，如猪、牛等就极为喜爱啃食橡胶树幼苗及橡胶树。民国时期，橡胶园主要是民营，投入人力多有不足，对于橡胶园的监管较为散漫，橡胶树幼苗时期受兽害影响尤其严重。如南兴公司之树胶园“山猪为害，亦极严重，入夜乘人不觉之时，成群结队，窜入园，践踏为害，寻食幼苗嫩叶；顶芽一遭其嚼食，则树木之生长大有妨碍”。[6]牛害也甚为严重，据文昌新桥许诗园主所言，文塘附近乐会、定安等处，由于村民放牛，“常有牧牛于树胶园中者，树之小者，遭受践踏之害甚剧，即老大之树木，其树皮亦往往为牛角所擦伤”。[6]据李文阁胶园的调查，因乡民放养家畜的习惯，“贪园中青草茵绿，纵牛入牧，致令树皮为牛角擦伤，幼树遭践踏者尤甚”而且山间野兽猖獗，“多山猪为害”。[14]

（3）病虫害

民国时期，橡胶园中病害轻微，虫害极为突出，由于民营胶园的橡胶树主要是单一树种进行规模种植，形成的生态系统较为简单，防治病虫害的能力极为薄弱。根据20世纪30年代海南橡胶园的病虫害调查，“菌害极微，根病、叶病甚少。唯树褐色病，间稍有之。虫害颇多，低洼积水不通之处，常见白蚁蛀食树皮，鼻涕虫、蜗牛等窃食树胶液亦常有之事”。[15]

病虫害暴发主要是由于人工橡胶林的单一种植导致生态系统失衡，使原本各种生物、微生物、非生物之间的物质能量流动及循环发生断裂，造成其他本土物种减少甚至灭绝，如使得一些虫类的天敌灭绝，从而引发虫害暴发。20世纪初，巴西橡胶树种植园暴发南美叶疫病，主要是由于橡胶树的单一种植加速了这种病害的蔓延，扩散速度难以控制，使得南美橡胶树种植园遭受到几近毁灭性的危机。这次病害的暴发正是源于人工纯林存在的严重缺陷。此后世界主要橡胶树生产基地转移到东南亚地区。

此外，橡胶园中极易发生火灾。由于橡胶园除橡胶树这一单一树种外，其他多为杂草灌木，一旦野火延及，就难以控制，火灾所造成的危害极为严重。民国时期，南兴橡胶园“新公司8000株，经一次火灾现存300株”。[14]究其原因，“因邻近之农田农人，纵火烧田间什草时，所延及者”。[14]加之园中缺乏人员管理，杂草丛生，邻近山野之处，又无防火线设备，有随时发生火灾之危险。

三、民国时期橡胶树种植技术的本土改良及优化

巴西橡胶树这一外来物种对于中国本土的生态适应能力较低，必须通过人为调试橡胶树的生长环境才能使其逐渐融入到本土生态系统之中。民国时

期，面对橡胶树种植所遭遇的种种环境限制，时人开始结合本土知识经验寻求解决与应对路径，即通过本土改良及优化调试橡胶树与环境之间的关系，抵消橡胶树所遭遇的新的环境限制。

1.胶园间作方式的本土改良及优化

民国时期，橡胶园间作的方式主要是经营橡胶树种植业经验丰富的南洋华侨较早进行实践。因其常年在南洋从事橡胶事业，对橡胶树种植的管理作业已趋于科学化，且多能利用隙地种植菠萝、咖啡等以为副业。[16]民国时期，在胶园进行间作或混作已是常态，如海南胶园管理中“不宜独营一种，且每一区域中，有高处宜种树胶，而低处宜种他物者，故经营之时必于树胶而外，兼种其他农产，如椰子、槟榔、益智、艾叶、咖啡、棉花、烟叶、菠萝、花生、杂粮等物，均可随时选择因地制宜而种植之”，[17]以及香茅、甘蔗、木薯、马尼拉麻（蕉麻）、玉蜀黍、辣椒、刚果、茶、可可、古柯等。[7，p.78]

抗日战争前，南洋华侨也曾少量引入绿肥作物爪哇葛藤（三裂叶野葛）、毛蔓豆作为海南岛胶园的覆盖作物。[18]这种间作方式主要是在栽培橡胶树5年以前于隙地进行，弥补橡胶树开割前的短期经济效益。这种间种或混种的方式，在一定程度上也增加了橡胶林的土地覆盖率，保持了土壤肥力，减少了水土流失，而且可以充分利用空余空间，减少土地资源浪费。

20世纪30年代，橡胶园便已采用林地间作的方式进行精细化管理。根据民国二十五年（1936）关于橡胶树种植管理方式的记载，东方各地对待橡胶树，都是像种植其他农作物一样，杂草多被除去，使得橡胶树下无其他生物生存，土壤的保水性变差，在雨季到时加重了地面的冲刷力度，严重者造成水土流失。而且橡胶树在开割之前橡胶园的大量土地资源空置，土地覆盖率低，而且此时橡胶林也无法产生经济效益。[19]20世纪40年代，日本人也提出在橡胶园进行多种经营可以避免生态系统单一化。如市原丰吉在海南岛农业调查报告书中提及树胶经营之法，已经意识到橡胶林单一种植之弊端，认为应“以他种树木为生产，树胶为副产栽植之。……从事树胶之经营，即另有种种困难，其缺陷亦易于补救也，于此应注意者，即避免树胶之单纯作业”。[6]

2.抵御灾害方式的本土改良及优化

民国时期，为保证橡胶园的发展，减轻自然灾害，采取了一系列措施。对于风灾，鼓励种植防风林以预防风害，“园地附近当风之地赶造防风林”；种植防风林“须由政府或政府与经营者合力经营之”，[15]如文昌、儋县那大（今儋州市那大镇）之胶园，经营者自动种植，或兴实业机关合作举办之。[16]建造防风林，“大风可以障蔽，水源赖于涵蓄”。[14]

对于兽害，民国时人防除牧牛及山猪等野兽，“唯联合邻近各园主共立禁签，或联呈地方官警，请饬令告诫，自易为效，不然恐一人之独举，难以抵挡多数人从来恶习成惯之愚顽反抗也。欲除山猪之害，须于园之周围编束篱栅，或常令工人猎捕之，同时园中时放一种炮声——如纸炮之类——以恐吓之，使远避他方，不敢临近园地，害自除”。[15]此外，针对兽害可以进行猎杀，如山猪害尤为严重，据文昌新桥许诗园主所言，一年间共猎得山猪八十余头。[6]

对于病虫害，橡胶树育苗期间种子及幼苗易受危害，需要特别注意预防家畜、鸟类、野兽为害，而且苗圃中常有白蚁、蟋蟀等生物，时人认为“最好先以沥青涂于种子外面，然后施播，可免其害”。[2]橡胶树生长期间，一旦发现皮部、枝部染疫，或患生白蚁，所有橡胶树因受虫害或树疫都要砍去。[20]由于虫害影响较重，所以时人提出了针对性的虫害防除之法。一是防除白蚁，“查各树胶园发生白蚁之处，皆于积水不通及什草灌木丛生空气闭滞之处见之，苟能注意排水及芟除什草灌木，使园地干爽洁净，其害自除，若为防范密计，于树干基部之周围掘一小沟，置些杀虫药料，则虽白蚁即能发生于园地不克为害于树干也。”[15]二是防除蜗牛及鼻涕虫：“此等小虫，以其仅偷食胶液，且为量极微。与树木生长，无多大之防碍，本不堪过虑，然而虫之数量多，长年打算，其损失不少。防除之法，或令工人勤于捕捉，或于张灯诱杀，或侦查其孵卵期间先除其卵及虫，都极易为之。”[15]

对于火灾的防御，首先，应清理橡胶园中灌木杂草“使园地清净，野火即能延及，亦不致于园内焚烧”；其次，在橡胶园四周设防火线，“防火线之设备，最好于园之四周掘一约尺余，涧可一丈之沟，一则可以贮蓄园中之排出水，二则可得于必要时借资灌溉之用，一举数得，法至善也。”[15]民国时期，直接引入的橡胶树种植技术并不一定完全适应中国本土生态环境，这就导致引进技术面临新的环境局限。通过人为调试进行本土改良及优化缓解了橡胶树种植后，遭遇到新的环境限制，这意味着科学技术与本土知识经验相结合的重要性。“一个国家不可能依靠全盘引进他国的现成技术而实现科学技术的进步，这其中关键的一个步骤是对引进技术进行适应性的‘本土化改造’。”[21]虽然当时人们已经意识到橡胶树种植技术本土改良及优化的重要性，但因战乱频仍、技术及资金匮乏，多数胶园荒废，这一意识更多是停留于理念层面，并未得到广泛的实践与推广。

结　语

20世纪上半叶，橡胶树在我国的早期引种因受环境限制难以突破传统的自然与地理界限，以西方科学知识为主导的橡胶树栽培技术的传入虽为其营造了适宜生长的人工环境，但也问题重重。由于西方科学技术是基于西方近代主客二元的哲学体系下的人与自然对立的认识，强调从自然中攫取有利资源，而忽略本土生态系统平衡，这种观念与中国传统“天人合一”的人与自然和谐共生的观念是相背离的。在传统技术逐渐被现代技术所取代的过程中，科学化、标准化、商业化成为人们打破自然限制的衡量指标，而具有本土性的经验知识被科学知识替代。橡胶树作为一种外来物种，从一种生态系统引种到另一种生态系统之中，既需要考虑种植区域的温度、降水、坡度、土壤等主要生态因子，打破中国本土生态环境的限制，也需要借鉴本土知识经验，通过人为改良及优化橡胶树的生存环境，更好地调控其所缺失的生态因子，增强橡胶树对本土生态系统的适应能力，抵消新的环境限制。在当前生态文明建设背景下，应当进行本土与传统生态智慧与技能的理性回归；生态恢复需要科技支撑，但也需要结合中国传统智慧，更好地进行本土生态修复与治理，这是推动人与自然和谐共生的重要路径。

参考文献

[1] 林成侃. 海南岛与胶树[J]. 农声，1937（86-90）：118-119.

[2]陈伯丹. 树胶之培植[J]. 琼农，1947（2）：3-5.

[3] 胡荣光. 树胶事业之发达及其造林经营之研究[J]. 琼崖实业月刊，1935（2）：7-8.

[4] 王丰镐. 西报选译：论橡胶西名印殿尔拉培中国俗名象皮[J]. 农学报，1897（2）：10-12.

[5] 近藤萬太郎. 热带之作物[J]. 张勖译，中华农学会报，1927（ 57）：13-34.

[6]姚光虞. 海南岛之树胶[J]. 中农月刊，1947，8（2）：14-22.

[7] 丁颖. 热带特产作物学[M]. 广东：中山图书馆，1925.

[8] 陈植. 海南岛新志[M]. 海南：海南出版社，1949，199.

[9] 付广华. 民族生态学视野下的现代科学技术[J]. 自然辩证法通讯，2018，40（9）：14-19.

[10] 林永昕. 海南岛热带作物调查报告[M]. 广州：国立中山大学农学院农艺研究室，1937.

[11] 陈铭枢. 海南岛志[M]. 上海：神州国光社，1933.

[12] 广东省地方史志办公室. 广东历代方志集成 · 琼州府部七 ·（民国）海南岛志[M]. 广东：岭南美术出版社，2009，333.

[13] 琼崖视察团经济组. 琼崖视察团经济组调查报告 · 第一册[M]. 广东：中山图书馆，1934.

[14] 叶少杰. 琼崖树胶之调查（未完）[J]. 琼农，1937（36-38）：2-13.

[15] 叶少杰. 琼崖树胶之调查（续完）[J]. 琼农，1937（41-42）：12-18.

[16]韩宗浩. 调查：琼崖树胶园业调查[J]. 琼农，1934（10）：27-28.

[17] 怿庐. 琼崖调查记[J]. 东方杂志，1923，20（23）：48-58.

[18] 温健、蒋侯明、林书娟、张妹轩. 热带绿肥牧草引种观察初报[M]. 儋县：华南亚热带作物科学研究所，1964，2.

[19] 橡胶的故事（续上期）：制造直条橡胶带[J]. 科学画报，1936，4（4）：144.

[20] 调查：树胶园管理法[J]. 南洋时事汇刊，1926，（10-11）：53-55.

[21] 曹幸穗. 从引进到本土化：民国时期的农业科技[J]. 古今农业，2004（ 1）：45-53.

专题4：博物人生

泰奥弗拉斯特：植物学之父与他的传世之作

杨舒娅

1989年8月1日，来自世界各地的多名学者来到位于希腊东北部莱斯沃斯岛（Lesbos）的埃雷索斯（Eresus）地区，参加由“泰奥弗拉斯特项目（Project Theophrastus）”资助的第5届学术研讨会，集中讨论古希腊漫步学派（the Peripatetic School）哲学家泰奥弗拉斯特有关心理学、理论研究和科学问题的文本。这个开始于1979年春季、由罗格斯大学（Rutgers University）古典系教授福滕博（W. Fortenbaugh）博士主持的研究项目，

图1　泰奥弗拉斯特

终于在启动后第十年来到了泰奥弗拉斯特的出生地。会议欢迎仪式之后，一座泰奥弗拉斯特半身石像在埃雷索斯海滩广场中央揭幕；某种意义上，这位活跃在2400年前的学术大家、被誉为“植物学之父”的埃雷索斯之子在此刻

回到家乡，重新与这片熟悉的碧海蓝天相依相伴。

如同大多数古希腊哲学家一样，有关泰奥弗拉斯特的文字记录并不多，古代作品中最为人熟知的当属古罗马哲学史家第欧根尼·拉尔修（Diogenes Laetius，公元3世纪）在《名哲言行录》（*Vitae Philosophorum*）中为其撰写的小传，较为全面地记述了泰奥弗拉斯特的出身、求学经历、著作、遗嘱等内容。[1]，pp.482—508；[2]，pp.20—47在前人学术成果的基础上，[3][4]“泰奥弗拉斯特项目”于1992年出版了两卷本泰奥弗拉斯特残篇集《埃雷索斯的泰奥弗拉斯特：有关其生平、著作、思想及影响的史料》，收集了古希腊语、拉丁语、阿拉伯语作品中有关泰奥弗拉斯特的残篇共741条，极大地丰富了史料来源，使后人深入了解这位伟大的漫步学派哲学家成为可能。

一、师出名门的大哲学家

1.从学园到吕克昂

出生埃雷索斯的泰奥弗拉斯特原名提尔塔莫斯（Tyrtamus），父亲是一位名叫梅兰塔斯（Melantas）的漂洗工。[2]，pp.20—21结合第欧根尼对其继任者斯特拉托（Strato）的记载，[1]，pp.508—511可以大致推断出：泰奥弗拉斯特出生于第102个奥林匹亚年的第一或第二年，即公元前372/1或前371年；卒于第123个奥林匹亚年的第一或第二年，即公元前288/7年或前287/6 年，享年85岁。[5][6]幼年的泰奥弗拉斯特在家乡跟随公民阿尔西普斯（Alcippus）进行过短期学习，大约于公元前354年前往雅典，来到学园师从柏拉图。[7]他在学园中接受老师教导的同时也结识了学园内其他成员，包括色诺克拉底（Xenocrates）、斯彪西波斯（Speusippus），以及日后成为其导师与终生挚友的亚里士多德。泰奥弗拉斯特大约比亚里士多德小12岁；[8]也许是因为两人关系十分亲密，在阿拉伯文本中泰奥弗拉斯特经常被误记为亚里士多德的侄子、外甥[2]，pp.48—51，甚至是表弟。[9]泰奥弗拉斯特天赋过人且刻苦勤奋，尤擅辞令与雄辩；亚里士多德为了赞美他优美而高雅的辩论技艺，为其改名为

Theophrastus(θεό-φραστος), 1 [2], pp.46—47 意为“像神一样言说的”(indicated by god) 或“神的代言人”。[10]

图2　雅典大学主楼壁画（局部）：亚里士多德在为泰奥弗拉斯特和斯特拉托讲解动物解剖

作为亚里士多德的大弟子，泰奥弗拉斯特几乎终身跟随着导师。柏拉图去世后，亚里士多德接受学园学友、阿塔纽斯（Atarneus）僭主赫尔米亚斯（Hermias）的邀请，前往阿索斯（Assos）并在当地建立学校与研习哲学；泰奥弗拉斯特与其他学友一同前往。大约3年后（公元前344年）赫尔米亚斯被暗杀，阿索斯的学校被毁，师生一行遂来到莱斯沃斯岛，先后在米蒂利尼（Mytiline）或埃雷索斯，以及中部城市皮拉（Pyrrha）停留了大约3年时间；相传皮拉与旁边的卡洛尼潟湖（Lagoon Kalloni）是亚里士多德十分喜爱的地方。[10], p.116正是在这段时间内亚里士多德与泰奥弗拉斯特展开了系统而全面的生物研究，收集了大量一手信息；其中亚里士多德负责动物部分，而泰奥弗拉斯特则主攻植物部分。这段经历为两者日后写作生物研究专著积累了可靠的材料基础。因此，一些现代学者建议将公元前344年作为生物学中两大分支——动物学与植物学——的诞生年。[11], p.5亚里士多德随后于公元前342年接受了马其顿国王腓力二世的邀请，前往首都培拉（Pella）担任时年13岁的亚历山大，即后来的亚历山大大帝的导师，待其成年后于公元前339年回到家乡斯塔吉拉（Stagira），学生们亦一路相随。[10], p.116公元前335年，亚里士多德重新回到雅典，在泰奥弗拉斯特与其他学生的帮助下，他在雅典城外东边的阿波罗神殿附近建立了

1 《苏达辞书》(*Suidae Lexicon*) 中记载：亚里士多德先为其改名为艾奥弗拉斯特（Euphrastus，意为“言辞优美的”），而后才改为泰奥弗拉斯特。

自己的学校——吕克昂（Lyceum）。[12]公元前323年，亚历山大大帝的逝世让希腊地区的反马其顿情绪空前高涨，亚里士多德担心自己因与马其顿来往密切而受到牵连，随即前往其母亲的家乡尤卑亚的卡尔基斯（Chalcis of Euboea），于次年病逝。去世前亚里士多德将吕克昂连同自己的大部分手稿都托付给了泰奥弗拉斯特。至此，泰奥弗拉斯特成为漫步学派第二任领导人，掌管吕克昂学园约35年，直至去世。[2], pp.20—21

2.学识广博，著作等身

泰奥弗拉斯特的勤奋与博学直接体现在他的研究成果上。根据第欧根尼的记载，泰奥弗拉斯特留下了224本著作，共计232 850行。[2], pp.26—41这些作品的研究领域包罗万象，涉及形而上学、自然哲学、伦理学、政治学、教育学、修辞学、诗学、博物学、生理学、天文学、气象学、地质学等诸多主题，几乎可与亚里士多德的全部研究领域相匹配；可以说，没有任何一位漫步学派成员像泰奥弗拉斯特一般全心全意地投入到亚里士多德的学术体系中去。[6], p.798令人遗憾的是，泰奥弗拉斯特绝大部分著作已经佚失，现存作品多为不完整的文本，主要包括：2部较完整的植物研究著作《植物志》（*Historia Plantarum*）与《植物成因》（*De Causis Plantarum*）；1部体现其伦理研究深度与喜剧表达造诣的作品《人物素描》（*Characteres*），这也是泰奥弗拉斯特最为人熟知的作品；一系列讨论形而上学问题的短篇集合《形而上学》（*Metaphysica*）；10个自然研究作品《论在土地上生活的鱼》（*De Piscibus in Sicco Degentibus*）、《论改变颜色的动物》（*De Animalibus, quae Colorem Mutant*）、《论所谓怀有怨恨的动物》（*De Animalibus, quae Dicuntur Inuidere*）、《论成群出现的动物》（*De Animalibus, quae Repente Apparent*）、《论蜜》（*De Melle*）、《论石》（*De Lapidibus*）、《论火》（*De Igne*）、《论好天气的迹象》（*De Signis Serenitatis*）、《论风的迹象》（*De Signis Ventorum*）、《论下雨的迹象》（*De Signis Pluuiarum*）；以及7 个生理学文本《论气味》（*De Odoribus*）、《论感觉》（*De Sensibus*）、《论出汗》（*De Sudoribus*）、《论晕眩》（*De Vertigine*）、《论疲劳》（*De Lassitudinibus*）、《论灵魂的缺失》

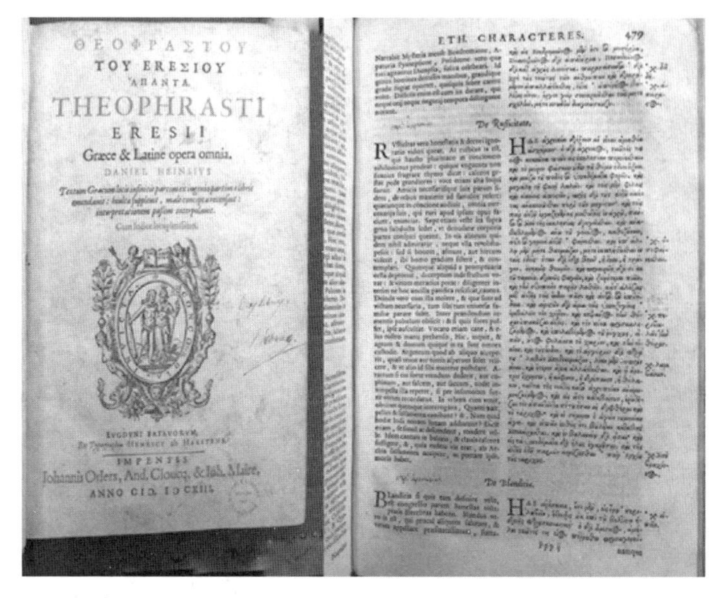

图3　1613年版《泰奥弗拉斯特全集》封面与其中《人物素描》内页

（*De Animi Defectione*）、《论肌肉松弛》（*De Neruorum Resolutione*）等，共计21部。[6], p.799; [8], p.685

这些存世文本都是独立但不孤立的研究作品，许多都与亚里士多德的研究相关联。泰奥弗拉斯特善于在亚氏的研究基础上发展、提炼以及升华出新的理论，[6], p.801也能在导师未进行细致讨论的主题下继续深入探究。例如《论石》与亚里士多德的多部著作紧密相关，而泰奥弗拉斯特写作此书的主要目的便是继续深入老师的研究，文本在结尾处也确证了这一点。[13]又如在《论在土地上生活的鱼》中，泰奥弗拉斯特讨论了一些能够不通过水冷却而在陆地上生活的生物，这些较为异样的生物对亚里士多德《论呼吸》（*De Respiratione*）中的呼吸冷却理论起到了补充特殊案例的作用。[14]但泰奥弗拉斯特对亚里士多德学说的依赖不能被放大，两位学者的研究理念之间存在很大的差异：相比于抽象概念，泰奥弗拉斯特对于可感世界抱有更大的研究兴趣，对事实和例证充满无穷无尽的探索热情，通常被誉为客观的观察者；在他的著作尤其是自然研究作品中，表现出了漫步学派学术理论的基本特征：对分类和差异的强调。[15]除了支持、扩大并发展了亚里士多德的整个学术体系外，泰奥弗拉斯特的著作对后世哲学发展的影响同样是巨大的：他在物理学上的论证被伊壁鸠鲁引用并讨论；[16]他影响了早期斯多亚学派伦理学理论与逻辑学推演方法的发展；[17]古罗马政治家西塞罗在其著作中也经常谈及他与亚里士多德有关伦理学、修辞学及政治学的论题。[18]此外，诸多后世学者如普鲁塔克（Plutarch）、老普林尼、盖伦、阿芙洛蒂西亚斯的亚历山大（Alexander of Aphrodisias）、阿维森纳（Avicenna）、阿维罗伊（Averroes）、大阿尔伯特（Albertus Magnu）、托马斯·阿奎那等人的论著中也留存着泰奥弗拉斯特学说的痕迹。

泰奥弗拉斯特得以在一生中笔耕不辍，著作等身，离不开他对时间的珍视。根据第欧根尼的记载，泰奥弗拉斯特常说“时间是昂贵的开销”，而其本人则是在暂停研究工作短暂休息之后去世的。[2], pp.24—25第欧根尼随后写了一首诗，用以形容泰奥弗拉斯特孜孜不倦进行研究的状态：

> 这句被某人讲出的话并非毫无意义：智慧之弓在被松开的那一刻断裂。泰奥弗拉斯特也是如此：
>
> 当他辛勤耕耘时，不会身残体破；但当他稍事休息，
>
> 便满身伤痛地与世长辞。[2], pp.24—25

西塞罗则在《图斯库卢姆辩论》（*Tuscanulanae Disputationes*）中记录了泰奥弗拉斯特的遗言来表现他对时间的珍视程度：

> 在泰奥弗拉斯特临终时，他责备自然，因为她赋予那些对其并无兴趣的牛与鹿长久的生命，却只为对其充满兴趣的人类留下如此短暂的时光。如果人生可以更长久，那么所有的技艺都能臻于完美，人类的生命将因掌握全部的学问而璀璨。因此他抱怨道：当他刚刚开始能明白这些时，已是弥留之际。[2], pp.84—85

这些文本生动地呈现出泰奥弗拉斯特废寝忘食、专注学术的治学精神。第欧根尼对泰奥弗拉斯特的博学与勤勉连连称道，他用一个传说从侧面刻画了这位大哲学家的形象：

> 正如阿马斯特里斯的米若尼阿努斯（Myroniaus of Amastris）在《历史相似性概要》（*Summary of Historical Parallels*）第一卷中所载，据说即使泰奥弗拉斯特的奴隶珀姆匹鲁斯（Pompylus），都是一名哲学家。[2], pp.20—21

二、系统研究植物世界第一人

如前所述，泰奥弗拉斯特的绝大部分著作已经佚失；所幸的是，他的两部植物研究作品的主要部分——九卷本的《植物志》与六卷本的《植物成因》——经过不同时代的传抄被较为完整地保存下来，是后世学者梳理其植物研究理论最重要的一手材料。这两部著作被认为是他在吕克昂学园授课时使用的讲义，[19][20]通过多年的讲授与讨论，进行过多次增补和修订。[21]从成书时间上看，《植物志》要早于《植物成因》，故《植物志》被认为是存世最早的植物研究作品。[22]泰奥弗拉斯特也因此被认为是系统研究植物世界的第一人，他的研究成果奠定了之后近18个世纪中植物研究的发展基础。[22], p.214

1. 全面探究植物世界：泰奥弗拉斯特的植物研究著作

泰奥弗拉斯特的两部作品各有侧重，从不同角度探讨了有关植物的多种问题，两者互为补充。他在《植物志》中分别讨论了以下问题：

第一卷：植物的部分及其构成；植物的分类；第二卷：繁殖，尤其是木本植物的繁殖；第三卷：野生木本植物及灌木；第四卷：生长在特殊地区和位置的植物；第五卷：各种木本植物的木料及其用途；第六卷：小灌木和用于制作花环的植物；第七卷：除制作花环以外的草本植物；蔬菜及相似的野生草本植物；第八卷：草本植物：谷物、豆类以及夏季播种的作物；第九卷：

植物的汁液；草本植物的药用性质。

可以看出，《植物志》是一本强调分类的作品。泰奥弗拉斯特在对植物进行定义与适当分类后，从形态学和生境的角度对500余种地中海植物展开具体论述，并对各类植物的使用价值、采集方式及使用方法都进行了详细的记录。其中较为重要的是第一卷，其核心内容是对植物的部分、物质组成、分类及考察要点的详细说明，相当于全书的总论，后续的讨论则按照分类顺序依次进行。

而六卷本的《植物成因》则具体研究了以下主题：第一卷：植物的繁殖方式；发芽与结果的现象描述及原因探讨；第二卷：环境因素和农业技艺对植物的影响；第三卷：关于农艺操作方法和耕种过程中具体现象的讨论；第四卷：种子的存活及影响因素；第五卷：植物的四种生长模式；引起植物病害和死亡的原因；第六卷：味道和气味的哲学解释；植物味道与气味的形成、变化与消失。

《植物成因》的关注点是植物的"生成"，即关注植物的生殖、生长，气味和味道的产生与变化，并进一步给出解释；同时详细记录了生长环境与农业技艺对植物，尤其是栽培作物的影响，称得上是一本详细的"古代地中海地区农业指导手册"。

虽然《植物志》和《植物成因》意图讨论不同的主题，但在论述内容、资料收集方法和行文风格上，两本书存在许多共通之处。首先，两部作品中均大量参考了已有文献中有关植物的记载。他多次引用了荷马、赫西俄德等古代诗人作品中描写植物或劳作场景的段落并加以分析。他也大量转述和记录了多位早期哲学家有关自然和植物探究的观点与思想，如：希彭（Hippon）、阿波罗尼亚的第欧根尼（Diogenes of Apollonia）、阿那克萨戈拉、恩培多克勒、德谟克利特等。泰奥弗拉斯特将前人的部分论述作为支持自己观点的论据，对与经验不符的观点则加以驳斥并举例论证。文本中还记录了一些政治家和执政官有关植物和农业生产的言论。[23]—[25]因此，泰奥弗拉斯特的存世作品是研究古代作者，尤其是前苏格拉底哲学家自然哲学的重要证言来源，有着特殊的古典文献学意义。

此外，泰奥弗拉斯特在两本著作中均对植物在生产生活中的角色进行了细致的经验记录，尤其对栽培植物表现出极大的研究热情。他在《植物志》中记载了许多重要的经济作物如无花果、油橄榄、葡萄、石榴等，粮食作物如栽培二粒小麦（*Triticum dicoccum*）、大麦属植物（*Hordeum sativum*，现更名为*H. vulgare*）、鹰嘴豆、家山黧豆（*Lathyrus sativus*）等，木料植物如夏栎、希腊冷杉、松属植物（*Pinus* spp.）等，药用植物如荷兰芍药（*Paeonia offcinalis*）、毒参（*Conium maculatum*）、红花（*Carthamus tinctorius*）等，香料植物如水薄荷（*Mentha aquatica*）、甘牛至（*Origanum majorana*）、穗薰衣草（*Lavandula spica*）等，产树脂的植物如阿拉伯乳香树、没药树等，用于制作花环的植物如百叶蔷薇（*Rosa centifolia*）、圣母百合（*Lilium candidum*）、香桃木（*Myrtus communis*）等。泰奥弗拉斯特不仅记载了这些与人民生产和生活息息相关的植物，还在《植物成因》中进一步考察了它们与生长环境之间的关系，以及农业技艺对作物生长的影响，例如：怎样的自然环境对提高植物果实/种子的产量和质量是最有益的；应该在什么季节种植和收获；何种植物宜使用种子繁殖，何种植物适合枝条扦插；野生环境与栽培环境分别对哪些植物有益；各种农业技术（灌溉、施肥、授粉、修整枝条等）在不同地区的使用条件；各类病虫害产生的原因及防治手段等。这些论述体现出哲学家泰奥弗拉斯特对民生的关怀，他的研究勾勒出公元前3世纪一个葱茏而蓬勃的地中海世界。

图4　1644年版《植物志》封面及其内页

2.以经验事实为第一原则：泰奥弗拉斯特的植物研究理论

泰奥弗拉斯特之前已有诸多学者对植物展开过讨论，但极少有人将植物作为专门的认知对象进行探究。他在《植物志》的开篇这样写道：

> 考虑到植物的本性及相互之间的差别，一般来说，研究者必须考察它们的部分、性质、生成方式以及在所有情况下的生命过程。[23], pp.2—3

这句话很好地体现了泰奥弗拉斯特进行植物探究的目的：掌握差异，探求本质。为了达到这一目的，解答“什么是植物”，他基于大量的实际观察、口传知识和文本阅读，[20], p.35从植物的组成、分类、命名、生理现象等方面展开了哲学讨论及理论研究，对生物共生现象的记录则帮助他分析不同植物之间、植物与动物之间的关系。他的植物研究理论体系很大程度上受到亚里士多德动物学理论的影响：他借鉴了“部分”（part）和四元素的概念，注重考察植物的功能与差异，进而总结出最适合植物“部分”的构成系统，并创建了几乎可以囊括当时所有已知植物的分类模式。

部分是亚里士多德对组成动物的物质的总称，他在《论动物的部分》（*De Partibus Animalium*）中解释了动物部分的三级构成：土、气、水、火及其性质构成了第一级元素，它们构成了如骨骼、血液等第二级同质部分（uniform parts），同质部分进一步构成了手、脸等行使一定功能的异质部分（non-uniform parts）。[26], pp.39—40泰奥弗拉斯特结合植物的生理特性，以导师的理论为基础总结出植物部分的构成系统，由低级到高级可叙述为：树液（sap）、纤维（fibre）、脉管（vein）和肉质（flesh），这是具有四元素性质的4种基础物质（elementary substance）；它们按照不同比例和方式组成3种同质部分，即树皮（bark）、木质（wood）和髓部（core）；这些同质部分最终构成行使不同功能的异质部分，如体现植物典型特征的根（root）、茎（stem）、枝（branch）、小枝（twig），以及辅助植物结果的叶（leaf）、花（flower）、叶/果柄（stick）等。[23], pp.14—19植物部分的构成系统是泰奥弗拉斯特探索植物本质差异的基础，不同层级的植物部分反应了植物的不同性质：基础物质的差异影响了植物的质地，同质部分着重体现了植物主体部分（根、茎和枝）在空间组成上的差异，而异质部分则通过执行不同功能使植物达到完满的状态。但植物部分存在外形差别大、生长过程中呈现周期性变化等特征，需要诉诸其他研究方式进行分析。

植物表征的各种差异促使泰奥弗拉斯特通过植物形态特征进行分类，因为“植物部分表现出的差异显示了它们的本质”。[23], pp.18—19他主要根据茎的差异，将植物分为木本植物（tree）、灌木（shrub）、小灌木（under-shrub）和草本植物（grass）四大类，并且将这种形态“四分法”作为最基本的分类方法。接着他根据植物是否可以接受人工辅助将其分为野生（wild）植物与栽培（cultivated）植物，认为这一差异同样表现了植物的某些本质，因为“并不是所有的植物都能在栽培环境中达到更好的生长状态”。[23]pp.166—167随后泰奥弗拉斯特通过植物的季节性表征与生理特性，借助二分概念将其分为常绿（evergreen）/落叶（deciduous）植物、有花（flowering）/无花（flowerless）植物、结果（fruitful）/不育（fruitless）植物；[23], pp.26—27他将这几组概念并列起来分析，认为植物这些方面的表现会随着环境的变化而改变，这也是为何泰奥弗拉斯特十分注重考察环境对植物的影响。同时他也直接根据生长环境将植物分为陆生/水生植物，再根据具体环境细分为生长于山地/平原/沙漠/湖泊/河边/海域/沼泽的植物等类别进行讨论。[23], pp.30—31另一对沿用前人的二分分类类别是雄性/雌性植物，包括泰奥弗拉斯特在内的学者们无法凭借当时的条件观察到植物的有性生殖，这一组概念仅通过与动物类比的方式对植物进行划分：总体上，雄性植物表现出矮而弯、材质紧实、果实数量多等性质，雌性植物则具有高而直、材质疏松、果实品质佳等特征。泰奥弗拉斯特还专门对某一类植物进行细分，例如他将野生小灌木进一步分为带刺野生小灌木和无刺野生小灌木两类。他也根据实用性将植物分为香料作物、木料植物、药用植物、用于制作花环的植物等。泰奥弗拉斯特指出植物分类类别之间具有重叠性，他提到“所有被称为不育的木本植物都是野生植物”；加之植物会因各种原因产生变化，如“一些草本植物仅具单茎而与木本植物相像”，一些植物在栽培条件下会产生变化并背离其本质，因此他多次强调：“对于植物，必须在通常意义上作大致分类，不能太过精确。”[23]

泰奥弗拉斯特同样仔细地为植物命名。为了方便读者理解，同时尽可能对植物进行区分，他一方面沿用古已有之的植物名称，一方面注重对植物命名中“同物异名”和“同名异物”情况的考察：泰奥弗拉斯特在写作时会使用“ἤ”（or）将指称同一植物的多个名称标示出来，并尽可能列举出同一名称指代的不同植物，例如他指出“λωτός”（lotus）一名既指利比亚（Libya）的植物阿拉伯枣（*Ziziphus lotus*），又指埃及底比斯（Thebaid）的植物南欧朴（*Celtis australis*）。[23]对于相似程度较高的植物，泰奥弗拉斯特会采用增加修饰词的方式加以区分，这些词语通常用来限定植物部分的外形、花瓣的颜色或生长地区，如他将藻类植物*Fucus spiralis* 称为“ἄμπελος ἡ ποντία”（海洋藤），将产于埃及的长角豆（*Ceratonia siliqua*）命名为“συκῆ ἡ Αἰγυπτία”（埃及榕）等；这种命名方式被认为是分类学家林奈建立双名法的参考依据之一。[20], p.94

不论是对植物的描述，还是对其进行物质组成分析、分类及命名，泰奥弗拉斯特始终保持着很强的观察性和经验性，遵循了一种“先事实后理论”的博物式研究传统，表现出漫步学派对分类和差异的敏锐把握。他的论述以记录与解释植物世界中的经验事实为第一要务，并对不符合理论的例外现象保留充分的讨论空间，他在植物著作中最常说的一句话就是：“我们还需要对此进行更进一步的研究。”林奈在其《植物学哲学》中将泰奥弗拉斯特视为西方传统中第一位研究植物的人，并尊其为“植物学之父”，[27], p.15可谓实至名归。或许对于泰奥弗拉斯特来说，这样的称谓还不足以彰显其学术上的追求与造诣，但必须承认，泰奥弗拉斯特开始将植物作为独立的研究对象；其著作中包含的植物学知识大大超出前人的范围，描述的植物也不限于希腊或地中海沿岸。[28], p.38通过他的努力，一门专门探讨植物知识的学科——植物

学——正式确立起来。[19], p.29

三、德高望重的漫步学派奠基人

泰奥弗拉斯特不仅在著书立说上颇有成就，同时也是杰出的吕克昂学园管理者。在其领导的35年时间里，吕克昂逐步成为享有盛誉的卓越教育场所，大量青年慕名前来求学。第欧根尼记载曾有多达2000名学生求学于泰奥弗拉斯特门下，而他本人因博学善辩始终受到马其顿宫廷的欢迎与追捧。[2], pp.20—21如此盛名极易招致同时代其他哲学家们的嫉妒，普鲁塔克在其《人如何自觉于德行的精进》（*Quomodo Quis Sous in Virtute Sentiat Profectus*）中就提到了斯多亚学派创始人芝诺对当时风靡雅典的吕克昂学园流露出既羡慕又不屑的心情："当看到泰奥弗拉斯特因拥有众多弟子而备受尊敬时，芝诺说道：'他的歌队更庞大，但我的更和谐。'" [2], pp.64—65作为教师的泰奥弗拉斯特依旧注重经验事实与个人体验，阿提奈乌斯（Athenaeus）在《智者的盛宴》（*Deipnosophistae*）中生动地记述了泰奥弗拉斯特授课时的表现：

> 赫尔米普斯（Hermippus）说泰奥弗拉斯特通常按时到达学校，衣着光鲜，仪表堂堂。接着他便坐下，开始讲授课程，通常尽量避免静止不动或不加任何手势。有一次在模仿一位美食家时，他伸出舌头来反复舔舐自己的嘴唇。[2], pp.62—63

第欧根尼将一些格言也归在泰奥弗拉斯特名下，说他曾讲过"人应该相信一匹未被驯服的马，而不是一篇杂乱无章的演讲"；他还对一个在宴会上沉默不语的人说："如果你没有接受教育，那么你的表现很明智；如果你受过教育，就十分愚蠢了。"[2], pp.24—25这些格言同样说明作为教师的泰奥弗拉斯特多么重视教育的作用！

泰奥弗拉斯特对吕克昂基础建设的重视是其备受尊敬的另一重要原因。亚里士多德死后，泰奥弗拉斯特在曾经的学生、时任雅典执政官法勒赫尔姆的德米特里乌斯（Demetrius of Phalerum）的帮助下，以个人名义购置了一座植物园，[2][29]由此他可以作为地产所有者对吕克昂进行日常管理。按照当时雅典的法律，泰奥弗拉斯特身为非雅典公民，无权在雅典城内以个人名义购置地产；而通过同仁的支持购得不动产后，漫步学派拥有了固定的讲学场所，办学规模得到显著提升[30]；泰奥弗拉斯特也具有了利用个人财产开办哲学学校的自由与作为教育机构领导人的合法地位，这为日后吕克昂的繁荣发展提供了重要的物质支持。[15], p.13

不过泰奥弗拉斯特在雅典的办学历程也并非一帆风顺。第欧根尼记载他曾被马其顿政治反对者阿格诺尼德斯（Agnonides）以不敬神的名义指控，由于泰奥弗拉斯特在雅典享有很高的名望，同时德米特里乌斯也极力帮老师摆脱指控，[15], p.13最后反倒是阿格诺尼德斯险些被处以罚款。[2], pp.20—23第欧根尼还提到了另一件波及泰奥弗拉斯特以及漫步学派的事：阿非克里德斯（Amphiclides）的儿子索福克勒斯（Sophocles）在执政期间颁布了一条法令：如果没有得到公民大会和人民的允许，哲学家便不能掌管学校，如有违反处以死刑。于是泰奥弗拉斯特与其他哲学家一起离开雅典，但一年后费隆（Philon）指控索福克勒斯提出了一条违背法律的法令，于是雅典人判定这条法令无效并罚了索福克勒斯5塔兰同罚金。他们还投票让包括泰奥弗拉斯特在内的哲学家们返回雅典，维持各自原先的生活与办学状态。[2], pp.22—23有学者推测，泰奥弗拉斯特有可能利用被流放的一年时间前往阿卡迪亚（Arcadia）地区收集当地植物知识。[10], p.118长时间身在雅典的泰奥弗拉斯特同样关心家乡埃雷索斯的政治和平。普鲁塔克在《跟随伊壁鸠鲁不能过上幸福的生活》（*Non Posse Suaviter Vivi Secundum Epicurum*）中记载了泰奥弗拉斯特与埃雷索斯同乡、漫步学派学友及植物研究者法尼亚（Phanias）一起成功驱逐当地僭主保护家乡的事迹。[2], pp.82—83具体因何事件致使两位哲学家以及当地民众作出如此举动已无从考证，可能的情况是僭主提出的各种不合理的政策及相关举动激发了他们的愤怒与复仇情绪。[5], p.122可以看到，不论是在学术重镇雅典还是在家乡埃雷索斯，泰奥弗拉斯特都竭尽全力为当地教育及和平事业作出贡献，尽显德高望重之大家风范。

泰奥弗拉斯特通过遗嘱交代了许多未尽之事，第欧根尼在其人物小传的最后进行了详细记录。[2], pp.40—47泰奥弗拉斯特最先交代的就是要完成吕克昂内神殿、神像、柱廊等的修缮与重建，其中特别提到要将亚里士多德的雕像与供奉品一并放在神龛内原来的位置。他将埃雷索斯、斯塔吉拉两处的财产及书稿分别留给相应的继承者，并给予奴隶们自由和一些财物。对于吕克昂内的花园、步廊及旁边所有的房屋，泰奥弗拉斯特悉数留给了漫步学派的部分成员，作为他们日后学习和研究哲学的公共场所：他希望这些热爱学术的朋友们不要将这些设施转让或占为己用，而是以合适公平的方式，亲密而友好地共同使用它们。安排完财产以后，泰奥弗拉斯特嘱咐遗嘱执行人将其埋葬在花园里合适的位置，并且不要为他的葬礼和纪念碑过度花费。在泰奥弗拉斯特去世以后，雅典人民以公开步行护送的方式来纪念他们伟大的哲学家和教育家。[2], pp.24—25

无论是作为漫步学派教师还是执掌吕克昂学园的领导人，泰奥弗拉斯特无疑都是亚里士多德卓越的继任者。他重视教育，长于以生动而风趣的方式为学生授课解惑；他能够通过个人良好的声誉与有力的政治支持，以非雅典公民的身份为漫步学派筹得物质与资金支持，并无私地将个人财产作为教育设施传承下去。他忠于学术，尊师重道；亲近后辈，宽厚待人。可以说，亚里士多德建立起来的漫步学派，在泰奥弗拉斯特的手中真正发扬光大。

结　语

从学园到吕克昂，泰奥弗拉斯特在柏拉图与亚里士多德的教导下汲取哲学养分，全身心地投入到学术研究当中，终成一代名家。为继承导师的衣钵，他肩负起漫步学派的未来，既身体力行授课教学，又努力拓展办学规模，为漫步学派日后的繁荣壮大打下了坚实基础。在西方科学发展的历程中，泰奥弗拉斯特是无可争议的“植物学之父”，他的植物著作及理论奠定了未来18个世纪内植物学发展的基调。泰奥弗拉斯特热爱植物如许，就算离世也要守望着吕克昂的花园；他更是享有盛誉的哲学家，用尽毕生精力探索真理，夜以继日，著作等身，为后人留下了无尽的精神遗产。

参考文献

[1] Laertius, D. *Lives of Eminent Philosophers* [M].Cambridge, MA and London: Harvard University Press,1925.

[2] Fortenbaugh, W., Huby, P., Sharple, R., Gutas, D.*Theophrastus of Eresus, Sources for his Life, Writings, Thought and Influence* [M]. Part One. Leiden: Brill, 1992.

[3] Schneider, J. *Theophrasti Eresii quae Supersunt Opera et Excerpta Librorum* [M]. Leipzig: Vogel, 1818−1821.

[4] Wimmer, F. *Theophrasti Eresii Opera Quae Supersunt Omnia* [M]. Leipzig: Teubner, 1854−1862.

[5] Fortenbaugh, W. ‘Two Eresians: Phainias and Theophrastus’ [A], Hellmann, O., Mirhandy, D.（Eds.）*Phaenias of Eresus: Text, Translation, and Discussion* [C], New Brunswick: Transaction Publisher, 2015, 102.

[6] Keyser, P., Irby-Massie, G. *The Encyclopedia of AncientNatural Scientists: The Greek Tradition and Its Many Heirs* [M]. Oxford: Routledge, 2008, 798.

[7] Theophrastus. *Recherches sur les Plantes* [M]. Paris: Les Belles Lettres, 1988, ix.

[8] 乔治·萨顿. 希腊黄金时代的古代科学[M]. 鲁旭东译，郑州：大象出版社，2010, 684.

[9] Fortenbaugh, W., Huby, P., Sharple, R., Gutas, D.*Theophrastus of Eresus, Sources for His Life, Writings, Thought and Influence, Part Two*[M]. Leiden: Brill, 1992, 448−451.

[10] Thanos, C. ‘The Geography of Theophrastus’ Life and of His Botanical Writings (ΠΕΡΙ ΦΥΤΩΝ)’ [A], Karamanos,A., Thanos, C.（Eds.）*Biodiversity and Natural Heritage in the Aegean, Proceedings of the Conference ‘Theophrastus 2000’* [C], Athens: Frangoudis, 2005, 115.

[11] Thanos, C. ‘Aristotle and Theophrastus on Plant-Animal Interactions’ [A], Arianoutsou, M., Groves, R.（Eds.）*Plant-Animal Interactions in Mediterranean-Type Ecosystems* [C],

Netherlands: Kluwer Academic Publishers, 1994, 5.

[12] Wycherley, R. ‘Peripatos: the Athenian Philosophical Scene-II’ [J]. *Greece & Rome*, 1962, 9 (1): 2–21.

[13] Theophrastus. *De Lapidibus*[M]. Translated and Commentated by Eichholz, D. Oxford: Clarendon Press, 1965, 3.

[14] Sharple, R. ‘Theophrastus: On Fish’ [A], Fourtenbaugh, W., Gutas, D. (Eds.) *Theophrastus: His Psychological, Doxographical, and Scientific Writings*[C], New Brunswick: Transaction Publisher, 1992, 358.

[15] Pertsinidis, S. *Theophrastus’ Characters: A New Introduction*[M]. Oxford: Routledge, 2018, 18.

[16] Sidney, D. ‘Theophrastus and Epicurean Physics’ [A], van Ophuijsen, J., van Raalte, M. (Eds.) *Theophrastus: Reappraising the Sources*[C], New Brunswick: Routledge, 1998, 331–354.

[17] Barnes, J. ‘Theophrastus and Hypothetical Syllogistic’ [A],Fortenbaugh, W., Huby, P., Long, A. (Eds.) *Theophrastus of Eresus, on His Life and Work*[C], New Brunswick: Transaction Books, 1985, 125-141.

[18] Gigon, O. ‘The Peripatos in Cicero’s De Finibus’ [A], Fortenbaugh, W., Sharples, R. (Eds.) *Theophrastean Studies: On Natural Science, Physics and Metaphysics,Ethics, Religion, and Rhetoric*[C], New Brunswick: Transaction Books, 1988, 259–271.

[19] Morton, A. *History of Botanical Science* [M]. London: Academic Press, 1981, 31.

[20] Hardy, G., Totelin, L. *Ancient Botany* [M]. New York: Routledge, 2016, 35.

[21] 刘华杰. 古希腊学者塞奥弗拉斯特对植物的描述[J]. 中国博物学评论，2018（3）：36–78.

[22] Gundersen, A. ‘A Sketch of Plant Classification from Theophrastus to the Present’ [J]. *Torreya*, 1918, 18 (11): 213.

[23] Theophrastus, *Enquiry into Plants*[M]. Vol. 1, Books 1–5, Translated by Hort, A. Cambridge, MA and London: Harvard University Press, 1916, 160–161.

[24] Theophrastus. *Enquiry into Plants, Minor Works on Odours and Weather Signs* [M]. Vol. 2, Books 6–9, Translated by Hort, A. Cambridge, MA and London: Harvard University Press, 1926, 290–291.

[25] Theophrastus. *De Causis Plantarum*[M]. Vol. 1, Books 1-2, Translated by Einarson, B., Link, G. Cambridge, MA and London: Harvard University Press, 1976, 166–167.

[26] 亚里士多德. 动物四篇[M]. 吴寿彭译, 北京: 商务印书馆, 2010, 39–40.

[27] Linnaeus, C. *Philosophia Botanica*[M]. Translated by Freer, S. New York: Oxford University Press, 2003, 15.

[28] 罗桂环. 打开植物学研究之门的人——西奥弗拉斯图[J]. 生命世界，1985（4）：40–42.

[29] O'Sullivan, L. *The Regime of Demetrius of Phalerum in Athens, 317-307 BCE: A Philosopher in Politics* [M]. Leiden: Brill, 2009, 197.

[30] O'Sullivan, L. 'The Law of Sophocles and the Beginnings of Permanent Philosophical Schools in Athens' [J]. *Rheinisches Museum für Philologie, Neue Folge*, 145: 254.

阿萨·格雷与进化论

杨　莎

1858年7月1日晚上，伦敦林奈学会（Linnean Society）的会议正如常举行。交流最新的科学发现是这种会议的一大功能。在这次聚会上，在植物学家威廉·胡克和地理学家查尔斯·赖尔的精心安排下，三篇有关进化论的文本先后被宣读：首先是达尔文写于1844年的一篇概要，其次是他于1857年9月5日写给阿萨·格雷（Asa Gray）的信，最后是华莱士寄给达尔文的论文。[1], pp.40—42这样的安排是为了证明达尔文的优先权；很久以前他就构思出了进化论假说，但迟迟未发表，直到1858年他收到华莱士的论文。在此之前，他只向胡克、赖尔和格雷几位密友透露过他的理论。

图1　格雷57岁（1867年）
出自格雷妻子在他去世后所编的《格雷信集》

那么阿萨·格雷是何许人也？他如何能进入达尔文的学术核心圈子？他

与进化论进入美国有什么样的关系？鉴于国内学界对格雷的研究较少，本文将以这段跨大西洋科学交流史为背景，介绍美国19世纪最重要的植物学家格雷的生平，论述他为达尔文进化论进入美国所作的贡献，并以他为例讨论当时的分类学者如何在进化论、分类学与基督教信仰之间寻求平衡。

一、新大陆的杰出植物学家

格雷1810年出生于纽约州中部的一个村镇。他家里先后以经营制革坊和小农场为生，家境尚可，因此他得以接受在当时还算不错的教育：十二三岁时入学离家不远的克林顿语法学校（Clinton Grammar School, Hamilton College），学习拉丁语和希腊语；15岁时升入当地的一所中学费尔菲尔德文实学校（Fairfield Academy）；一年后又进入其时正欣欣向荣的费尔菲尔德医学院（Fairfield Medical School）。按照格雷在自传中的记述，正是在费尔菲尔德医学院，化学教授哈德利（James Hadley）激发了他对博物学的兴趣。哈德利是一个由医师改行的博物学家——这在当时很普遍，因为当时的医学院要开设草药学等课程，间接地提供了博物学教育，大植物学家林奈以及格雷本人也是由医生改行的。此外，当时的学科分化尚未深入，博物学家们常常横跨多个领域；哈德利将自己的研究限于化学、矿物学和植物学，格雷也跟着他进入了这些领域。[2], pp.1—11

1827年冬，17岁的格雷接触到由布鲁斯特（David Brewster）主编的《爱丁堡百科全书》（*Edinburgh Encyclopedia*），该书对植物生理学和分类学进行了讨论，并介绍了林奈的人工体系和安托万·裕苏（Antoine de Jussieu）的自然体系，由此激发了格雷对植物学的兴趣。不久他买了一本美国当时很流行的植物学教科书：伊顿（Amos Eaton）的《植物学手册》（*Manual of Botany*），第二年春在当学徒行医的同时开始辨认植物、采集植物标本。在哈德利的帮助下，格雷开始与当时美国为数不多的植物学家如阿尔巴尼的贝克博士（Lewis C. Beck）、纽约的托利博士（John Torrey）等通信，向他们请教植物学问题，并向他们寄送植物标本。[2], pp.14—16值得一提的是，正是贝克博士引导格雷注意到菊科的多样变异性，后来菊科成为格雷最喜欢的一个科；[3], p.16而托利则成为他一生的导师兼挚友，对他处处提携，并正确地预言格雷“早晚有一天会在科学界闹出些动静”。[2], p.31

1831年1月格雷毕业，拿到了医学博士学位，回到老家行医。不过由于他对医学解剖比较敏感，所以不久就放弃了医生这个行当。尽管当时社会所能提供的学术工作机会并不太多，但格雷还是有志于进入这个领域；如他的早期信件所显示的那样，那时的他挣扎在困窘的生活中，有时也会怀疑他所挚爱的科学能否让他维持生计，但终究还是保持了乐观的态度，并决心为此作出必要的牺牲。[2], p.29

在当时的美国，博物学相对其他科学来说更为发达。一方面，19世纪本就是博物学的黄金时代。欧洲自殖民扩张伊始就在留意所到之处的自然资源，博物学是他们的重要手段，当时向殖民地派遣植物猎人、物种标本采集者都是相当寻常的事，博物学也逐渐成为一种时尚的消遣。这一趋势在19世纪达到了顶峰。另一方面，美国作为新生的共和国更有着统计国土上动植物和矿物资源的迫切需求。在1815至1844年间，无论从学者数量还是发表作品数量来看，博物学都占据了美国科学的半壁江山。[4]这样的背景加上格雷本身所具有的植物分类天赋，使他笃定了以植物学为生的决心。

之后几年格雷断断续续地在纽约州和宾夕法尼亚州获得了一些教学或采集植物的机会：1831年至1834年在纽约州中部的尤蒂卡（Utica）教中学生化学、地理学、矿物学、植物学；1834年成为托利的助手，但由于托利所在学校不景气没有持续很长时间；同年12月，格雷在纽约博物学讲堂（Lyceum of Natural History of New York，现更名为纽约科学院）宣读了他对莎草科刺子莞属（*Rhynchospora*）植物的研究，该属物种较少，且大部分在北美发现，由此确立了他植物学家的身份。1835至1836年出版他的第一本植物学教科书,《植物学手册》(*Manual of Botany*)，同时开始与托利合作编写《北美植物志》(*Flora of North America*)。[2], pp.17—20; [3], pp.19—55这是美国人自己的

《北美植物志》；作为曾经的殖民地，当时对北美植物最具研究的是欧洲人，有关北美的植物志亦多由欧洲人编写（如André Michaux，*Flora Boreali-Americana*，1803年），美国植物学家常常需要前往欧洲去比对模式标本。而托利和格雷都深切地爱着自己的国家，他们立志推进美国的科学，终结本国学术领域中的“骗子行为”（quackery），编写一部全面的北美植物志就是这一意愿的部分体现。

格雷慢慢有了些名气，1836 年夏，他被国会聘为“美国远征探险队随行植物学家”（Botanist to the U. S. Exploring Expedition，即后来的威尔克斯远征），此行本可以接触到太平洋岛国甚至南极地区的植物，[5], p.78但格雷后来为密歇根大学的教职放弃了这一职位。1838—1839 年他远赴欧洲为新成立的密歇根大学采购书籍和仪器——这在当时的美国教育界也是常见之事，毕竟彼时欧洲在学术、教育上远胜美国，是后者心目中的“取经圣地”，托利也曾于1833年赴欧洲为新成立的纽约大学（New York City University）购买书籍和仪器。[2], p.17格雷在此行中结识了诸多欧洲博物学家，包括达尔文。1841年11月10日，格雷被选为美国艺术与科学院（American Academy of Arts and Sciences）成员，之后多次担任该学院的通信秘书（1844—1850年、1852—1863年）、出版委员会主席（1846—1850年）及学院主席（1863—1873年）；[5], p.931842年经前哈佛校长昆西（Josiah Quincy）引荐成为哈佛大学的博物学教授（Fisher Professorship in Natural History），教授植物学和动物学，并监管哈佛植物园。至此格雷有了稳定的收入，生活才稳定下来。六年后他与波士顿的大家闺秀简·劳瑞（Jane Loring）结为夫妻，此时格雷已38岁，即便在现在也是相当晚婚的年龄了，这也可算作是他为挚爱的科学所做的必要牺牲吧。两人终生无子。[3], p.74

格雷所生活的时代正是美国疆域向西、向南扩张的时代，美国政府随之进行的探险塑造了格雷的研究事业。1848年6月，格雷携新婚妻子拜访华盛顿，此行之后他担当起整理1838年威尔克斯远征所采集的植物标本之重任。美国国会为此支持格雷和妻子赴欧洲访学一年（1850年夏至1851年夏），因为有许多模式标本都在欧洲，格雷需要前去比对标本。稍后1853至1854年的铁路调查又给格雷送来许多新标本。这次调查的植物报告比较顺利，最后出版了十二卷，从此美国西部植物不为人知成为历史。美国在外扩张也给格雷带来许多机会，比如佩里（Matthew Calbraith Perry）打开日本国门，随行的莫罗（James Morrow）和威廉姆斯（S. Wells Williams）将采集的标本送给格雷，格雷最终将其加入佩里报告中。[3], pp.206—209; [5], pp.136—146

如同林奈向全球各地派出了使徒一样，格雷作为一个室内植物学家（cabinet botanist，指不亲自去野外采集的植物学家），也为自己培养了许多植物标本采集者。尤其在进入哈佛后，他逐渐从小学院教授变为大都市植物学家（metropolitan botanist）。[5], p.667比如，他对阿巴拉契亚山南部的植物一直很有兴趣，在那里有些老朋友给他寄标本。赖特（Charles Wright）在美国东南部、古巴、中国香港、日本、澳大利亚及其他地区为格雷进行采集，他在日本的下田（Shimoda）和函馆（Hakodate）采集了一些颇能反映日本植物特色的标本，这些标本后来成为格雷一篇重要论文的材料。瑟伯（George Thurber）、芬德勒（Augustus Fendler）、艾维德伯格（Louis Cachand Ervendberg）、伯兰迪尔（Jean Louis Berlandier）还从加勒比地区、墨西哥及更南部向格雷寄送植物标本。格雷还与圣路易斯的恩格尔曼（George Engelmann）合作探索得克萨斯和新墨西哥的植物。[3], p.158, 210

美国在1850年代的扩张活动和那些田野采集员的辛勤劳作，使得格雷获得了有关北美东部、西部以及以日本为代表的东亚地区植物的第一手知识，这些材料使他看到了整个北半球的植物区系关系。1856 年，格雷在当时美国最有威望的科学杂志《美国科学杂志》(*American Journal of Science*）发表了一篇文章:“美国北部植物统计”（Statistics of the Flora of the Northern United States），这篇文章被格雷的传记作家杜普雷（Anderson Hunter Dupree）视为美国植物学史上的里程碑，并且是植物地理学的奠基之作，尽管其中格雷对统计学的应用在很多方面都是粗糙的。[3], pp.241—242

更重要的可能是格雷于1859年发表的文章“赖特在日本所采集的显花植

物的特征，兼对日本植物群与北美及北半球其他温带地区植物群关系的观察”（Diagnostic Characters of New Species of Phaenogamous Plants, Collected in Japan by Charles Wright, Botanist of the U.S. North Pacific Exploring Expedition. With Observations upon the Relations of the Japanese Flora to That of North America, and of Other Parts of the Northern Temperate Zone）。在这篇文章中，格雷指出了早在1840年代他就注意到的一个现象，即东亚植物群与北美东部而非西部植物群之间存在明显的类似。格雷并非这一现象的首要发现者，林奈的使徒之一哈勒纽斯（Jonas P. Halenius）早在1750年的博士论文中就论及了这一现象。[6]不过是格雷使这一问题成为科学界关心的议题，所以这一分布模式有时也被称作“阿萨·格雷间断分布”（the Asa Gray Disjunct Distribution）。对于这一现象是如何形成的，格雷最初倾向于多次创造说，即造物主在多地分别创造，但后来通过与胡克、赖尔的交流以及与阿加西（Louis Agassiz）的辩论，他开始采用气候变化来解释。他打碎、融合了达尔文、赖尔、英国植物学家边沁（George Bentham）和美国地理学家达纳的理论，提出一种解释模型：在第三纪时，温带植物到达北极圈，美洲和亚洲的温带植物相连，由此发生了混合。第三纪后（post-tertiary）的冰川期迫使植物南迁。冰川期结束后是温暖的河流期（fluvial epoch，河流期与阶地期都是由达纳提出的），于是温带植物再次北移，美洲和亚洲的温带植物通过白令海峡再次相连、混合。随后是一直持续到现在的寒冷的阶地期，植物在此期间再次南迁。“由于植物的混合、交换主要发生在北半球高纬度地区，由于等温线在我们的东部偏向北，而在我们的西部海岸偏向南”，西部的物种并未能迁徙参与这两次混合，因此北美东部而非西部的植物与东亚植物更相像。[7], pp.377—452, p.449那为什么这两地的许多植物是相近种而非相同种呢？对于这一问题，达尔文的物种演变理论是一个可能的解释。这样，格雷关于这一分布模式的知识在当时支持了达尔文的理论，此外这一现象至今仍然是植物地理学、植物系统分类学等学科的研究对象。[6]

这些文章以及与欧洲植物学家的交往，使格雷成为美国当时少有的几位有国际声望的科学家之一。他持续不断地在当时的重要科学刊物上发表他的发现，并且还作为《美国科学杂志》的通信秘书发表学会纪要和科学文献汇编，将欧洲的最新科学成果介绍给美国科学界。此外，格雷还出版过若干植物学教科书；他与托利一道，促进美国植物学界和教育界从林奈性体系转向了自然体系，为美国的植物学教育作出了贡献。美国之后一代植物学家也有许多是他培养的，比如大名鼎鼎的贝西（Charles E. Bessey）。有几种植物以格雷命名，比如他于1840年卡罗莱纳探险中发现的格雷百合（*Lilium grayi*）。[5], p.91

格雷于1888年去世。这时美国学术界与他刚进入时的情形已大为不同：借鉴德国模式的研究型大学正在崛起，现代美国大学体系初具规模，从而提供了许多学术工作机会；职业化、专业化程度大大加深，很难再想象同一教授兼授地理学、化学、博物学等多门学科。更重要的是，在对动植物的研究中出现了明显的生物学转向，即不再以分类学为主，而是转向了实验室研究和生理学研究。博物学似乎成为一个过时的标签，分类学家统治植物学界的日子一去不复返了。尽管格雷本身很强调植物的构造与生理学——这在他所编写的植物学教科书中有明显的体现——但他的主要工作仍在博物学框架之内。他为美国植物分类和植物学教育所作的贡献，已足以令他在美国植物学史上留下浓墨重彩的一笔，不过，他的职业生涯远未止步于此。生活在博物学黄金时代的格雷，凭借自己的学识参与了当时博物学最激动人心的事件，他职业生涯的巅峰时刻由此到来。

二、与达尔文的交往及将《物种起源》引入美国

如前所述，早在格雷第一次访欧期间（1839年），他就已经与达尔文见过面了；第二次访欧时两人也曾会面（1851年），不过直到1855年才开始通信。当时约瑟夫·胡克（Joseph Hooker）与格雷已有不少信件往来，两人的关系比较亲密，在信中既讨论植物的分布、变种与品种的起源等问题，也聊周边的人和事。1854年春，胡克与格雷在讨论两种相距遥远但十分相像的植物究竟是不

同物种还是变种时（当时已发现了许多类似案例），胡克为格雷在信中展现的推理能力与学识所折服，于是将他的一封重要来信转给达尔文阅读。达尔文对格雷表示赞赏，不过当时他正忙于藤壶研究，直到当年9月才重新回到“物种理论”上。11月时，达尔文重新考察世界范围内的植物地理分布问题，他遗憾地发现尚未有学者比较美国与欧洲的植物群；他只好从了解美国的植物入手，格雷的《美国北部植物手册》(*Manual of the Botany of the Northern United States*, 1848年。下文简称《手册》) 成为他的主要参考书目。[8], pp.9—19

1855年4月25日，达尔文首先写信给格雷，请教有关美国高山植物的问题。达尔文的谦逊品性在这封信中展露无遗：

> 我希望您仍记得，我曾在邱园被介绍给您。我想求您帮个大忙，我知道我对此无以回报。不过我想这个忙不会给您带来太大的麻烦，然而却会令我受益良多。我不是植物学家，我所问的植物学问题在您看来可能十分可笑——几年来我一直在收集有关“变种”的事实，当我得出任何能在动物中得到验证的一般性结论时，我总试图在植物中进行验证……[9]

达尔文附上了从格雷《手册》中抄录的高山物种清单，请教这些植物的生境和分布范围。最后他还问格雷是否发表过美国和欧洲相似显花植物的清单，以便一位非植物学家可以判断这两个植物群之间的关系。如果没有，“如果我建议您发表这样一份清单，您是否会认为我非常冒昧？……我向您保证，我知道我这样做多么冒昧，不是植物学家，却向您这样的植物学家提出这样一个最无关紧要的建议；但根据我从我们共同好友胡克那里所看到、所听说的关于您的消息，我希望并且认为您会原谅我，并相信我……”[8], pp.19—20

正是这封信促使格雷写作那篇“美国北部植物统计”，该文第一部分发表于1856年9月的《美国科学杂志》，第二部分于1857年发表。达尔文是位大师，他善于博采众长、兼收并蓄。他需要生物在地球上的分布方式作为证据支持他的进化论，所以促使格雷、胡克、阿方索·德堪多（Alphonse de

Candolle）等人去分析数据，去问大问题——这几位植物学家后来被视为植物地理学的共同奠基者。[3], pp.262—263

两人的交往是双向渗透的。就格雷而言，他也需要与胡克、达尔文的交流来支持他与阿加西的辩论。阿加西生于瑞士，后移居美国，任哈佛的动物学教授，创办了哈佛比较动物学博物馆。他是格雷在美国科学界的对手。两人有着完全不同的行事风格：阿加西具有杰出的社交天赋，不仅是极具魅力的公众人物，获得了美国大众及政府的大力支持与资助，而且是当时美国多个科学圈子的核心人物，包括剑桥科学俱乐部（Cambridge Scientific Club）、星期六俱乐部（the Saturday Club）和科学闲人帮（Scientific Lazzaroni）。[1]格雷则相对低调得多。[10]两人在一些科学观点上也是针锋相对的，比如阿加西偏向于唯心论、浪漫主义，格雷则是理性的、经验主义的——按照杜普雷的说法，"格雷更像个18世纪末的人，……而阿加西则体现了那股导致18世纪理性主义向19世纪唯心主义转变的革命性力量"；[3], p.232阿加西认为人种是多起源的，并不拒斥奴隶制甚至为奴隶制辩护，格雷则反对奴隶制——南北战争期间，他坚定地站在北方联军一边，维护国家统一，不但购买战争债券，而且还在给达尔文的信中慨叹自己没有孩子很遗憾，因为"没有儿子可送去战场"；[9]等等。两人对物种分布模式的解释也不同：如上文所述，当时的博物学家们已经注意到全球范围内的物种分布呈现出一种模式，有些十分相似的物种在相距非常遥远的地区出现；作为基督徒他们都相信创造论，而阿加西相信灾难论和物种的多次创造论，即一个物种可以在不同地方被多次创造；格雷和胡克则尝试着用气候变化来解释，他们认为只存在一次创造，当下物种的分布模式是由气候变化及随之而来的物种迁徙引起的，达尔文提出的物种演变理论则支持并完善了他们的这一解释。[8], p.23

---

1 星期六俱乐部中有许多大名鼎鼎的人物，如爱默生、洛威尔（Robert Lowell）、地质学家达纳（Richard H. Dana）、大法官霍姆斯（Oliver W. Holmes）等人。科学闲人帮的成员都是当时美国最优秀的科学家，包括阿加西、达纳、地理学家贝奇（Alexander Dallas Bache）、电磁物理学家亨利（Joseph Henry）、吉布斯（Wolcott Gibbs）、数学家皮尔斯（Benjamin Peirce）等。

两人之间关于物种的讨论促使达尔文向格雷透露了他正在思考的理论。在1857年9月5日致格雷的一封信中，达尔文详细阐述了他的自然选择理论，以及他新近关于物种趋异（divergence of species）的思考，他认为这可以解释后裔不同种系的起源。[1], p.38; [3], p.239如前文所述，这封信后来被作为证据在林奈学会宣读。

华莱士和达尔文的联名文章公开后，胡克、赖尔、格雷等人总算可以公开谈论进化论了，不用再藏藏掖掖。格雷成为美国宣传达尔文理论的主要人物，他积极地将达尔文及其理论介绍给美国科学界，并以此来对抗阿加西。1859年4月，格雷在哈佛大学科学俱乐部的一次聚会上，大致讲述了达尔文与华莱士的理论，“部分是为了看看它能在这些人之间激起多大的浪，部分是不怀好意地，为了让阿加西坐立不安，这些观点与他钟爱的那些观念如此针锋相对。”[3], p.259不过这一理论在当晚并没有引起很大的反响；这既是因为当时在场的人并未意识到达尔文理论的革命性，也是因为之前《自然创造史的遗迹》（*Vestiges of the Natural History of Creation*）的发表和拉马克的理论为达尔文理论做好了铺垫与缓冲。

《物种起源》出版后，格雷保护达尔文的利益在美国不受盗版商的侵害——当时尚没有一部国际版权保护法。第一版原本达尔文打算送给格雷一份印刷样品，但他和出版商都忽略了。第一版大卖，所以他第二版寄了一份给格雷，并拜托格雷帮助出版美国版并“为任何利润做任何必要的安排，为了我和出版商”。格雷立马与波士顿的一家印书商蒂克纳与菲尔茨（Ticknor and Fields）商议合作出版美国版。不过，由于当时美国只能授予美国公民版权，所以任何出版商都可以盗印。当格雷听说纽约的两家出版商正在印刷时，就写信给他们要求停止，由他在波士顿出版最新的修订版。其中一家哈珀（Harper）放弃了，另一家阿普顿（Appleton）则已出版，不过愿意付版税，格雷决定接受后者的条件，于是后者成为达尔文在美国的出版商。阿普顿提供两种选择，50镑一次性买断，或者5%的版税，格雷为达尔文选择了后者。到1860年5月，出版商付给达尔文22镑，达尔文将部分回馈给格雷，以

感谢他所做的种种安排。[11], pp.456—457

《物种起源》出版后一年内，格雷先后在《美国科学杂志》上发表了两篇书评，并在《大西洋月刊》(*The Atlantic Monthly*) 匿名发表了三篇文章，介绍达尔文的学说，播报赫胥黎与牛津教区主教威尔伯福斯 (Bishop Samuel Wilberforce) 及生物学家欧文 (Richard Owen) 的争论，回应对达尔文理论的质疑，并借此大力抨击阿加西的理论。格雷的书评颇受达尔文的好评，后者甚至计划以“联合出版”名义刊行美国版《物种起源》，以格雷的评论开始，书名《达尔文与格雷的物种起源》，但此事并未成功。[12]发表在大西洋月刊上的三篇文章措辞谨慎，但整体上对达尔文的进化论无疑是肯定的。达尔文建议出个小册子，后来格雷请《大西洋月刊》的发行方蒂克纳与菲尔茨印了一些，名为《自然选择与自然神学并不抵触》(*Natural Selection Not Inconsistent With Natural Theology*)，并通过楚伯内公司 (Trubner and Company) 在伦敦发行。达尔文费心费力推广格雷的小册子，不过格雷的小册子并未说服威尔伯福斯主教，也未说服达尔文接受他的解读 (详见下文)。格雷还将数百本小册子有选择地分发给博物学家、神学家、评论家以及多家图书馆。后来格雷所写的这些文章及之后写的相关文章于1876 年编成集子《达尔文学说》(*Darwiniana*) 出版，并几次重印。

两人的交流不止于此。达尔文还曾向格雷请教关于兰花的问题，包括绶草属 (*Spiranthes*) 和斑叶兰属 (*Goodyera*)，询问这些花的螺旋形态 (spiral arrangement) 是否能帮助昆虫导航，进而达到为花传粉的目的。[1], p.177达尔文关于植物的书，格雷几乎都写了书评介绍给美国科学界。

1868年时，格雷携妻子去欧洲度假，顺道去达尔文的唐恩小屋 (Down House) 拜访。除此之外，两人一直以书信方式交往，直到达尔文去世。

三、格雷的有神进化论

进化论史专家皮特·鲍勒 (Peter Bowler) 曾于1980年代提出了“非达

图2 美国邮局2011年发行的格雷纪念邮票

邮票正中的开花植物是北美岩扇（*Shortia galacifolia*），这是一种仅生长在美国南阿巴拉契亚山脉的稀有植物。格雷第一次欧洲之行时在法国植物园见到并命名了这种植物的标本，之后他花了大量精力寻找活株，一直到1878年才如愿以偿。邮票右上方的植物是变色七叶树（*Aesculus discolor*）的花序。这两幅图都由格雷的“御用”画家斯普瑞格（Isaac Sprague）绘制。前者可在数本书中看到（如*Flowers of the Field and Forest*, by Isaac Sprague and A.B. Hervey, 1880; *Wayside Flowers and Ferns from Original Water-color Drawings* by Isaac Sprague, 1899），后者出自格雷为史密森学会准备的一份北美森林报告，报告中的插图于1891年成册出版（*Plates Prepared between the Years 1849–1859 to Accompany a Report on the Forest Trees of North America*）

尔文革命”的观点，认为达尔文的《物种起源》仅仅是掀起了进化观念对物种不变观念的革命，并没有使自然选择原理深入人心。[13], p.179, pp.196—199不过格雷的例子有些不同；正如杜普雷和鲍勒指出的那样，他接受了达尔文物种可变和自然选择的观点，但并未放弃设计说，并未否定上帝对自然进程的参与，而是提出了自己的有神进化论（theistic evolution）。[3], pp.264—278; [13], pp.205—207

格雷祖上是爱尔兰移民，信奉苏格兰长老会。他幼年时所接受的宗教教育可能只是让他对长老会有了模糊的接受，成年后在托利夫人的影响下，成为虔诚的公理会信徒。在达尔文1857年9月5日来信之前，格雷是物种恒定说（constancy of species）的坚定支持者。1844年《自然创造史的遗迹》发表后，格雷坚决反对其自发说，1846年在《北美评论》(*North American Review*）发表了一篇长文，称《自然创造史的遗迹》是“异教咒语”。[14]他认为无论从理论上还是神学上，最招人反对是物种演变说，而非特创论。这一时期的格雷虽然避免在植物学著作中使用上帝或造物主这样的术语，但他相信自然中存在一种“特殊的设计”（particular plan），物种不仅有造物主（Creator），并且还有管理者（Governor）；物种是某种超自然在多处的独立创造，一个物种并不能从另一个中生长出来。[3], pp.135—144; [5], p.158直到1857年，格雷仍在他出版的教科书中称物种之间是有“明确边界的”。[5], p.647

后来在与达尔文讨论同一属物种的地理分布时，格雷对达尔文提出了质疑：“我从未看到有什么可信服的理由可以得出结论说，同一属的几个种肯定有共同的或连续的分布区域。说服我，或者给我看看任何相关证据……”[9]于是达尔文写了1857年9月5日那封信，称“物种不过是强定义的变种罢了”。[9]格雷和当时的许多博物学家一样，认识到物种可变理论给分类学带来的威胁：稳定的物种是分类学的基础，这样分类学家才是科学共同体中受尊敬的成员；[15]失去这个基础，他们就难逃物种贩子（species-mongers）之名了。[5], p.646但达尔文的证据和他多年的经验说服了他；他毕竟是一位诚实的科学家。1859年他这样写道：

> 我已经倾向于……承认，所谓的近缘物种可能在许多情况下都是某个原种（a pristine stock）的直系后裔，就像驯养的品种一样；或者换句话说，物种（如果是指原始形式primordial forms）偶然变异的领域范围比通常设想的要宽广，当这些派生形式被隔离后可能像其原初形式一样持续不变地繁衍。[7], p.443

《物种起源》出版后，格雷成为美国首要的达尔文进化论宣扬者，不过他并没有完全接受这一理论。格雷在为《物种起源》所写的书评中并不称自己为皈依者，对此他向达尔文和胡克解释说，这既是出于策略考虑，也是事实：“我说过你们应当在这里获得公正对待，我做到了……”“每天我都能看到我那些评论的分量……如果称自己为皈依者可能就没有这样的效果了……但同时这也是事实……”[11], p.455, 457

对格雷来说，将上帝完全从自然进程中赶出是他的宗教所不允许的。1859年10月，格雷在信中告诉胡克，他对同源物种由变异衍生而来没有任何异议，但他对达尔文“将这一观点推演到极致”感到迷惑——“全世界都成了亲戚”[16], p.103——他也不太能接受自然过程完全是随机的。“你将如何贯通宗教哲学与你的科学的哲学?”“如果我无法将它们贯通成一致的整体……我会感到不安的。”[2], p.266

于是格雷对达尔文的理论作了自己的理解，设计出一种有神进化论。首先，他指出进化论并不必然是“无神论的”。他在《美国科学杂志》上发表的书评中指出，达尔文的《物种起源》常常被批评为“无神论的”，但这并没有道理，尤其考虑到当时其他“更反动的”科学假说都没有受到如此抨击：“引力理论和……星云假说假定一种普遍的、终极的物理因，自然中的所有后果（effects）都必定是由这种因导致的。”“而达尔文仅仅是采用了一种或一系列特定的、近似的因，并论证说当前的物种多样性是或可能是偶然由这种因引起的。作者并没有说必然会引起。”如果人们可以用达尔文的理论支持一种无神论自然观，那么他们就可以以此种方式利用任何科学理论；既然引力理论和星云假说并没有背上这样的罪名，那么达尔文的理论也就不应当受到这样不公平的待遇了。[16], pp.54—55

在格雷看来，科学仅仅是对“第二因”或“自然因”的追问。[16], p.45而设计论证或目的论证（argument from design）已经“得出了确定的结论：一位智慧的第一因、自然的预定者是存在且继续起作用的……”“有机自然界充满了明显的、不可抗拒的设计迹象，并且作为一个联系的、一致的体系，这一证据表明了整体的设计性。”“接受达尔文的假说并不会扰乱或改变这一信仰的基础。”[16], p.153因此不必因“盲信物种没有第二因”而拒绝达尔文的理论，尽管也无需将该理论当作“真的”。[16], p.175

由此可以看出格雷与达尔文的差异所在。达尔文早已摆脱了自然神学的影响，对他来说上帝即使存在也只是在最抽象的意义上；[17]而格雷深受自然神学的影响，他的上帝不仅是一位创造者，位于世界的开端之处，而且还是一位管理者，仍然在自然进程中起着作用。

不过格雷并没有让上帝成为选择者；他承认达尔文的自然选择是起作用的，是这股客观的、机械的、筛选的力使有机体适合其环境；这是格雷与其他创造进化论者（creative evolutionists）的不同之处。[1], p.175他在“变异”中为上帝找到了位置：他发表在《美国科学杂志》的一篇文章中写道：“但变异本身也有起源。从对过去的观察中我们无法预言什么样的特定变异会出现……（它）是同样神秘或无法解释的，只能假定存在某种上帝意志（an ordaining will）。”[16], p.75发表在《大西洋月刊》上的另一篇文章继续写道：“由于变异的物理原因是完全未知的、神秘的；我们应建议达尔文先生在他的假说中假定，变异是被引导沿着一定的有益路线的。”[16], p.48

此外，格雷的上帝还可能在自然进程中发挥着另一种作用：进行特别创造。格雷用人造工具的类比来说明“变异－自然选择”机制与特创论是可以并行不悖的，这一类比充分体现了自然神学对他的影响：

> 看起来以下两种情形是同样可能的：特殊起源在恰当时机一次又一次地出现（比如人类的创造）；或一种形式（form）在恰当时机被转变为另一种，比如一些连续物种仅仅在某些细节处有所不同。用一个通俗的比喻来说明吧：当新情境或新条件要求时，人类会根据自己的智慧改变他的工具或机器。他会对他所拥有的机器做小的改变和改进：比如他给一条旧船装上新帆或新船舵：这对应于变异。……随着时间的流逝，旧船会破旧会损毁；最好的品类会被选来做特定用途，并被进一步改进；这样原始船只会发展出平底大驳船（scow）、小艇（skiff）、单桅帆船（sloop）及其他品种的水上工具——正是多样化，以及连续的改进，引起那些不那么适用于特定用途的中间形式的消失；这些逐渐变得没用，成为灭绝物种：这是自然选择。现在，假如取得了很大进展，比如发明了蒸汽机，尽管这发动机可以被用于旧船上，但更明智、更切实的做法是按照改进的模型做一条新船：这可能对应于特别创造。无论怎样，两

> 者并不必然互相排斥。变异和自然选择可能起了作用，特别创造也可能起了作用。为什么不呢？[16], pp.93—94

在格雷看来，人就是一个特别创造的例子。不过可能正因为他赋予了人特殊地位，他后来也反对社会达尔文主义，并不认为“物竞天择、适者生存”适用于人类社会。格雷将变异的发生归功于上帝并且支持特创论，这意味着他在解释自然现象时部分地放弃了自然主义的解释路径。这样的做法对科学而言是很不利的；如此解释将使遗传学的出现成为不可能，并且会大大减小进化论的解释力和适用范围。格雷在这里表现出了某种逻辑上的不一致。他曾说过，仅仅以神圣意志来解释物种分布及其起源“将把整个问题移出归纳科学的领域”。[3], p.254然而，他并没有将他的归纳科学进行到底，而是在缺乏物理证据和物理原因时就诉诸上帝。

格雷的有神进化论并没有被很多学者接受，[13], p.207虽然迄今为止美国仍有些基督徒试图从格雷处寻找支持。[18], pp.196—201不过他的立场的确有助于平息达尔文学说所激起的宗教上的反对，达尔文也想利用格雷的设计论证来影响温和的反对派。正如一位后世评论家指出的那样，如果说赫胥黎是达尔文的“斗犬”的话，那么格雷就是达尔文的“和平鸽”。[18], p.196他试图平息公众对《物种起源》的反对。达尔文曾写信告诉格雷：“如果不是有那么四五个人（支持），我早就被击溃了——你就是其中一个。”[9]

一直到最后，格雷都是有神论者，而达尔文则自称是不可知论者。1868年达尔文在《论家养动植物的变异》（*On the Variation of Animals and Plants under Domestication*）一书的末尾公开否认了格雷的有神进化论，好在两人的友谊并未因此受到太大的伤害。格雷作为一位虔诚的基督徒，不得不在信仰与科学之间做出妥协。他或许代表了西方最后一代在自然神学与现代科学之间摇摆的科学家。

参考文献

[1] Browne, J. *Charles Darwin: The Power of Place* [M].Princeton and Oxford: Princeton University Press, 2002, 40−42, 38, 177, 175.

[2] Gray, J. L., Gray, A. *Letters of Asa Gray* [M].Vol.1. Boston and New York: Houghton, Mifflin and Company, 1894, 1−11, 14−16, 31, 29, 17−20, 17, 266.

[3] Dupree, A. H. *Asa Gray: American Botanist, Friend of Darwin* [M]. Baltimore: The Johns Hopkins University Press, 1988.

[4] Daniels, G. H. *American Science in the Age of Jackson* [M]. New York and London: Columbia University Press, 1968, 20−23.

[5] Hung, Kuang-Chi. *Finding Patterns in Nature: Asa Gray's Plant Geography and Collecting Networks* (*1830s-1860s*) [D]. Boston: Harvard University, 2013.

[6] Jun, Wen. 'Evolution of Eastern Asian and Eastern North American Disjunct Distributions in Flowering Plants' [J]. *Annual Reviews of Ecological Systematics*, 1999, 30: 421.

[7] Gray, A. 'Diagnostic Characters of New Species of Phaenogamous Plants, Collected in Japan by Charles Wright, Botanist of the U. S. North Pacific Exploring Expedition. With Observations upon the Relations of the Japanese Flora to That of North America, and of Other Parts of the Northern Temperate Zone' [J]. *Memoirs of the American Academy of Arts and Sciences*, 1859, 6 (2): 377−452, 449, 443.

[8] Porter, D. 'On the Road to the Origin with Darwin, Hooker and Gray' [J]. *Journal of the History of Biology*, 1993, 26 (1): 9−19, 19−20, 23.

[9] Darwin to Gray, Darwin Project[EB/OL].[2015-06-30]. https://www.darwinproject.ac.uk/letter/?docId=letters/DCP-LETT-1674.xml.

[10] Miller, H. S. *Dollars for Research: Science and Its Patrons in Nineteenth-Century America* [M]. Seattle and London: University of Washington Press, 1970, 48−70.

[11] Gray, J. L., Gray, A. *Letters of Asa Gray* [M]. Vol. 2. Boston and New York: Houghton, Mifflin and Company, 1894, 456−457, 455, 457.

[12] 摩尔．达尔文与基督教世界的沟通：他的跨洋策略[J]. 金晓星译．科学文化评论，2011，8（5）：64.

[13] Bowler, P. *Evolution: The History of an Idea* [M]. 25th Anniversary Edition. California: University of California Press, 2009.

[14] Gray, A. 'Explanations: A Sequel to Vestiges of the Natural History of Creation' [J]. *The North American Review*, 1846, 62（131）: 499.

[15] Endersby, J. *Imperial Nature: Joseph Hooker and the Practices of Victorian Science* [M]. Chicago: The University of Chicago Press, 2008, 320-327.

[16] Gray, A. *Darwiniana: Essays and Reviews Pertaining to Darwinism* [M]. New York: D. Appleton and Company, 1889.

[17] 杨海燕. 演化思想发展中的自然神学[J]. 自然辩证法通讯, 2014, 36 (2): 58-63.

[18] Miles, S. J. ‘Charles Darwin and Asa Gray Discuss Teleology and Design’ [J]. *Perspectives on Science Christian Faith*, 2001, 53: 196-201.

博物学家奥杜邦的多重形象

刘　星

“新华网”2015年1月曾发布一篇报道：

图1　美国邮局1985年发行的奥杜邦纪念邮票

> 纽约市佳士得拍卖行展出《美国鸟类》一书珍藏本。该珍藏本将于4月20日在纽约进行拍卖。《美国鸟类》由美国鸟类学家、画家和博物学家詹姆斯·奥杜邦在1827年创作，真实描绘了400多种生活在美国的鸟类，其画作大小与实物完全一样。该书曾被誉为19世纪最伟大和最具影响力的著作，目前世界上仅存119本。其中由私人收藏的一本在2010年英国伦敦拍卖会上拍出了将近732.13万英镑（约合人民币7657.79万元）的高价，成为“世界上最昂贵的图书”。[1]

事实上，约翰·詹姆斯·奥杜邦（John James Audubon，1785—1851）的

《美国鸟类》(*The Birds of America*)曾多次刷新书籍的拍卖纪录。例如，2000年《美国鸟类》的原版书在纽约克里斯蒂拍卖行以880.25万美元的高价成交。[2]这些数字在一定程度上代表了现代人对该书的珍视。《美国鸟类》也确实被誉为“美国珍宝”，由美国国家艺术馆和美国费城自然博物馆等机构收藏，并定时向公众展示。当然，早在19世纪，该书就受到各国王室贵族和著名学者的喜爱。在日本幕府末期，美国海军军官佩里(Mathew Perry)曾将该书当作礼物带到日本，使其成为对当时日本博物学造成影响的少数外国书籍之一。[3]

那么这究竟是怎样一本书，作者奥杜邦又是何人？他和传统意义上的鸟类学家不同，不仅获得相当多的荣誉，也为更多人所知。他在美国几乎家喻户晓，这不仅仅是因为他的《美国鸟类》和鸟类研究成果，更因为他以独特的方式推动了鸟类文化和鸟类保护的发展。国外已有很多关于奥杜邦的传记和研究，国内也有一些关于《美国鸟类》和奥杜邦的说明，[1]也出版了数本以奥杜邦的鸟类绘画为基础的书籍。[2]这虽然使奥杜邦为国人所知，但奥杜邦究竟完成了哪些鸟类研究工作，他是如何开展这些工作，对美国鸟类文化又造成了何种影响？这些仍需要更多的探讨。因此，本文试图介绍奥杜邦的鸟类研究成果以及他为美国鸟类文化所作出的贡献。

一、美国鸟类知识的呈现：《美国鸟类》和《鸟类学纪事》

1. 著作的出版：《美国鸟类》和《鸟类学纪事》

奥杜邦一生出版了多部博物学著作，其中与鸟类相关的有《美国鸟类》

---

1 例如：布卡南. 奥寞邦传[M]. 费鸿年译，北京：商务印书馆，1937；江川澜. 约翰·奥杜邦：最奇丽的画，最贵的书[N]. 深圳特区报，2011-01-08(C04)；李白薇. 鸟绘大师约翰·詹姆斯·奥杜邦[J]. 中国科技奖励，2013，169：83-84；张守忠. 失去的风景线[J]. 大自然探索，2004，10：45-49。

2 例如：奥杜邦. 鸟类圣经[M]. 西安：陕西师范大学出版社，2011；奥杜邦. 世界大师手绘经典：鸟类之书[M]，北京：光明日报出版社，2012，32-33；奥杜邦. 奥杜邦鸟类全鉴[M]. 北京：机械工业出版社，2014；奥杜邦. 飞鸟天堂[M]. 帅凌鹰译，北京：北京大学出版社，2011，42-50。

《鸟类学纪事》(*Ornithological Biography*)、《北美鸟类总览》(*A Synopsis of the Birds of North America*)以及由《美国鸟类》和《鸟类学纪事》合并出版的7卷本和他为威尔逊的《美国鸟类学》(*American Ornithology*)增添的内容。其中，影响较大也更广为人知的是《美国鸟类》和《鸟类学纪事》。奥杜邦一生热衷于绘画和观察，也在旅途中撰写日记。他所绘制的鸟类绘画大部分编入《美国鸟类》一书中。他的日记则包含大量鸟类、哺乳动物以及人文景观的记录。其中关于鸟类的那一部分内容则形成了《鸟类学纪事》，与《美国鸟类》的绘画一一对应，提供图片之外生动而详细的文字说明。

《美国鸟类》一书的出版先后经历了12年的时间。1826年，奥杜邦前往英格兰，他的第一幅版画《火鸡》随之问世。随后，精美的版画经由奥杜邦的画笔、雕版工人的刻刀和上色工人的手一一呈现。为了获得更多的订阅者，奥杜邦按册发行该书，每册包含5幅画。这5幅版画分别为一幅大型鸟类、一幅中型鸟类以及三幅小型鸟类，其中可能有一幅包含之前未曾描述过的鸟类。每册售价2几尼，最终共发行87册，合435幅版画。1838年，《美国鸟类》全部出版，分为4卷，绘制了489种共1065只鸟类图画。关于该书的特点，奥杜邦曾在1827年3月17日的《简介》(Prospectus)中写道：该出版物采用双向对开本(double elephant folio)的形式出版，纸质优良；雕版和原画大小相同，体现了鸟类及其他物品的自然大小；每幅版画都依原图慎重填色；等等。[4]

由于《美国鸟类》大获成功，1831年奥杜邦开始筹划出版《鸟类学纪事》。该书由苏格兰鸟类学家麦吉利夫雷(William Macgillivray)担任编辑。他是研究鸟类的专家，也是第一位以博物学为职业的博物学家。[5]奥杜邦在该书第1卷的序言里称赞麦吉利夫雷“受过良好的人文教育，对自然科学也十分热爱，帮助他完善了科学细节，使粗糙的《鸟类学纪事》变得流畅”。[6] 1839年，5卷《鸟类学纪事》全部出版，共计3500页。它是《美国鸟类》的文本说明，包含大量鸟类的生境、习性和行为的描述，以及美国各地的人文风景介绍。1841年，奥杜邦回到纽约，将此书与《美国鸟类》合并，出版了图文并茂的缩小版——皇家八开本版(Royal Octavo edition)。1844年，该书共出版7卷，采用石版印刷的方式，比之前的两个作品多涉及65种鸟类。[7]

2. 鸟类研究者奥杜邦：关注命名

18、19世纪，命名和分类都是鸟类研究十分关注的问题。奥杜邦虽未从事分类研究工作[1]，却热衷于鸟类命名。就其命名方式而言，在英文俗名方面，他采用了以人名为名的习惯；在学名方面，他则完全采纳了林奈的双名法。在他的所有鸟类作品中，他总共提出了91个新的鸟名，其中有57个以人名为名。[8]比如，第5幅版画波拿巴霸鹟（Bonaparte's Flycatcher），学名为*Muscicapa Bonaparth*。这种命名方式在19 世纪初期十分盛行，所采用的人名不仅包括命名者、发现者、描述者、杰出的博物学家，还有命名者的亲人、朋友和助手等。

奥杜邦不仅热衷于命名，还十分重视命名的准确性。在《美国鸟类》中，奥杜邦共命名了47种鸟类，随后却由于某些原因放弃了其中一些名字。[9]在《鸟类学纪事》中，奥杜邦也修订了《美国鸟类》中的一些名字。其中包括写法上的改变，如Fly Catcher 与Fly-Catcher 的替换。不过，更多的是修正一些命名。例如，在《美国鸟类》的第160幅版画中，鸟的英文俗名为黑冠山雀（Palm Warbler），学名为*Parus Atricapillus*。在出版《鸟类学纪事》时，奥杜邦和多位著名学者讨论后确定其为另一个物种，英文俗名定为卡罗来纳山雀（Carolina Titmouse），学名改为*Parus Carolinensis*。[10]在第163幅版画中，鸟的英文俗名为棕榈林莺（Palm Warbler），学名为*Sylvia palmarum*。在《鸟类学纪事》中，奥杜邦将其重新鉴定为红顶黄林莺（Yellow Red-poll Warbler），学名为*Sylvia petechia*。[10], p.360

尽管奥杜邦十分重视鉴别和命名，但由于所处时代的局限性，再加上鸟类命名本身就在不断地发展，他所采用的鸟类名字如今也有很大的变化。据卢卡斯（Frederick A. Lucas）记载，在1889年的美国鸟类名录中有33种是由奥杜邦命名的。[11]而在1992 年出版的《从奥杜邦到克桑图什》（*Audubon to Xántus*）中，作者指出奥杜邦命名了20种北美鸟类的英文俗名或学名。[8], p.24

1 奥杜邦在分类研究方面没有做出成果，虽是因为他缺乏相关的专业训练，但主要还是因为他的出版方式和拥有的研究材料都不足以支持他进行分类研究。他本人也更向往自然秩序而不是人为分类体系。

奥杜邦提出的鸟类名字有一些被认可、沿用，另一些则被取消。而那些被取消的鸟类名字要么已被重新命名或者只是杂交种（hybrid），要么是已知物种的亚成体或雌鸟。例如，奥杜邦绘制的华盛顿鹰（Washington's Eagle）就是白头海雕（Bald Eagle）的亚成体，而塞尔比霸鹟（Selby's Flycatcher）则是黑枕威森莺（Hooded Warbler）的雌鸟。

由上文可知，奥杜邦十分关注鸟类研究的学术问题。可是，他和当时的学院派鸟类学家不同。他热衷于荒野，并没有在博物馆内研究各种鸟类标本。他的作品也不像布里松的《鸟类学》（*Ornithologie*）那样关注分类，也没有构建或应用任何分类体系。尽管热衷于命名，但比起林奈，奥杜邦只命名了少量的美国鸟类。一些学者也认识到奥杜邦的这些特质，并认为比起分类和命名，奥杜邦更大的贡献在于他对鸟类的生动描述。例如，弗雷德里克·居维叶（Frédéric Cuvier）曾说道："奥杜邦先生不是（专注于分类的）博物学家，他是灵巧的画家和聪明的观察者。也许正是因为他对研究自然（如分类）十分陌生，才使他创作出如此新颖的博物学作品。"[12]因此，奥杜邦最终在欧洲获得了极高的评价，并得到了诸多荣誉。例如，在法国科学院（Academy of Sciences）的报告中，居维叶曾高度评价其著作：它（指《美国鸟类》）是"鸟类学上最宏伟的丰碑，如果奥杜邦能完成这部伟大的著作，这会使我们益发感到美国的科学进步将凌驾于旧大陆之上"。[4], p.151他也因其鸟类著作成为爱丁堡皇家学会、伦敦鸟类学会（Ornithological Society, London）、伦敦林奈学会（Linnaean Society, London）和英国皇家学会等学会的会员。那么，奥杜邦为何会获得如此多的荣誉和如此高的评价？肯定不仅仅是因为其鸟类研究成果。为回答这个问题，需要回到18、19世纪的博物学文化中去考察奥杜邦的博物学活动及其影响。

二、探索异域：奥杜邦在美国的鸟类考察活动

自哥伦布发现新大陆以后，美洲大陆便因其丰富的自然资源吸引着欧洲

人前往该地。而文艺复兴之后，欧洲的博物学也得到长足发展。它是完全不同于数学、物理的科学。只要接受过良好的教育，任何人都可以参与其中，并获得乐趣。因此，博物学在欧洲逐渐发展成为一种时尚的消遣，博物学活动也成为一种社交方式，从事该活动是绅士的标志之一。随着海外殖民和全球贸易的开展，许多人前往欧洲以外的地方开展博物学活动。一些人为了获得金钱和荣誉，服务于政府、研究机构或公司，前往世界各地收集自然之物。一些人则热衷于旅行、探险，并在途中发现新奇之物。作为博物学的重要分支，鸟类研究也顺理成章地受到欧洲人的青睐。因此，在这种文化氛围中出生、成长的奥杜邦，也不可避免地热衷于博物学活动。因此，在美国的考察活动不仅是奥杜邦的绅士爱好，也是他探索博物学知识的重要手段，更是他推销自己、塑造知识权威性的主要依据。

1.法国爱鸟者奥杜邦：立志撰写美国鸟类著作

1785年4月26日，奥杜邦（Jean Jacques Audubon）出生于圣多明各（Santo Domingo）的奥克斯・卡宴斯（Aux Cayes）。[1]其父为法国海军军官杰・奥杜邦（Jean Audubon），其母为珍妮・拉宾（Jeanne Rabin）。尽管其母的身份存有争议，但可以确定的是，她在奥杜邦出生六个月后就去世了。奥杜邦的父亲善于结交权贵，组建了一支船队，在法国的多处殖民地都拥有资产，家境比较殷实。因此，1788年回到法国后，奥杜邦可以享受比较舒适的生活，并接受较好的教育，学习数学、绘画、地理、剑术、舞蹈和音乐等。[13]奥杜邦的养母也十分疼爱他，支持他和同伴去林间玩乐，并带回鸟卵、鸟巢等自然之物。[14]奥杜邦的父亲尽管对他的学业不太满意，但也很欣赏他的收藏并夸赞他的品位，还指导他观察鸟类。[15]奥杜邦自己也曾回忆，他对鸟类的热爱可以追溯到孩提时代，他觉得“和它们十分亲近……我几乎疯狂地喜爱它们，而这种疯狂伴随了我一生”。[16]由此可知，奥杜邦从小就对博物学充满兴趣，尤其热衷于探索鸟类。在法国南特生活的那段时间，奥

1 此地又名里斯・卡宴斯（Les Cayes），现称为海地（Haiti）。奥杜邦的出生背景曾经有很大的争议，本文采纳了F. H. Herrick、Stanley Clisby Arthur、Alton A. Lindsey、Alice Ford和Richard Rhodes的看法。

杜邦也学习绘画和观察自然，并完成了200多幅法国鸟类的草图。[4], pp.5—6

1803年，为躲避拿破仑征兵，奥杜邦前往美国的密尔格洛夫（Mill Grove）管理其父的庄园。比起欧洲的鸟类，美洲的鸟类种类更丰富，色彩更绚丽，也拥有更多的猛禽。因此，美洲鸟类深受欧洲中上层阶级和学者的喜爱，很多前往美洲的欧洲人都热衷于收集、记录和描绘美洲鸟类。在奥杜邦之前，丹尼斯（Nicolas Denys）、巴特拉姆（William Bartram）和卡特斯比（Mark Catesby）等人都从事过相关的考察和研究。不过，对欧洲人而言，广阔的美国仍有许多未探索的地区和大量未知的鸟类，是一个博物学家可以有所作为的地方。受这些因素的影响，奥杜邦在前往美国的途中就产生了要创作关于美国鸟类的伟大著作。[16], p.4

由于奥杜邦并没有接受专业的博物学考察训练，在抵达美国之初他的考察方式和那些前辈相似：要么在生活的闲暇时光里狩猎，观察并绘制鸟类；要么外出旅行探险，前往偏远地区寻找新奇的鸟类。1804年，奥杜邦首次在美洲大陆上对灰胸长尾霸鹟（Eastern Phoebes）进行环志实验，并通过仔细观察发现其迁徙行为。他也越来越熟悉动物标本剥制技术，并创造了新的鸟类标本制作方法。[16], p.55他还开始建立自己的自然博物馆，在屋内放满了标本，墙壁上也挂满了掏空的鸟卵和绘好的鸟画。1805 年，奥杜邦返回法国，遇到了博物学家多比内（Charles-Marie D’Orbigny），并从他那里学习了标本剥制技术和一些科学研究方法。1806年，为求娶露西·贝克威尔（Lucy Bakewell），奥杜邦前往纽约进行投资。在纽约期间，他游历各地，收集了大量鸟类和其他自然珍品，并在纽约的寓所中剥制了许多鸟类标本。后来，由于投资失败，奥杜邦返回密尔格洛夫，开始计划西部之行。在当时的欧洲人看来，美国的西部仍是蛮荒之地，有大量印第安原住民生活其中，也有大量未发现的鸟类。

2.爱好者奥杜邦：寻找鸟类的早期探险

1807年，奥杜邦和生意伙伴罗齐尔（Ferdinand Rozier）前往肯塔基的路易斯维尔（Louisville）。在此期间，奥杜邦把大部分时间用于狩猎、采集和绘画，生意则交由罗齐尔负责。1810年，威尔逊（Alexander Wilson）劝说奥杜邦订阅其著作《美国鸟类学》（*American Ornithology*），并一起狩猎、交流鸟类研究情况。同年12月，奥杜邦和罗齐尔前往密西西比的圣杰纳维夫（St. Geneviève）考察。途中，他曾参与印第安人的狩猎，学习印第安人的狩猎和剥制技巧，也十分享受这段时光。1811年，奥杜邦返回亨德森，随后一度获得经济上的成功。不过，受限于整个大环境的恶劣情况，1818年父亲去世之后，奥杜邦的经济情况变得非常糟糕。1819年，奥杜邦在路易斯维尔因债入狱，最终不得不宣布破产。此后，奥杜邦只好以教授绘画和绘制肖像为生，但一有机会他就到野外采集标本并绘制鸟画。

尽管面临生计问题，奥杜邦却开始将生活的重心转移到鸟类考察和研究上。其妻露西深信他能完成伟大的作品并获得成功，对他的探险考察活动也大力支持。1820年，奥杜邦在辛辛那提（Cincinnati）的博物馆短暂担任标本剥制师。同年，他首次公开展示其绘制的鸟类绘画，并开始按照鸟类的真实大小绘制美国鸟类图集。随后，他和梅森（Joseph Robert Mason）一起沿俄亥俄河和密西西比河考察，最终抵达新奥尔良。1821年，奥杜邦在新奥尔良附近的欧克利庄园（Oakley Plantation）教授绘画，并采用水彩画、铅笔画和水粉画，进一步提升绘制鸟类的技巧。次年，奥杜邦和梅森从新奥尔良出发考察，经沙拉河口（Bayou Sara）、肯塔基、纳齐兹等地抵达路易斯维尔。在此期间，他还在斯汀（John Steen）的指导下学习油画技巧。

1824年，奥杜邦抵达费城寻求出版支持。在此，他为新泽西钞票绘制鸟画，这也是他首个公开出版的作品。尽管他的作品获得了许多人的赞扬，但因为奥德（George Ord）等人的反对，奥杜邦未能在此获得出版支持。他只好继续探险考察，经奥尔巴尼、华盛顿、波斯顿等地抵达尼亚加拉大瀑布附近。随后，他再乘船去伊利湖，经米德维尔抵达匹兹堡。最后，他沿俄亥俄河南下，抵达辛辛那提，拜访路易斯维尔的故居后抵达沙拉河口。在此，他和妻子露西团聚，开始筹集前往英格兰出版鸟类学巨著的费用。1826年5月，奥杜邦离开美国，前往欧洲。他先后在利物浦、曼彻斯特、马特洛克、贝克韦尔、爱丁堡、伦敦、巴黎等地开办画展。同时，他还拜访当地的学者、画家、富豪和贵族，商议出版事宜并寻求订阅者。最终，奥杜邦的著作在欧洲引起了巨大轰动，并获得了诸多荣誉。

3. 探险者奥杜邦：为出版著作进行专业考察

在英格兰获得了成功后，为发现更多的鸟类，也为了给作品提供更丰富的材料，奥杜邦多次往返于英格兰和美国之间。在这一阶段的考察活动中，他要么参加政府组织的探险活动，要么自己组织队伍探险，并携带助手为其采集标本、鸟卵和鸟巢等，因而可以将重心放在鸟类记录和绘画上。

1829年，奥杜邦从纽约出发，先后在新泽西的大卵港（The Great Egg Harbour）和宾夕法尼亚的大松林（The Great Pine Swamp）进行考察绘画。回到费城后，奥杜邦继续以猎鸟、画鸟和制作标本为乐。雷曼（George Lehman）则担任其助手，为他绘制鸟画中的植物和背景。这一时期，奥杜邦的作品在美国也获得了重视。《美国科学与人文杂志》（*American Journal of Science and Arts*）称“《美国鸟类》的前49幅版画是一份无与伦比的伟大作品”。[17] 1830年，奥杜邦曾受邀前往白宫和杰克逊总统（Andrew Jackson）共餐。随后，奥杜邦携妻前往英格兰，并筹划出版了《鸟类学纪事》的第1卷。

1831年，奥杜邦返回纽约。在雷曼和标本剥制师沃德（Henry Ward）的陪同下，他参加了前往南部的采集之旅。奥杜邦从纽约出发，前往佛罗里达进行狩猎、绘画和写作。在此期间，他乘坐联邦的船只分别在圣奥古斯丁（St. Augustine）、圣约翰河（St. John）上游林区、砂岛（Sandy Island）和基维斯特（Key West）等地考察，然后返回费城。1832年，奥杜邦经纽约和波士顿，前往新不伦瑞克和缅因州，考察芬迪湾后返回波士顿。在此，他绘制了著名的画作《金雕》（*Golden Eagle*）。1833年，奥杜邦携带5位助手，雇船从伊斯特波特（Eastport）出发，经缅因州抵达拉布拉多，分别在海豹泥岛（Seal and Mud Islands）、杰西卡岛（Jestico Island）、英托里湾（Entrée Bay）、圣约翰湾（George's Bay）等地考察，再经皮克图（Pictou）、哈利法克斯（Halifax）、新斯科舍（Nova Scotia）等地返回纽约。随后，奥杜邦前往查尔斯顿，与朋友巴赫曼（John Bachman）度过了愉快的冬天。1834年，奥杜邦携妻、子离开纽约前往利物浦。在此期间，他继续寻求订阅者，并写作《鸟类学纪事》第2和第3卷。

1836年，奥杜邦返回美国。在抵达费城后，他参观了纳托尔（Nuttall）和汤森德在美国西部的洛矶山及其附近获得的珍奇鸟类。随后，他经波士顿、塞勒姆（Salem）抵达华盛顿，并获得了参加墨西哥湾探险的机会。然后，奥杜邦再次前往查尔斯顿，在此狩猎和绘画。1837年，奥杜邦携助手哈里斯（Edward Harris）前往佛罗里达的彭萨科拉（Pensacola）、得克萨斯的加尔维斯顿湾（Galveston Bay）、巴拉塔里亚湾（Barataria Bay）、休斯顿以及新奥尔良等地考察，最终返回查尔斯顿并再次前往利物浦。在此期间，他完成了《美国鸟类》的最后100幅画、《鸟类学纪事》的第4和第5卷以及《〈美国鸟类〉总览》（*A Synopsis For The Birds of America*）。

1839年冬，奥杜邦携眷返回纽约定居。随后，奥杜邦开始筹划出版《美国鸟类》的八开本版（*octavo edition*）以及《北美胎生四足动物》（*The Viviparous Quadrupeds of North America*）一书。1842年，奥杜邦举家迁至明妮之家（Minnie's Land）。同年9月，奥杜邦前往新英格兰和加拿大等地寻求订阅者，随后发表了一份《北美胎生四足动物》的《简要说明》（Prospectus）。12月，为发现更多的标本，奥杜邦开始准备西部大草原（The Great Western Prairies）探险。1843年，奥杜邦携助手哈里斯、植物艺术家斯普雷格（Isaac Sprague）、标本剥制师贝尔（John G. Bell）和斯夸尔斯（Lewis Squires）前往圣路易斯（St. Louis）考察。他们经过密苏里河上游地区，深入印第安人的领地，最终抵达黄石河入口联合港（Fort Union），并在此进行狩猎和绘画。这一路上，奥杜邦深入荒野考察，却渐感体力不支，于当年返回明妮之家，安享晚年。

由上文可知，无论是早期探险还是专业收集，奥杜邦在美期间从未停止鸟类考察活动。这些探索经历为其著作提供了创作素材和灵感，是完成其著作的基础。奥杜邦这种深入荒野、持续探索的精神也深受欧洲人赞赏。

德·埃斯林亲王（Prince d'Essling）就曾感叹道："多次听闻有一位山林中人，许多画都出自他的手笔，原来就是你。"[4], p.42总体而言，比起他的前辈，奥杜邦考察的地域更广阔，因而能够把更多的美国鸟类呈现在世人面前。这些来自异域的鸟类信息和深入荒野的探险精神使奥杜邦为他人津津乐道，也使他成为传奇人物。当然，奥杜邦获得如此巨大声誉的原因不止于此，更因为其作品贴近公众，激发了大量公众对鸟类的热爱。

三、公众领域对奥杜邦的响应

1.艺术家奥杜邦：兼具科学性和艺术性

奥杜邦的著作为许多学者提供了详细的数据，也获得了很多赞誉。例如，波拿巴（Charles Lucien Bonaparte）在其书中写道："古尔德（John Gould）先生和奥杜邦先生关注这两个地区的鸟类学，他们的伟大作品被认为是这个主题的标准作品，因而在整个名录中我引用他们的图画作为研究物种的典型。"[18]达尔文也在《物种起源》中引用了奥杜邦对军舰鸟习性的描述，以及他对鹭食用种子的描述。[19]此外，《美国鸟类》中也有两种鸟类以奥杜邦为名，分别是第395幅版画的奥杜邦林莺（*Sylvia auduboni*）和第417幅版面的奥杜邦啄木鸟（*Picus auduboni*）。

除去学界的认可和引用，奥杜邦对鸟类研究和鸟类文化的贡献更多在于他对公众的影响。《美国鸟类》是奥杜邦的成名作。该书采用了独特的绘画风格，不仅可以提供丰富的鸟类信息，还可以绘制更漂亮的鸟类绘画。奥杜邦将每一种鸟类与其生境中的特色草木一起绘制，以展示其栖息地和摄食习性等。例如，第143幅版画的金冠鸫（Golden-crowned Thrush，*Turdus aurocapillus*）就和欧白英（Woody Nightshade, *Solanum dulcamara*）绘制在一起。同时，奥杜邦的鸟类绘画还很注重鸟类的真实形态，比那些按照标本绘制的僵硬鸟画（如布里松的著作）更具美感。总而言之，它们不仅色彩更丰富，姿态、形状、大小更准确，也更富有生机。这种绘画方式深受公众喜爱，因而《美国鸟类》得到了王室、贵族和富豪的青睐，拥有包括国王在内的订阅者。[16], p.316如今，该书更是一再出版，销量甚佳。

此外，针对公众认识和鉴别鸟类容易产生的疑惑，奥杜邦也完成了十分细致的绘画。例如，针对两性异形的问题，他在一些画中同时绘制了雌鸟和雄鸟，如第187幅版画的宽尾拟八哥（Boat-tailed Grackle）。针对那些外部特征比较相似的鸟类，奥杜邦则把它们绘在一起，并明确画出区分的特征，如第353幅版画的栗背山雀（Chesnut-backed Titmouse），黑头山雀（Black-capt Titmouse）和栗顶山雀（Chesnut-crowned Titmouse）。他还绘制了成鸟和幼鸟，在区分成、幼鸟的同时展示鸟巢以及鸟类的喂食育幼行为。为避免读者产生疑惑，奥杜邦十分重视表述的科学性和准确性。在每一幅画中，奥杜邦都给出了翔实、严谨的信息：绘者奥杜邦，鸟类的英文俗名、学名和命名者，鸟类的性别，以及雕刻师和上色工人等的名字。在《鸟类学纪事》中，他也给出了英文俗名、学名和命名者，鸟类的性别，以及长达数页的细致描述。这些关注鸟类分布、行为和生活志的内容，尽管被当时热衷于利用标本分类的鸟类学家忽视，但在布丰看来，它们是探索自然分类体系所必需的内容。[12], p.20自然作家巴勒斯也在《醒来的森林》中多次引用奥杜邦的描述，称赞“奥杜邦的著作是迄今最详尽、最精确的著作……他对承担的工作所投入的热情与献身精神，在科学史中鲜有人可以匹敌”。[20]

总而言之，奥杜邦的《美国鸟类》和《鸟类学纪事》不仅获得学者的认可，更充分考虑了公众的需求，因而受到广大鸟类爱好者的喜爱。这些精致的绘画和优美的文字不仅为他们提供了丰富的信息，促进了鸟类知识的传播，还激发了更多人对鸟类的热爱。例如，当时年轻的鸟类爱好者（也是后来的鸟类学家）布鲁斯特（William Brewster）、迪恩（Ruthven Deane）和亨肖（Henry W. Henshaw）就十分推崇奥杜邦。他们创建了美国第一个鸟类学会纳托尔鸟类俱乐部（Nuttall Ornithological Club），并经常在聚会上讨论奥杜邦的《美国鸟类》。[21]

2. 鸟类保护者奥杜邦：成为鸟类保护的代名词

奥杜邦对美国鸟类保护运动也产生了重要影响。热衷于田野的博物学家往往是对环境最为敏感的一群人，因而关注鸟类的奥杜邦也是最早察觉到美国鸟类数量锐减的人之一。奥杜邦热爱鸟类，不仅热爱鸟类背后所代表的知识，也热爱鸟类这个生命本身。因此，他曾在日记中多次提到对采卵者（eggers）的厌恶，并敲响了关注鸟类屠杀和栖息地破坏的警钟。虽然奥杜邦并没有从事真正意义上的鸟类保护活动，但他敏锐的观察和细腻的情感影响了大量的读者，让他们不仅认识鸟类，也切身感受鸟类的生命力。同时，他的名誉和声望也拥有极大的号召力。因此，在他去世30年后，他的名字"奥杜邦"非常恰当地延续了他的思想，开始聚集力量并开启了保护行动。

19世纪下半叶，越来越多的人产生了与奥杜邦同样的担忧。因此，1886年奥杜邦妻子露西的学生格林内尔（George Bird Grinnell）组建了第一个奥杜邦协会（Audubon Society），并向奥杜邦致敬。这个协会明确提出"保护鸟类"的口号（期刊封底上写着Audubon Society for the Protection of Birds），并反对大规模的鸟类屠杀和羽毛贸易。随后，各地纷纷建立奥杜邦分会。1887年2月，该协会发行了第一期刊物《奥杜邦杂志》（*The Audubon Magazine*）。这份杂志不仅以奥杜邦为名，也选用了奥杜邦的肖像作为封面图片。在内容上，格林内尔充分利用了奥杜邦的影响力和知名度，以获得读者的认可并调动他们的情绪。于是，第一次奥杜邦运动（Audubon Movement）在全国范围内得到了关注。科学家、标本收集者、狩猎者（sportsmen）[1]纷纷支持保护鸟类保护，反对羽毛贸易。可是，随着保护运动的推进，科学家的收集行为也遭到质疑，鸟类学家、标本制作者和保护者的关系变得紧张。最终，由于担心鸟类保护会影响科学家的权利，三者之间的张力导致第一次奥杜邦运动衰落。[21], p.47随之，《奥杜邦杂志》停刊，协

---

1 狩猎者是指那些不专门以猎杀、售卖动物为生的人。对他们而言，狩猎当然可以提供食物，但更重要的是一种娱乐方式，或者说获得标本的手段。以猎杀动物来获取经济收入的人则称为猎人（hunter），也就是这场运动所反对的对象之一。

会也因面临诸多社会、经济问题而被迫解散。1896年，在达彻（William Dutcher）的支持下，海明威（Harriet Lawrence Hemenway）再次组建马萨诸塞州奥杜邦协会（Massachusetts Audubon Society），其他各州纷纷效仿并推动了第二次奥杜邦运动。1905年，达彻组建了国家层面的奥杜邦协会联合会（National Association of Audubon Societies），也就是现在的美国奥杜邦协会。它开展了一系列的鸟类保护和鸟类调查活动，试图通过立法和自然教育改变公众对鸟类的认识。

因为奥杜邦协会和奥杜邦运动，如今“奥杜邦”一词已经成为鸟类保护的代名词。在奥杜邦协会的影响下，美国有很多地方都以奥杜邦为名，比如奥杜邦学校、奥杜邦公园、奥杜邦动物园、奥杜邦鸟类保护区、奥杜邦自然学院（Audubon Nature Institute）和奥杜邦博物馆等。它们不仅使奥杜邦这个名字家喻户晓，更使奥杜邦热爱自然的形象深入人心。除此之外，各界都以自己的方式纪念这位伟大的博物学家。1942年，为致敬奥杜邦，奥杜邦艺术家协会（Audubon Artists）成立。

1969年，沃伦（Robert Penn Warren）特意为奥杜邦写诗《奥杜邦：一种意象》（*Audubon: A Vision*）。[22] 1985年，为纪念奥杜邦诞辰200周年，很多国家都发行了以其鸟类绘画为主题的纪念邮票。2011年4月26日，为庆祝奥杜邦诞辰226周年，“谷歌”在其全球主页上设置了以奥杜邦绘画为主题的涂鸦。现在，仅存的119 本《美国鸟类》原版书大多保存在各个博物馆，并定期向公众开放展示。

结　　语

回顾博物学家奥杜邦传奇的一生，我们可以发现：他是一位探险者、猎人、艺术家，也是一位鸟类研究者、观察者和保护者。他在逆境中战胜困难，前往美国的荒野探险，敏锐地观察鸟类和自然。他拥有高超的绘画技巧，创作了无与伦比的鸟类绘画作品。他热衷于狩猎，却又对保护有着深切的欣赏和关心。他的形象如此多样，尤其是探索者、艺术家和鸟类保护者形象，使其获得了不同于许多鸟类学家的声誉。这是18、19世纪博物学盛行时期所特有的现象，它使奥杜邦有机会成为美国鸟类研究的先驱，并被广大公众热爱。奥杜邦的成功在很大程度上反映了博物学鼎盛时期人们对自然知识的追捧，尤其是欧洲学者和中上层阶级对异域知识的热爱。与此同时，奥杜邦不仅为其他学者提供了研究美国鸟类的丰富信息，也通过鸟类研究为自己获得话语权、经济独立和社会地位。更重要的是，他用自己独特的方式影响了鸟类研究在公众心目中的形象，促进了美国鸟类文化的发展。

参考文献

[1] 王雷. 世界上最贵的书——《美国鸟类》. http://tech.ifeng.com/discovery/miracle/detail_2012_01/17/12022786_0. shtml. 2015-01-15.

[2] 格伦迪. 吉尼斯世界纪录大全（2006 年版）[M]. 张东辉等译，沈阳：辽宁教育出版社，2005, 125.

[3] 上野益三. 日本博物学史[M]. 东京：平凡社，1973, 90.

[4] Audubon, J. J., Buchanan, R. W. *Life and Adventures of Audubon the Naturalist* [M]. London: S. Low, Son, & Marston, 1868, 126.

[5] 马吉. 大自然的艺术[M]. 杨文展译，北京：中信出版社, 2013, 200.

[6] Audubon, J. J. *Ornithological Biography* [M]. Vol.1. Edinburgh: Adam Black, 1831, xviii–xix.

[7] Ford, A. *John James Audubon: A Biography* [M]. New York: Abbeville Press, 1988, 493.

[8] Mearns, B., Mearns, R. *Audubon to Xántus: The Lives of Those Commemorated in North American Bird Names* [M]. London: Academic Press, 1992, 24.

[9] Stone, W., Audubon, J. J. 'A Bibliography and Nomenclator of the Ornithological Works of John James Audubon' [J]. *The Auk*, 1906, 23（3）: 303.

[10] Audubon, J. J. *Ornithological Biography*[M]. Vol.2. Edinburgh: Adam & Charles Black, 1834, 360.

[11] Allen, E. G. 'The History of American Ornithology before Audubon' [J]. *Transactions of the American Philosophical Society, New Series*, 1951, 41（3）: 490.

[12] Farber, P. L. *Emergence of Ornithology as a Scientific Discipline, 1760–1850* [M]. Baltimore and London: Johns Hopkins University Press, 1997, 106.

[13] Arthur, S. C. *Audubon; An Intimate Life of the American Woodsman* [M]. Gretna: Pelican

Publishing, 1937, 22.

[14] Streshinsky, S. *Audubon: Life and Art in the American Wilderness* [M]. Georgia: University of Georgia Press, 1993, 14.

[15] Fisher, C. *The Magic of Birds* [M]. The British Library Publishing Division, 2014, 16.

[16] Rhodes, R. *John James Audubon: The Making of an American* [M]. New York: Random House LLC, 2004, 21–22.

[17] Audubon, J. J., ChristophIrmscher. J J. *Audubon: Writings and Drawings* [M]. The Library of America, 1999, 866.

[18] Bonaparte, C. L. *A Geographical and Comparative List of the Birds of Europe and North America* [M]. London: John Van Voorst, 1838, vi.

[19] Darwin, C. *The Origin of Species*[M]. New York: P. F. Collier & Son, 1909, 189; 431.

[20] 巴勒斯. 醒来的森林[M]. 程虹译，北京：生活·读书·新知三联书店，2012, 172.

[21] Barrow, M. V. *A Passion for Birds: American Ornithology after Audubo*n [M]. Princeton: Princeton University Press, 1998, 47.

[22] Warren, R. P. *Audubon: A Vision*[M]. New York: Random House Inc., 1969.

爱德华·奥斯本·威尔逊：分子生物学时代的博物学家

刘　利

20世纪中后期，现代综合进化论日趋完善，达尔文革命尘埃落定，分子生物学的兴起却为进化生物学的发展增添了新的变数。爱德华·奥斯本·威尔逊（Edward Osborne Wilson, 1929—2021）正是在此时登上了博物学的历史舞台，随后在机遇与挑战并存的时代中激流勇进，成为达尔文在20世纪里最重要的学术与精神传人之一。威尔逊最为人熟知的头衔当属“社会生物学之父”与“生物多样性之父”，[1]这标志着他在进化生物学的理论开拓与环境保护实践两方面的最高成就。在实验室研究日益挤压田野研究，同时“环保”又代替“探险”成为人类面对自然的首要任务的时代里，威尔逊既保持了传统博物学家的纯正本色，又为当代博物学注入了新的生机与活力。

一、蚂蚁“指引”的科学之路

1929年6月10日，威尔逊出生在美国亚拉巴马州伯明翰一个退伍军人的家庭。父母两边的家族都曾在南北战争中为南军效力，曾祖父更是当时的一位英雄人物。他早年的亲属大多务农、经商或从事航运，外曾祖母与祖母曾在莫比尔市开办了当地第一家私立学校，他本人则是家族史上第一位大学生及专业人士。威尔逊的父亲是个不安定的人，经常换工作与搬家，还在他8岁时离了婚。上大学之前，威尔逊在寄宿与转学的“游牧”生活中四处辗转，而亚热带的海滨风光让他早早体会到独处自然的美妙，野外成为他的乐园与启蒙课堂。7岁的夏天，发生了一场意外：当小威尔逊独自在海边玩耍时，一条上钩的小鱼刺伤了他的右眼瞳孔，导致晶状体切除。[2]这次事件对他未来的职业规划影响很大。立体视力受损限制了观察能力，威尔逊最终在地面的“小天地”里找到了理想的研究对象：昆虫。1939年他在华盛顿特区读小学，这里世界一流的国家动物园与国家自然博物馆令他大开眼界，他开始立志成为昆虫学家，并在家附近的公园里模拟探险，阅读博物学，尤其是昆虫学方面的入门书。13岁那年，威尔逊发现了一种新型的外来火蚁，后来写进他最早的科学论文。1943年夏天，威尔逊的博物学才能已经小有名气，被一期童子军团夏令营邀请为自然课顾问。

中学时代的威尔逊对自然科学表现出广泛的兴趣，各领域的新进展都令他兴奋。上大学之前一年，他开始把精力集中在蚂蚁身上，为接下来正式的专业学习做准备。他先是申请了范德比尔特大学，可惜没有成功。接下来他打算申请入伍，以此争取“二战“退伍兵的入学资助，但因为右眼几乎失明，没能通过体检。最终向他敞开大门的是亚拉巴马大学生物学系。大二那年，“现代综合进化论”的浪潮席卷而来，威尔逊接触到杜布赞斯基的《遗传学与物种起源》(1937年)、迈尔的《系统分类学与物种起源》(1942年)以及辛普森的《进化的节奏与模式》(1944年)，并加入到奉此为经典的“新达尔文主义”学习小组。小组成员各有所长，驾驶野外考察车探遍了亚拉巴马州的荒野。1949年，威尔逊协助州环保部完成了一项评估外来火蚁影响的科研任务，借此发表了他的蚂蚁学处女作。[3]这一年他升入本校的硕士班，第二年转到田纳西大学读博士，依然主攻蚂蚁研究。田纳西州是基督教原教旨主义的重镇，1925年曾发生过著名的判决讲授进化论有罪的“斯科普斯案”，而此时进化论在生物学的课堂上依然没有解禁（一直到1967年）。威尔逊在代课时尝试跟学生探讨人类进化起源的观点，几乎无人响应。在两位志同道合者的支持下，1951年9月，威尔逊转学来到哈佛大学。他先是利用1952年暑假与同学结伴做了一次环美考察，第二年入选精英组织“哈佛学会”（the Society of Fellows），在丰厚的资助下，赴古巴与墨西哥展开热带科考，随后又远赴南太平洋地区。在10个月内，威尔逊的足迹遍及斐济、法属新喀里多尼亚、瓦努阿图群岛、澳大利亚与巴布亚新几内亚，最后经斯里兰卡取道欧洲回国。在探险途中，蚂蚁品种的多样性与蚁群的地理分布引起了他的注意。威尔逊发现，在地处偏远或历史较短的岛上，由于较少外来种的侵入，本地蚁群呈现出“生态释放”的繁荣景象。但在新几内亚的一般地区，蚁群的多样性极高，呈现出“一地一种”的“斑块状分布”模式。此后，威尔逊开始在系统分类学的基础上拓展自己的研究空间，渐渐在岛屿生态学与动物行为学两方面取得了突出进展。

1.岛屿生态学

1955年9月，远航归来的威尔逊获得了博士学位，并举行了婚礼，随后接受一个临时性的助理教授职位，任教哈佛。1958年，斯坦福大学生物系向威尔逊提供了一个副教授的终身职位，计划由他接替一位介壳虫专家开展一个大项目。斯坦福的教务主任与校长亲自登门拜访，诚意十足，许诺的待遇也不错，威尔逊夫妇准备接受聘请，但哈佛大学决定留住这位蚂蚁专家。经过讨论与资格审查，校方开出与斯坦福对等的聘任条件，夫妇俩最终还是留下了。稳定下来的威尔逊开始全速前进，并逐渐锁定了一个理想的研究课题：生物多样性的进化起源。他发表了当年关于新几内亚蚂蚁斑块状分布的发现，意识到多样化的种群“斑块”很可能是一个统一的大种群被外来物种入侵切割后分别趋异的产物。外来物种来自何方？答案就在前一项发现里：“生态释放”的边缘地带。由此，威尔逊提出了“类别循环”（taxon cycle）理论：没有绝对的进化中心，边缘地带的物种就是潜在的扩张者，生态平衡是一个兴衰更替的动态过程。在与生物地理学家麦克阿瑟合作的经典论文《海岛动物地理学的平衡理论》中，类别循环过程中物种多样性与区域面积之间的定量关系得以确定：$S=bA^k$。其中，S为物种数量，A为生态区面积，b与k为常数。也就是说，面积越大，物种越多。[4] 1967年，二人合著《岛屿生物地理学理论》，系统阐释了类别循环与物种平衡理论，开创了60年代生物地理学研究的新局面。为了获得证据支撑，1966年秋到1968年春，威尔逊利用佛罗里达湾中的岛屿成功组织了一项惊人的实验：在小岛上搭建巨型帐篷，在不伤害树木的前提下使用毒气将岛上的昆虫尽数消灭，然后观察记录新的昆虫群落重聚小岛的过程与模式。1971年，美国生态学会将“默瑟奖”授予完成这项实验的威尔逊与他的学生辛伯洛夫。此后辛伯洛夫沿此方向继续探索，威尔逊则将工作重心转向了社会生物学。

2.动物行为学

达尔文在《人与动物的情感表达》（1872年）一书中开创了现代行为学研究的两条基本路线：比较心理学与动物行为学。前一条路线经罗曼尼斯、巴甫洛夫等人继承发展，在20世纪20年代至50年代促进了行为主义心理学的繁荣。“二战”前夕，洛伦兹、廷伯根、费里希（三人同获1973年诺贝尔生理学奖）等人在后一条路线上掀起了一场革命。[5]

1953年，廷伯根与洛伦兹先后访问哈佛，洛伦兹的讲座使威尔逊意识到以自然选择的逻辑解释生物的“固定行为模式”不仅合理，而且还相当于把动物行为学从心理学家那里“还给了”博物学家——行为学“综合”到进化论里来的时候到了。5年后，已扎根哈佛的威尔逊亲自开展了一项关于蚂蚁通信行为的研究。昆虫学家曾经猜测，蚂蚁实现个体间沟通主要不是靠光线或声波，而是靠气味。在人类的宏观尺度上，嗅觉只是小范围内的微弱作用，化学作用一般被限制在个体的内环境之中，但对于微小的蚂蚁乃至更小的微生物而言，体外弥散的气味分子（通过浓度或波形变化）产生的信息效应应当是相当可观的。威尔逊要探明这种外激素的产生部位及其化学成分。他先将蚂蚁解剖，再将不同的内脏器官提取出来捣成汁液，然后分别测试哪种汁液会导致工蚁的觅食行为。实验结果表明起作用的是杜福氏腺（Defour's gland）液。在两位哈佛化学家的帮助下，威尔逊捉到10万只蚂蚁，并对这种体液进行萃取鉴定，认为其中的关键物质可能是一种金合欢烯（farnesene）。20年后，一支更为专业的科研团队确定这是一种含有多种金合欢烯的复杂混合物。10年间，威尔逊积极地推进这项研究，并尝试与掌握电脑技术的数学家联手，取得了一系列成果。但这个领域很快被分子生物学的后起之秀们占据了，威尔逊自知相关专业技能不足，渐渐不再跟进。但这项“微观”的研究与另一项“宏观”的研究——岛屿生态学一道，成为他转向社会生物学的两大实证基础。

二、分子生物学的机遇与挑战

威尔逊生逢现代进化论发展的关键时期。1900年，孟德尔被埋没的研究成果重见天日，在以贝特森、摩尔根为代表的两代学者的努力下，现代遗传学迅速成熟起来。孟德尔式的硬遗传观念对拉马克式的软遗传观念造成致命的威胁。

1926年，新拉马克主义生物学家代表卡迈勒在质疑声中举枪自尽，拉马克主义进化论在苏联（以李森科为代表，坚持到60年代）以外的国际学界走向末路。[6]达尔文主义最大的科学对手倒下了，原本作为新对手崛起的孟德尔主义也与它握手言和。30年代，生物统计学路线的群体遗传学家费舍尔、霍尔丹与赖特证明了孟德尔遗传学与达尔文自然选择学说并不冲突。1937年，杜布赞斯基的《遗传学与物种起源》宣告二者正式综合。以遗传学与进化生物学的“小综合”为契机，现代生物学开始寻求各个领域的“大综合”。

40年代到50年代，迈尔、辛普森、斯塔宾斯分别代表系统分类学、古生物学、植物学投身于“现代综合”运动。1942年，朱利安·赫胥黎以《进化：现代综合》宣告综合进化论时代的到来以及达尔文主义在生物学界的全面复兴。在威尔逊的大学时代，这些成果已经成为教科书中的正统内容。在统一的局面下，新一代进化生物学家得以摆脱诸种备选方案（拉马克主义、直生论、突变论）的干扰而轻装上阵。随着自然主义纲领的全面贯彻，生命科学也在全速前进。接下来，基础生物学几乎是水到渠成地深入到分子层面。硬遗传观念与自然选择原理在综合进化论中本来是相辅相成的，面对分子遗传学的突破，自然选择学说既面临升级的机遇，也面临被边缘化的挑战。

1951年威尔逊初到哈佛之时，基因还被普遍认为是一种复杂的蛋白质。但就在1953年，沃森与克里克揭开了脱氧核糖核酸双螺旋的神秘面纱，分子生物学便以独领风骚之势迅猛发展起来。1956年，沃森来到哈佛，与威尔逊同时担任助理教授，1958年又在威尔逊之后获得终身聘任，田野生物学与实验室生物学的新一轮较量就这样开始了。[2], pp.195—198

沃森代表着将物理化学方法成功引入生物学研究的新一代生物学家，在他们看来，分子生物学是生物学正统的前沿，博物学则当归入完成历史使命的“古典生物学”。他吸引了一批追随者，甚至成功地将“生态学”变成哈佛生物系的“贬义词”。威尔逊首先想到的应对之策是给以进化论为纲领的博物学研究一个正式的学科名称。1958年，他开设了“进化生物学”这门课程，翌年正式讲授，这个词就从哈佛传播开来。面对沃森派的围困，哈佛生物系的“古典派”（包括个体生物学家与群体生物学家）在1960年组成了一个“宏观生物学委员会”，团结起来共谋出路。在威尔逊的带动下，这个组织于1962年正式改名为“进化生物学委员会”。1961年威尔逊结识了麦克阿瑟，在他的影响下，开始尝试以生物地理学–岛屿生态学研究为途径，在种群生物学领域打通综合进化论与分子遗传学之间的隔阂，开创一种更具包容性也更为数学化、实验化的新综合学说。1964年，威尔逊与麦克阿瑟等志同道合者结成同盟，尝试集种群生物学家、数学家、遗传学家之力打造更为成熟的种群生物学理论，以此实现进化生物学的升级。此时威尔逊已经想到以昆虫社会作为生物种群样本，即以“社会性”研究深化“群体性”研究的新路，但众人还找不到一种实现突破的新的核心理论。然而作为社会生物学基石的新成果事实上已经在这一年问世，这就是汉密尔顿的亲选择（kin selection）学说。

孕育亲选择学说的土壤正是洛伦兹等人掀起革命的现代动物行为学，这也是威尔逊当时已在关注的领域。当时的瓶颈在于：如何使自然选择原理的解释范围从个体行为扩展到个体间的社会行为。1965年的春天，答案来到了眼前。这天威尔逊由波士顿乘火车前往迈阿密，途经纽黑文时他打开了汉密尔顿的论文《社会行为的遗传进化》（1964年，分成两部分发表）。经过一路的斟酌与一夜的辗转，威尔逊终于认识到这篇论文的划时代意义。汉密尔顿以社会性昆虫的“亲缘性”为突破口，在直接的生存利益与间接的生存利益——生育利益之外，创造性地阐发了生物界的第三种利益——间接的生育利益。三种利益分别对应于（狭义的）自然选择、性选择与亲选择三种自然进化机制。文中他将达尔文学说及综合进化论中的“经典适应性”扩展为“内含适应性”（inclusive fitness），前者定义为个体将基因遗传给直系后代的繁殖成功率，后者则把旁系亲属相似基因的繁殖成功率也考虑进来。[7]根据“汉密尔顿法则”，只要当一种行为的利益得失之比乘以相关者的亲缘度系数之后仍然大于1（k>1/r），导致这种行为的基因就有可能在其种群基因库中增加频率，这种行为也就有可能在自然界中被普遍观察到。汉密尔顿以此完美破解了膜翅目昆虫不育个体的利他行为之谜。[8]

这年秋天，威尔逊到伦敦参加皇家昆虫学会的会议，借机拜会了还是研究生的汉密尔顿，两人在伦敦的街头漫步畅谈。第二天会上，威尔逊在演讲中谈到汉密尔顿的思路，并与昆虫学顶尖高手们展开讨论。他胸有成竹地回答专家的提问，复杂一点的就交给台下的汉密尔顿本人。有了亲选择原理，威尔逊开始试着将他的岛屿生态学与动物行为学综合起来，全力创建他心目中能与分子生物学分庭抗礼的社会生物学。1969年，费里希的再传弟子霍德伯勒在威尔逊的经费支持下来到哈佛做访问学者，1972年受聘为正教授，成为他在行为学研究方面的得力助手。二人于1990年出版的合著《蚂蚁》获得了1991年度普利策非小说类作品奖。在与霍德伯勒合作的几年里，威尔逊正式开始了他的社会生物学“综合”工作。

与此同时，其他几位主将也在不约而同地推进这场“新综合运动”，运动的使命之一即在于将分子生物学最新的基因学说吸收到进化生物学当中来。1971年，威尔逊的同事特里弗斯将汉密尔顿的“亲选择”原理改造为“互惠利他主义”原理。1973年，梅纳德·史密斯将博弈论引入进化论。

“自然选择”与“行为”之间的逻辑链条日益清晰，一个明显的事实浮现出来：个体行为必须首先为其基因负责，然后才有希望通过遗传环节而再现。

1966年威廉斯揭示了基因在进化机制中的中心地位，1975年道金斯又详细区分了基因型与表型的进化含义，并尝试发掘一种文化行为特有的模式复制单位——迷因（meme）。威尔逊对澄清基因的进化角色也有贡献，但他的理论重点不在于探讨自然选择的基本单位，而在于以基因的视角找到一条贯穿从蚂蚁到人类等一切社会生物行为模式的进化论逻辑链。在威尔逊这里，“还原”是为了给“综合”做准备。

三、社会生物学三部曲

20世纪70年代是现代综合进化论的盛世，新达尔文主义者们消化了动物行为学与分子生物学的新成果，使自然选择学说更趋完善，其解释能力从个体生存扩展到群体生育，又从形态（结构功能）适应扩展到行为适应，各路成果在此期间融会贯通并系统化。威尔逊在其中也扮演了重要的角色，他连续推出的三部专著为他赢得了“社会生物学之父”的称号。

1946年，斯各特已经使用“社会生物学”（sociobiology）一词来表示生物学（包括生态学与生理学）与心理学、社会学的交叉综合研究。[9] 而威尔逊追求的是一门独立的基础学科。早在1956年，威尔逊就与自己的第一个研究生阿尔特曼尝试通过打通蚂蚁与猴子的行为学研究来搭建完整的社会生物学体系，但终因理论基础薄弱而放弃。直到他获得了“汉密尔顿启示”，这项工作才开始出现实质性的进展。

1971年，威尔逊在多年积淀的成果的基础上推出了他的第一部昆虫学专著《昆虫社会》，迈出了创建全新社会生物学的第一步。书中威尔逊以黄蜂、蚂蚁、蜜蜂、白蚁为代表，详细探讨了社会性昆虫的博物学特征及其社会行为的进化起源。在结尾“对一体化社会生物学的展望”一章中，威尔逊提出以“相同的参数及数学理论”打通昆虫与脊椎动物研究，进而使社会生物学从种群生物学与行为生物学等学科中独立出来的设想。[10]

1975年夏天，威尔逊的大作《社会生物学：新的综合》问世，展望成了现实。本书内容涵盖从集群微生物到灵长类的各种“群居”动物，甚至包括人类。威尔逊还在书中早于道金斯一年提出了“基因道德”的问题。他从遗传进化与行为机制两个角度详尽阐释了社会性动物的方方面面。经过比较，他在“社会性”的进化史上找出了四种最具代表性的生物类别：集群无脊椎动物、社会性昆虫、非人类哺乳动物与人类。[11]

问题出在最后一章上。这一章的标题为“人：从社会生物学到社会学”。与《昆虫社会》的结尾一样，威尔逊为下一步研究做出了预告。这一次他认为：第一，如果承认人——真核域动物界脊索门哺乳纲灵长目人科人属智人种是一种生物，那么成熟的生物学不该止步于猩猩；第二，如果承认人是一种社会生物，那么成熟的社会生物学也不该将人拒之门外；第三，如果社会科学需要以生物学作为基础，那么社会生物学将成为生物学与社会科学之间必要的中间环节。[12]正是这种“人类社会生物学”思路的提出，引发了一场学术与意识形态“对流”的文化风暴。威尔逊本人做过统计，在200部讨论人类社会生物学的学术专著中，支持与反对的比例大致为20∶1。他据此认为，社会生物学作为学科自1975年以来一直在稳步发展，而主要的反对声浪出自科学之外的道德与政治考虑。[2], pp.305—310人类学家首先发难。在1975年11月的美国人类学学会年会上，有会员提议对社会生物学予以“正式谴责”，并取消两场相关主题的研讨会，但最终在玛格丽特·米德的坚决反对下没有通过。接下来，左翼学者也起来了。先是大波士顿地区几位高校学者、中学教师、学生及医生等15人组成了一个旨在反对社会生物学的“社会生物学研讨小组”，成员包括威尔逊的系主任勒翁廷与同事古尔德，并且总部就设在他办公室的正下方。小组还与60年代兴起的全国性激进组织“科学为人民”呼应起来。1975年11月13日，小组成员在《纽约书评》上发表了一封公开信，题为“反对‘社会生物学’”，文中全力指责人类社会生物学证据不足且政治危险。威尔逊在报摊上看到这封信，得知对方的真正用意后，他回信表达了愤慨。恢复镇定的威尔逊准备直取人类生物社会学。1978年，他推出了《论人性》，专门对人类的社会行为——包括攻击、性、利他主义与宗教等方面展开了进化生物学的系统论述，尤其是遗传学方面的起源分析。正是在该书正式出版之前，威尔逊遭遇了著名的“泼水事件”。

这件事是“社会生物学之争”的戏剧高潮。从公开信发表到1976年年初这段时间里，反对者最为来势汹汹。勒翁廷等专家凭借一种“超科学”的真理观（“自然法则高于自然科学”），发表著述批评社会生物学将“社会”还原为“个体”的生物决定论是资产阶级意识形态的复辟。其他人则通过举办讨论会及发放传单来号召人们起来抵制这种复辟。有示威者跑到校内广场上对威尔逊喊话要求他辞职，还有人闯进进化生物学的课堂表示抗议。有三所大学甚至趁机来“挖”威尔逊到别处的“安全地带”去工作。威尔逊的学生们看出示威者的真正矛头是指向哈佛大学的管理层，也起而帮助老师解围。“新综合”同情者的动作也渐渐大起来。1977年8月1日，“社会生物学”登上了《时代》杂志的封面。1977年11月22日，威尔逊的新学科荣获美国国家科学奖章。与此同时，反对者则在酝酿下一个动作。1978年2月15日，威尔逊到华盛顿参加美国科学促进会年会。一个有暴力记录的激进组织——“国际反种族主义委员会”号召会员到场，向人类社会生物学会场的演讲者及威尔逊本人施加压力。

威尔逊来到会场，在反对者的摊位上取了一些宣传资料和一枚胸章，还领了一张抗议传单，但被对方认出后夺回。轮到他发言，主持人的话音刚落，8名男女冲上讲台，在主席台后一字排开，高举标语，一名青年夺走话筒，对听众发表演说。

会场开始骚动，威尔逊身后的一名女子提起水壶，对着他当头浇下来，其他人跟着高喊："威尔逊，你全湿了！"随后反对者返回座位，有人递给威尔逊纸巾，主持人夺回话筒向他致歉，听众起立鼓掌，台上其他演讲者（包括古尔德）起身谴责示威者。演讲继续正常进行。[2]，pp.319—321

9月，《论人性》如期出版，并于第二年为威尔逊赢得了一项普利策奖。威尔逊没有停下脚步，他知道对手反对以生物学解释人性，一个重要的把柄在于基因决定论者往往回避了人类社会行为的关键层面——心灵与文化。社会生物学必须正视"文化"问题。这一次威尔逊又找来一位搭档：拉姆斯登，多伦多大学年轻的理论物理学家，1979年年初来到哈佛跟威尔逊做博士后。两人决定以数理方法对人类社会的文化行为展开生物学的解析。1981年与1983年，拉姆斯登与威尔逊分别推出了《基因、心灵与文化：协同进化的过程》与《普罗米修斯之火：反思心灵的起源》两部合著，书中探讨了基因与文化的协同进化：基因先天决定人体在感知、记忆、情感等方面的基础差异性，使心灵在后天对文化基因（culturgen）的选择上存在倾向性，称为后成法则（epigenetic rule），以此影响着文化运行的路径；反过来，成功的文化基因选择也使特定的后成法则受到自然选择的青睐，导致相应基因在遗传进化过程中的频率增加。结果，"人性"与"文化"都体现出特定的进化倾向。文化能力犹如"普罗米修斯基因"为人类盗取的"圣火"，使自由的心灵得以在基因的控制之下诞生、发展。[13]

但这项研究受到了冷落。起初还有一些支持或反对的声音，渐渐地生物学与社会科学两方面都很少再关注它。威尔逊自忖批评者们并未切中要害，但这种冷淡的态度令他困惑。同时他注意到，在20世纪80年代，文化进化的生物学研究还是吸引了一批学者投身其中，但问题同样在于应者寥寥。日本遗传学家木村资生曾告诉威尔逊：几乎没有人找他索取这方面的资料。然而威尔逊还是坚信，“协同进化”问题是自然科学与社会科学“统合”（consilience）的关键所在，在必要的科学基础完备之前，至少研究的思路与方法已经到位，属于它的时代一定会到来。[2], pp.324—325

“社会生物学三部曲”以及两部后续作品堪称威尔逊的巅峰之作。与分子生物学平分秋色的社会生物学已然建立起来，综合进化论实现了基因学说与行为学的“新的综合”，博物学家也获得了与数理实验科学家进一步合作的新研究范式，威尔逊于此功不可没。1998年，已经退休的威尔逊又推出了这项工作的收官之作《统合：知识的联合》。此时的他更像是一位哲学家，在书中回顾了自古希腊泰勒斯时代以来人类追求统一知识的梦想，指出拥有成熟遗传学基础的现代综合进化论为弥合“人文”与“科学”两种文化的分裂提供了重大契机。生命科学发展的大方向，也正在于整合起自然的纯粹细节与社会-人文的日常世界，以“人”——物质与精神的综合体——自身为枢纽，实现人类知识在系统化基础上的融会贯通。[14]

四、博物学家的“生命之爱”

作为新时代的博物学家，威尔逊除了致力于社会生物学的基础理论工作，还积极投身于环境保护事业。探索生物多样性的奥秘原本是他早年科学之路的起点，转向社会生物学之后，“基因多样性”（遗传多样性）成为他的研究焦点。在进化生物学的科学基础上，威尔逊发展出自己的环境哲学，并以此成为一名高瞻远瞩的环保先锋。

1979年，生态学家迈尔斯关于热带雨林破坏状况的报告引起了全球环保人士的关注，也唤起了威尔逊的使命感。报告称全球热带雨林的面积正在以每年接近1%的速度减少，威尔逊知道，按照生物地理学的“面积效应”，这意味着0.25%的物种灭绝。他随即联系到致力于组织高校科研人员参与保护生物多样性的环保领袖雷文，与戴蒙德、迈尔斯等学界名人一道组成了一个环保同盟，正式与环保专家们站在了一起。接下来，威尔逊加入世界野生生物基金会（1986年更名为“世界自然基金会”），担任美国分部的科学顾问。1980年，《哈佛杂志》邀请包括威尔逊在内的7位专家展望未来10年的全球性危机，威尔逊提出了基因及物种多样性消失的问题。一时间，威尔逊就生态系统破坏、物种灭绝及相关的社会经济对策广泛发表言论。1985年，他发表文章《生物的多样性危机：科学的挑战》，引起多方关注。1986年他参加“生物多样性国际论坛”，主编会议论文集《生物多样性》，于1988年出版并获得畅销，“生物多样性”一词也开始走红，以至于进入政治与文化的公共日常语境。1992年他又出版了一部专著:《生命的多样性》。尽管威尔逊的名字渐渐与“生物多样性”连在了一起，但他承认，这个词是由1986 年的会议负责人罗森提出来的。[2], pp.328—331实际上，威尔逊亲自打造了一个更深奥的概念：生命之爱（biophilia）。

威尔逊1984年的著作即以此为标题。biophilia一词与philosophy相仿，后者指“爱智慧”的文化天性，前者指“爱生物”的情感本能。这一用法也不是威尔逊的原创，弗洛姆在1964 年出版的《人之心：其善与恶的天才》中已经在使用它，并简单定义为“生命的爱”（love of life）。[15]威尔逊则定义为“关注生命以及类似生命过程的内在倾向”。[16]《生命之爱》相当于对同时期两部书中的基因-文化协同进化原理做出环境哲学的演绎展开，也标志着威尔逊智识工作的重心由社会生物学建构转向了生物多样性阐释。根据他的“文化社会生物学”观点，“生命之爱”也是一种后成法则，体现为人们对自身生存环境的关心与呵护，这种倾向性经过千百万年自然选择的考验，早已成为人类本性的一部分。人与生态系统之所以水乳交融，是因为生命之爱既是人类成功生存的原因，又是人类生存成功的结果。在威尔逊看来，这种朴素而真实的情感，正是环境伦理学的生物学基础所在。因此保护环境、维护生物-基因多样性，就是在维持人类自身摇篮的稳定性。进一步“统合”地看，人类的哲学、宗教等文化形式得以世代相传，道理同样如此。

付出总有回报。1990年9月，威尔逊由于在岛屿生物地理学方面的杰出贡献及其对生物多样性保护的重大意义而荣获克拉福德生物科学奖。克拉福德奖与诺贝尔奖堪比姊妹，奖项涵盖诺奖评奖范围之外的数学、天文学、地球科学与生物科学，尤其向生态学家与进化生物学家敞开大门。1990年11月26日，更名后的“世界自然基金会”将年度金质奖章颁发给威尔逊。1993年，威尔逊因生态学成就再获“国际生物学奖”。这一年，他还与克勒特合编了一部文集《生命之爱假说》，其中汇集了马古利斯、罗尔斯顿等一线学者的前沿成果，使“生命之爱”在理论上更加丰满，在学术界更具影响力，也成为环保实践者更为得心应手的思想武器。

1996年，威尔逊从哈佛大学生物系退休，此后依然保持活跃，写作、演讲、拍纪录片、创办基金会样样出色。近年来他又推出了大量新作，2010年还写了一部关于蚂蚁的小说。社会生物学与生物多样性依然是这些工作的两大主题。时代一直在变，而博物学家与大自然之间的那份感应永葆青春。在1994 年出版的自传《博物学家》的结尾，威尔逊曾满怀深情地憧憬：“若时光再次流转，我仍然会是天堂海滩上的那个小男孩，那个对‘赛弗柔安’水母着迷不已，但是只瞥到一眼水底怪兽的小男孩。”[2], p.336

参考文献

[1] 蒋湘岳. 爱德华・威尔逊社会生物学思想研究[D]. 武汉：华中师范大学，2008，1.

[2] 爱德华・威尔逊. 大自然的猎人：生物学家威尔逊自传[M]. 杨玉龄译，上海：上海科学技术出版社，2006，3-11.

[3] Wilson, E. O. ‘Richteri, the Fire Ant’ [A], *Nature Revealed: Selected Writings, 1949-2006* [C], Baltimore: The Johns Hopkins University Press, 2006, 3-5.

[4] MacArthur, R. H., Wilson, E. O. ‘An Equilibrium Theory of Insular Zoogeography’ [J]. *Evolution*, 1963, 17 (4): 373-387.

[5] 房继明. 动物行为学知识简介（一）前言——动物行为学的研究历史、内容和方法[J]. 生物学通报，1992，27（1）：21-22.

[6] Bowler, P. J. *Evolution: The History of an Idea* [M]. Berkeley and Los Angeles: University of California Press, 1983, 266-267.

[7] Hamilton, W. D. 'The Genetical Evolution of Social Behaviour I' [J]. *Journal of Theoretical Biology*, 1964, 7 (1): 2–8.

[8] Hamilton, W. D. 'The Genetical Evolution of Social Behaviour II' [J]. *Journal of Theoretical Biology*, 1964, 7 (1): 28–43.

[9] Moore, A. J., Székely, T., Komdeur, J. 'Prospects for Research in Social Behavior: Systems Biology Meets Behaviour' [A], Székely, T., Moore, A. J., Komdeur, J. (Eds) *Social Behavior: Genes, Ecology and Evolution* [C], New York: Cambridge University Press, 2010, 538.

[10] 爱德华· O.威尔逊. 昆虫的社会[M]. 王一民等译，重庆：重庆出版社，2007，526–529.

[11] 爱德华· O. 威尔逊. 社会生物学：新的综合[M]. 毛盛贤等译，北京：北京理工大学出版社，2008，359.

[12] 洪帆. 利他主义：从社会生物学到社会科学[J]. 医学与哲学，2005，26（6）：6.

[13] 史少博. 论人类基因——文化协同进化[J]. 山东师范大学学报（人文社会科学版），2009，54（5）：55–57.

[14] 田洺. 果敢而冒险的追求[Z], 爱德华· O. 威尔逊. 论契合：知识的统合[M], 田洺译，北京：生活·读书·新知三联书店，2002，15–19.

[15] Fromm, E. *The Heart of Man: Its Genius for Good and Evil*[M]. New York: American Mental Health Foundation Inc, 2010, 35.

[16] Wilson, E. O. *Biophilia* [M]. Cambridge: Harvard University Press, 1984, 1.

索 引

作者简介

陈涛，北京师范大学历史学院副教授，研究方向为中国古代经济史、科技史。

陈芳，北京服装学院教授，研究方向为中国传统服饰文化、物质文化研究。

杜香玉，云南大学民族政治研究院助理研究员，研究方向为边疆生态治理。

杜新豪，中国科学院自然科学史研究所青年研究员，研究方向为农史、环境史。

郭亮，上海大学上海美术学院教授，研究方向为中外文化交流。

姜虹，四川大学文化科技协同创新研发中心副研究员，研究方向为博物学史、女性主义科学史。

李猛，北京师范大学哲学学院副教授，研究方向为近代博物学史。

李昕升，东南大学人文学院历史学系副教授。

李屹东，国家图书馆馆员，研究方向为古代书画史与鉴定、纸质文物修复。

刘利，北方工业大学马克思主义学院副教授，研究方向为进化思想史、进化论哲学。

刘星，西南石油大学马克思主义学院讲师，主要研究方向为博物学史。

王思明，南京农业大学中华农业文明研究院教授、博士生导师，研究方向为科技史。

王钊，四川大学文化科技协同创新研发中心副研究员，研究方向为博物学史、博物学图像。

吴羚靖，中国人民大学历史学院讲师，研究方向为木材贸易史、英帝国环境史。

徐保军，北京林业大学马克思主义学院教授，研究方向为博物学史、科学思想史。

杨莎，西北大学科学史高等研究院讲师，研究方向为博物学史、植物学史。

杨舒娅，北京大学医学人文学院讲师，研究方向为科学思想史、博物学史、药学史。

杨妍均，北京服装学院助理研究员，研究方向为中国传统服饰文化。